技能应用速成系列

ANSYS Workbench 2024 有限元分析从入门到精通

（升级版）

陈艳霞　编著

U0280689

电子工业出版社·

Publishing House of Electronics Industry

北京·BEIJING

内 容 简 介

本书以 ANSYS Workbench 2024 为操作平台，详细介绍了 ANSYS Workbench 软件的功能和应用，其内容丰富、涉及面广，可以使读者在掌握软件操作的同时掌握解决相关工程领域实际问题的思路与方法。

全书分为 5 个部分，共 19 章，第 1 部分（第 1～4 章）从 ANSYS Workbench 的各个功能模块着手，介绍了 ANSYS Workbench 概述，以及几何建模、网格划分和后处理的相关知识；第 2 部分（第 5～10 章）以项目案例为引导，介绍了在 ANSYS Workbench 平台中进行的结构静力学分析、模态分析、谐响应分析、响应谱分析、瞬态动力学分析和随机振动分析；第 3 部分（第 11～14 章）作为结构有限元分析的进阶部分，介绍了在 ANSYS Workbench 平台中进行的显式动力学分析、结构非线性分析、接触分析、特征值屈曲分析；第 4 部分（第 15～18 章）以项目案例为引导，介绍了在 ANSYS Workbench 平台中进行的热力学分析、疲劳分析、流体动力学分析和结构优化分析；第 5 部分（第 19 章）介绍了多物理场耦合分析。

本书既适合作为理工科院校土木工程、机械工程、力学、电气工程等相关专业的高年级本科生、研究生及教师的课程教材，也适合作为相关工程技术人员从事工程研究的参考书。

图书在版编目（CIP）数据

ANSYS Workbench 2024 有限元分析从入门到精通 ：升级版 / 陈艳霞编著. -- 北京 ： 电子工业出版社，2024. 10. --（技能应用速成系列）. -- ISBN 978-7-121-48954-9

Ⅰ. O241.82-39

中国国家版本馆 CIP 数据核字第 2024PG0070 号

责任编辑：许存权

印　　刷：三河市良远印务有限公司
装　　订：三河市良远印务有限公司
出版发行：电子工业出版社
　　　　　北京市海淀区万寿路 173 信箱　邮编：100036
开　　本：787×1 092　1/16　印张：33.5　字数：858 千字
版　　次：2024 年 10 月第 1 版
印　　次：2024 年 10 月第 1 次印刷
定　　价：89.00 元

凡所购买电子工业出版社图书有缺损问题，请向购买书店调换。若书店售缺，请与本社发行部联系，联系及邮购电话：（010）88254888，88258888。

质量投诉请发邮件至 zlts@phei.com.cn，盗版侵权举报请发邮件至 dbqq@phei.com.cn。

本书咨询联系方式：（010）88254484，xucq@phei.com.cn。

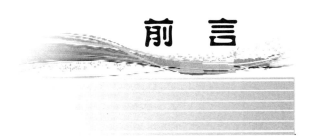

前　言

ANSYS Workbench 软件作为多物理场及优化分析平台，与流体分析市场占据份额较大的 Fluent 及 CFX 软件集成，同时将电磁行业分析标准的 Ansoft 系列软件集成到该平台中，并提供软件之间的数据耦合，给用户提供了巨大的便利。

ANSYS Workbench 所提供的 CAD 双向参数连接互动、项目数据自动更新机制、全面的参数管理、无缝集成的优化设计工具等，使软件在仿真驱动产品设计（Simulation Driven Product Development，SDPD）方面达到了前所未有的高度。同时，ANSYS Workbench 具有强大的结构力学、流体力学、热力学、电磁学及其相互耦合分析的功能。

1．本书特点

由浅入深、循序渐进：本书以初中级读者为对象，从 ANSYS Workbench 使用基础入手，并辅以其在工程中的应用案例，帮助读者尽快掌握使用 ANSYS Workbench 进行有限元分析的技能。

步骤详尽、内容新颖：本书结合作者多年的 ANSYS Workbench 使用经验与实际工程应用案例，详细地讲解了 ANSYS Workbench 软件的使用方法与技巧。本书在讲解过程中辅以相应的图片，内容新颖，使读者在阅读时一目了然，从而快速掌握相应内容。

2．本书内容

本书在必要理论概述的基础上，通过大量的典型案例对 ANSYS Workbench 平台中的功能模块进行详细介绍，并结合工程实际与生活中的常见问题进行详细讲解，内容简洁明了，给人耳目一新的感觉。

本书分为 5 个部分，共 19 章，主要介绍了 ANSYS Workbench 平台在结构力学、热力学、流体力学、疲劳分析等领域中的有限元分析及案例操作过程。

第 1 部分介绍了 ANSYS Workbench 平台的常用命令、几何建模与导入方法、网格划分及网格质量评价方法、结果的后处理操作等方面的内容，章节安排如下：

第 1 章：ANSYS Workbench 概述　　　第 2 章：几何建模

第 3 章：网格划分　　　　　　　　　第 4 章：后处理

第 2 部分介绍了 ANSYS Workbench 平台的结构分析基础内容，包括结构静力学分析、模态分析、谐响应分析、响应谱分析、瞬态动力学分析及随机振动分析 6 个方面的内容，章节安排如下：

第 5 章：结构静力学分析　　　　　　第 6 章：模态分析

第 7 章：谐响应分析　　　　　　　　第 8 章：响应谱分析

第 9 章：瞬态动力学分析　　　　　　第 10 章：随机振动分析

第 3 部分介绍了 ANSYS Workbench 平台的结构分析进阶内容，主要包括显式动力学分析、结构非线性分析、接触分析及特征值屈曲分析 4 个方面的内容，章节安排如下：

第 11 章：显式动力学分析　　　　　　第 12 章：结构非线性分析

第 13 章：接触分析　　　　　　　　　第 14 章：特征值屈曲分析

第 4 部分介绍了 ANSYS Workbench 平台的热力学分析、疲劳分析、流体动力学分析及结构优化分析 4 个方面的内容，章节安排如下：

第 15 章：热力学分析　　　　　　　　第 16 章：疲劳分析

第 17 章：流体动力学分析　　　　　　第 18 章：结构优化分析

第 5 部分介绍了 ANSYS Workbench 平台的结构分析高级功能，主要包括多物理场耦合分析中的电磁结构耦合分析，章节安排如下：

第 19 章：多物理场耦合分析

注意：其中，电磁分析模块（Maxwell）及疲劳分析模块（nCode）需要读者单独安装；另外，本书部分章节的内容需要安装接口程序。

3．配套资源内容

本书配套资源主要包括案例的模型文件与案例的工程文件，这些文件存放于配套资源相关章节的文件夹中，以便读者查询和使用。

例如，第 16 章的第 2 个操作案例"项目分析 2——实体疲劳分析"的模型文件和工程文件放置在"配套资源\Chapter16\char16-2\"文件夹下。

4．读者服务

读者在学习过程中如遇到与本书有关的技术问题，可以加 QQ 群（806415628）进行交流，也可以关注"仿真技术"微信公众号获取帮助，我们会尽快给予解答，并竭诚为读者服务。

本书配套素材文件已存储在百度云盘中，请根据后面的地址进行下载；教学视频已上传到 B 站，可以在线观看学习。读者可以通过访问"仿真技术"公众号，并回复"202400057"获取教学视频的播放地址、素材文件的下载链接、与作者的互动方式等。

配套资源文件下载：

链接：https://pan.baidu.com/s/1GTtHRYf1y4NEhW7UR8wTZw　提取码：7wzc

编著者

目 录

第 1 部分

第 2 部分

第3部分

第 4 部分

第 5 部分

第1部分

第1章

ANSYS Workbench 概述

ANSYS Workbench 是 ANSYS 公司开发的多物理场分析平台，提供了大量全新的先进功能，有助于更好地掌握设计情况，从而提升产品性能和完整性。结合 ANSYS Workbench 2024 的新功能，可以实现更加深入和广泛的物理场研究，并通过功能扩展满足客户不断变化的需求。

采用 ANSYS Workbench 平台可以精确地简化各种仿真应用的工作流程。同时，ANSYS Workbench 提供了多种关键的多物理场解决方案、前处理和网格划分功能，以及全新的参数化高性能计算（HPC）许可模式，可以使设计探索工作更具扩展性。

学习目标：

■ 了解 ANSYS Workbench 平台及各个模块的主要功能。

■ 了解 ANSYS Workbench 平台的启动方法。

■ 能够使用自定义方式定义常用的分析模板。

1.1 Workbench 平台界面

Workbench 平台的启动路径如图 1-1 所示。若用户经常使用 Workbench 平台，则程序会自动在"开始"菜单的"所有程序"上方出现 Workbench 平台的快速启动图标，如图 1-2 所示。此时用户可以单击 Workbench 2024 R1 按钮，快速启动 Workbench。

启动后的 Workbench 平台界面如图 1-3 所示。Workbench 平台界面主要由以下 5 个部分构成：菜单栏、工具栏、工具箱、项目原理图、信息窗格。

图 1-1 Workbench 平台的启动路径　　　　图 1-2 Workbench 平台的快速启动图标

图 1-3　Workbench 平台界面

1.1.1　菜单栏

菜单栏包括文件、查看、工具、optiSLang、单位、扩展、任务及帮助 8 个菜单。下面对这 8 个菜单中包括的子菜单及命令进行详述。

（1）文件菜单如图 1-4 所示。下面对文件菜单中的常用命令进行简要介绍。

① 新：建立一个新的工程项目。在建立新的工程项目前，Workbench 软件会提示用户是否需要保存当前的工程项目。

② 打开：打开一个已经存在的工程项目，这时同样会提示用户是否需要保存当前的工程项目。

③ 保存：保存一个工程项目，同时为新建立的工程项目命名。

④ 另存为：将已经存在的工程项目另存为一个新的项目名称。

⑤ 导入：导入外部文件。选择"导入"命令，会弹出如图 1-5 所示的对话框，在对话框的文件类型栏中可以选择多种文件类型。

图 1-4　文件菜单

图 1-5　"导入"对话框中支持的文件类型

 文件类型中的 Legacy HFSS Project File（*.hfss）、Legacy Maxwell Project File（*.mxwl）和 Legacy Simplorer Project File（*.asmp）三个文件类型需要安装 ANSYS HFSS、ANSYS Maxwell 和 ANSYS Simplorer 三个软件才会出现。

Workbench 平台支持电磁计算模块 ANSYS Electromagnetics Suite。

⑥ 存档：将工程文件存档。选择"存档"命令后，在弹出的如图 1-6 所示的"另存为"对话框中单击"保存"按钮，在弹出的如图 1-7 所示的"存档选项"对话框中勾选所有复选框，并单击"存档"按钮将工程文件存档。在 Workbench 平台的文件菜单中选择"导入"命令即可将存档文件读取出来，这里不再赘述，请读者自己完成。

图 1-6 "另存为"对话框   图 1-7 "存档选项"对话框

（2）查看菜单如图 1-8 所示。下面对查看菜单中的常用命令进行简要介绍。

① 重置工作空间：将 Workbench 平台复原到初始状态。

② 重置窗口布局：将 Workbench 平台窗口布局复原到初始状态，如图 1-9 所示。

图 1-8 查看菜单   图 1-9 Workbench 初始状态

③ 工具箱：选择此命令，可以决定是否隐藏左侧的工具箱。若"工具箱"前面有√图标，则说明工具箱处于显示状态。此时选择"工具箱"命令，可以取消前面的√图标，工具箱会被隐藏。

④ 工具箱自定义：选择此命令，会在界面中弹出如图 1-10 所示的"工具箱自定义"窗格。用户可以通过勾选或取消勾选各个模块前面的复选框来选择是否在工具箱中显示该模块。

⑤ 项目原理图：选择此命令，可以确定是否在 Workbench 平台界面上显示工程项目管理窗格。

		B	C	D	E
1		名称	物理场	求解器类型	AnalysisType
2		分析系统			
3	✓	LS-DYNA	Explicit	LSDYNA@LSDYNA	结构
4	✓	LS-DYNA重新启动	Explicit	RestartLSDYNA@LSDYNA	结构
5	✓	Speos	任意	任意	任意
6	✓	电气	电气	Mechanical APDL	稳态导电
7	✓	刚体动力学	结构	刚体动力学	瞬态
8	✓	结构优化	结构	Mechanical APDL	结构优化
9	✓	静磁的	电磁	Mechanical APDL	静磁的
10	✓	静态结构	结构	Mechanical APDL	静态结构
11		静态结构（ABAQUS）	结构	ABAQUS	静态结构
12		静态结构（Samcef）	结构	Samcef	静态结构
13	✓	静态声学	多物理场	Mechanical APDL	静态
14	✓	流体动力学响应	瞬态	Aqwa	流体动力学响应
15	✓	流体动力学衍射	模态	Aqwa	流体动力学衍射
16	✓	流体流动（CFX）	流体	CFX	
17	✓	流体流动（Fluent）	流体	FLUENT	任意
18	✓	流体流动（Polyflow）	流体	Polyflow	任意
19	✓	流体流动（带有Fluent网格划分功能的Flu	流体	FLUENT	任意
20	✓	模态	结构	Mechanical APDL	模态
21		模态（ABAQUS）	结构	ABAQUS	模态
22		模态（Samcef）	结构	Samcef	模态
23	✓	模态声学	多物理场	Mechanical APDL	模态
24	✓	耦合场静态	多物理场	Mechanical APDL	静态
25	✓	耦合场模态	多物理场	Mechanical APDL	模态
26	✓	耦合场瞬态	多物理场	Mechanical APDL	瞬态
27	✓	耦合场谐波	多物理场	Mechanical APDL	谐波
28	✓	热-电气	热-电气	Mechanical APDL	稳态热电传导
29	✓	瞬态结构	结构	Mechanical APDL	瞬态

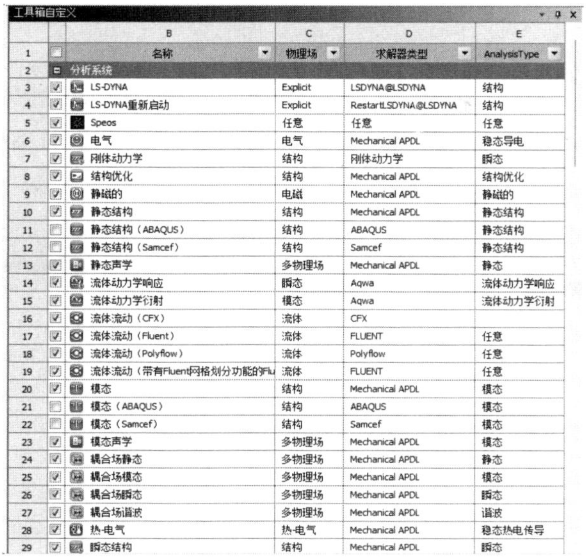

图 1-10 “工具箱自定义”窗格

⑥ 文件：选择此命令会在 Workbench 平台界面下侧弹出如图 1-11 所示的“文件”窗格。该窗格中显示了本工程项目涉及的所有文件及文件路径等重要信息。

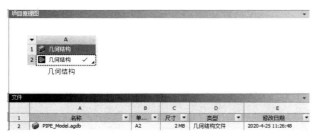

图 1-11 “文件”窗格

⑦ 属性：选择此命令，再选择 A7 栏的“结果”选项，此时会在 Workbench 平台界面右侧弹出如图 1-12 所示的“属性原理图 A7：结果”窗格，其中显示的是 A7 栏中的“结果”相关信息，此处不再赘述。

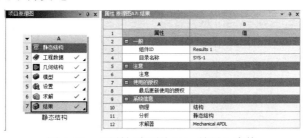

图 1-12 “属性原理图 A7：结果”窗格

图 1-13 "工具"菜单

（3）工具菜单如图 1-13 所示。下面对工具菜单中的常用命令进行简要介绍。

① 刷新项目：当上一行数据中的内容发生变化时，需要刷新板块（更新项目也会刷新板块）。

② 更新项目：数据已更改，必须重新生成板块的数据输出。

③ 选项：选择此命令，会弹出如图 1-14 所示的"选项"对话框，其中主要包括以下选项卡。

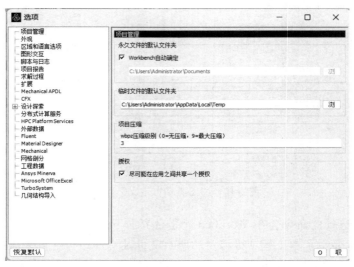

图 1-14 "选项"对话框

● 项目管理选项卡：在如图 1-15 所示的"项目管理"选项卡中，可以设置 Workbench 平台启动的默认目录和临时文件的位置、项目压缩及授权等相关参数。

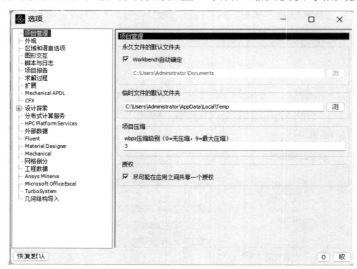

图 1-15 "项目管理"选项卡

- 外观选项卡：在如图 1-16 所示的"外观"选项卡中，可以对软件的背景、文字、几何图形的边等进行颜色设置。

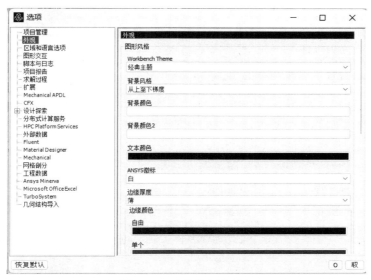

图 1-16　"外观"选项卡

- 区域和语言选项卡：在如图 1-17 所示的"区域和语言选项"选项卡中，可以设置 Workbench 平台的语言，包括德语、英语、法语及日语等。

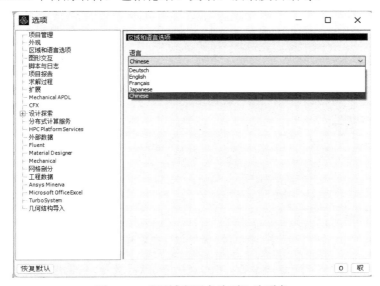

图 1-17　"区域和语言选项"选项卡

- 图形交互选项卡：在如图 1-18 所示的"图形交互"选项卡中，可以设置鼠标对图形的操作，如平移、旋转、缩放、多选等。
- 扩展选项卡：在该模块中，可以添加一些用户自己编写的 Python 程序代码。如

图 1-19 所示，这里添加了一些前后处理的代码，这部分内容在后面有介绍，这里不再赘述。

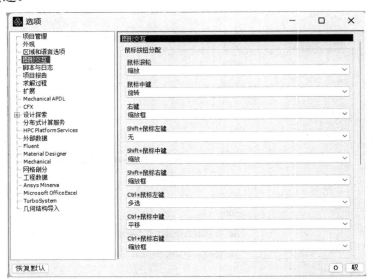

图 1-18 "图形交互"选项卡

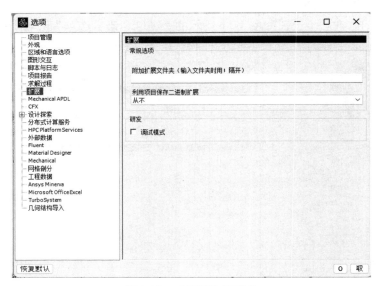

图 1-19 "扩展"选项卡

- 电磁分析选项卡：该选项卡只有在安装集成 ANSYS Electromagnetics 后，才会在"选项"对话框中显示（见图 1-20）。
- 几何结构导入选项卡：在如图 1-21 所示的"几何结构导入"选项卡中，可以选择几何建模工具。

这里仅对 Workbench 平台的一些与建模及分析相关且常用的选项进行了简单介绍，其余选项请读者参考帮助文档的相关内容。

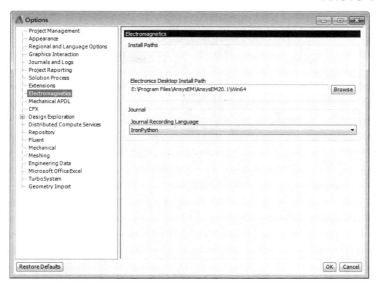

图 1-20　Electromagnetics 选项卡

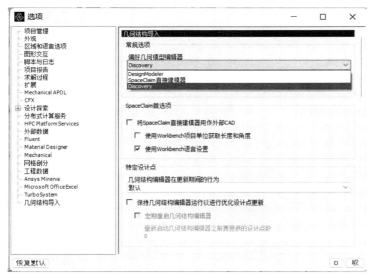

图 1-21　"几何结构导入"选项卡

（4）单位菜单如图 1-22 所示。在此菜单中可以设置国际单位、米制单位、美制单位及用户自定义单位。选择"单位系统"命令，在弹出的如图 1-23 所示的"单位系统"对话框中可以指定自己喜欢的单位格式。

（5）optiSLing 菜单用于敏感度分析、优化及鲁棒性评估。

（6）扩展菜单如图 1-24 所示。扩展菜单包括 ACT 开始页面、管理扩展、安装扩展、构建二进制扩展、查看 ACT 控制台、打开应用构建器、查看日志文件 7 个命令，它们是涉及扩展模块设置的操作，可以让用户在该模块中添加 ACT（客户化应用工具套件），这里不再赘述这个菜单。

图 1-22　单位菜单　　　　　　　　　　图 1-23　"单位系统"对话框

图 1-24　扩展菜单

（7）任务菜单仅包括打开任务监测器、打开设计点服务 Web 应用等命令。

（8）帮助菜单可实时地为用户提供软件操作和理论上的帮助。

1.1.2　工具栏

工具栏如图 1-25 所示，其中的命令已经在前面的菜单中介绍过，这里不再赘述。

图 1-25　工具栏

1.1.3　工具箱

图 1-26　工具箱

工具箱位于 Workbench 平台的左侧，如图 1-26 所示。工具箱中包括各类分析模块，下面针对其中的 6 个模块及其内容进行简要介绍。

（1）分析系统：分析系统中包括不同的分析类型，如静力学分析、热力学分析、流体动力学分析等。同时该模块中包括使用不同种类求解器求解相同分析的类型，如静力学分析就包括使用 ANSYS 求解器和使用 Samcef 求解器两种类型。

分析系统如图 1-27 所示，显示了其所包括的分析模块。

在分析模块中需要单独安装的分析模块有二维电磁场分析模块、三维电磁场分析模块、电动机分析模块、多领域系统分析模块及疲劳分析模块。读者可单独安装这些模块。

（2）组件系统：组件系统包括应用于各种领域的几何建模工具及性能评估工具，如图 1-28 所示。

组件系统中的 ACP 复合材料建模模块需要单独安装。

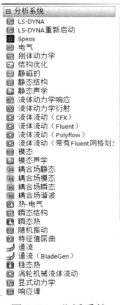

图 1-27　分析系统

图 1-28　组件系统

（3）定制系统：除了软件默认的几个多物理场耦合分析工具，Workbench 平台还允许用户自定义常用的多物理场耦合分析模块，如图 1-29 所示。

（4）设计探索：即设计优化模块，允许用户使用其中的工具对零件产品的目标值进行优化设计及分析，如图 1-30 所示。

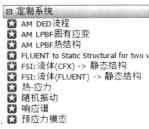

图 1-29　定制系统

图 1-30　设计探索

（5）optiSLang：用户可以使用敏感性分析、多学科优化、鲁棒性进行分析设计，如图 1-31 所示。

（6）optiSLang Intergration：用于数据的发送和接收，以及 MOP 求解器调用等。

（7）ACT（客户化应用工具套件）：涉及扩展模块设置的操作，用户可以在该模块中添加 ACT，如图 1-32 所示。

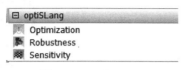

图 1-31　optiSLang　　　　　　　　图 1-32　ACT（客户化应用工具套件）

1.2　操作实例——建立用户自定义分析模板

ANSYS Workbench 平台最突出的管理功能就是用户自定义分析模板的建立及使用，下面用一个简单的实例来说明如何在用户自定义系统中建立用户自己的分析模板。

Step1：启动 Workbench 后，选择"工具箱"→"分析系统"→"流体流动（Fluent）"命令，并将其直接拖曳到"项目原理图"中，如图 1-33 所示，此时会在"项目原理图"中生成一个如同 Excel 表格的 Fluent 分析流程图表。

Fluent 分析流程图表显示了执行 Fluent 流体分析的工作流程，其中每个单元格的选项都代表一个分析流程步骤。根据 Fluent 分析流程图表从上到下执行每个分析流程步骤，就可以完成流体的数值模拟工作。具体流程如下所述。

A2："几何结构"得到模型几何数据。

A3："网格"进行网格的控制与划分。

A4："设置"进行边界条件的设定与载荷的施加。

A5："求解"进行分析计算。

A6："结果"进行后处理显示，包括流体流速、压力等结果。

Step2：双击"分析系统"→"静态结构"命令，此时会在"项目原理图"中的项目 A 下面生成项目 B，如图 1-34 所示。

图 1-33　创建 Fluent 分析项目　　　　　图 1-34　创建分析项目 B

Step3：双击"组件系统"→"系统耦合"命令，此时会在"项目原理图"中的项目 B 下面生成项目 C，如图 1-35 所示。

Step4：在创建好 3 个项目后，选择 A2 栏的"几何结构"选项，并将其直接拖曳到 B3 栏的"几何结构"选项处，实现几何数据共享，如图 1-36 所示。

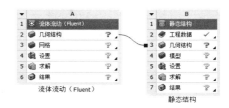

图 1-35　创建分析项目 C　　　　　　　　图 1-36　几何数据共享

Step5：进行同样的操作，将 B5 栏的"设置"选项拖曳到 C2 栏的"设置"选项处，将 A4 栏的"设置"选项拖曳到 C2 栏的"设置"选项处。在操作完成后，项目的连接形式如图 1-37 所示。此时项目 A 和项目 B 中"求解"选项前面的图标变成了，即实现了工程数据传递。

 在项目分析流程图表之间如果存在 ▬■（一端是小正方形），表示实现数据共享；如果存在 ╱● （一端是小圆点），表示实现数据传递。

Step6：在 Workbench 平台界面的"项目原理图"中右击，在弹出的快捷菜单中选择"添加到定制"命令（见图 1-37）。

Step7：在弹出的如图 1-38 所示的"添加项目模板"对话框的"名称"文本框中输入 FLUENT to Static Structural for two way，并单击 OK 按钮。

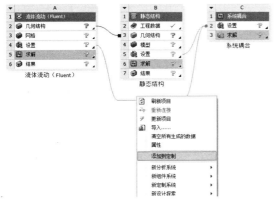

图 1-37　项目的连接形式　　　　　　　图 1-38　"添加项目模板"对话框

Step8：在完成用户自定义的分析模板添加后，单击"工具箱"→"定制系统"前面的＋按钮，展开用户定义的分析模板，如图 1-39 所示。可见，刚才定义的分析模板已经被成功添加到"定制系统"中。

Step9：选择"文件"菜单中的"新"命令，新建一个项目工程管理窗格，然后双击"工具箱"→"定制系统"→FLUENT to Static Structural for two way 命令，此时"项目原理图"中会出现如图 1-40 所示的分析流程图表。

 在分析流程图表模板建立完成后，要想进行分析还需要添加几何文件及边界条件等，这些内容在后面章节中会一一介绍，这里不再赘述。

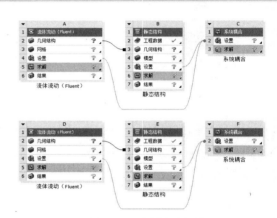

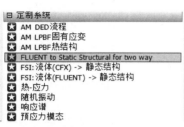

图 1-39　用户定义的分析模板　　　　　　　图 1-40　分析流程图表

 在 ANSYS Workbench 安装完成后，系统会自动创建部分用户自定义系统。

ANSYS Workbench 整合了世界上所有主流的研发技术及数据，在保持多学科技术核心多样化的同时，建立了统一的研发环境。

在 ANSYS Workbench 平台环境中，工作人员始终面对同一界面，无须在各种软件工具和程序界面之间频繁切换。所有研发工具只是这个环境的后台技术，各类研发数据可以在此平台上进行交换与共享。

无缝地将各个物理场中的分析数据进行传递，这使得 ANSYS Workbench 成为世界上领先的多物理场模拟工具，并以先进的分析技术和理念引领着多物理场仿真的发展方向。

1.3　本章小结

本章对 ANSYS Workbench 平台界面的主要功能及模块进行了介绍，同时对常用的功能设置方法进行了讲解，还通过一个简单的操作实例介绍了用户自定义分析模板的建立方法。

第 2 章

几何建模

在进行有限元分析之前，最重要的工作就是几何建模，因为几何建模的好坏直接影响计算结果的正确性。在整个有限元分析的过程中，几何建模的工作通常占用了非常多的时间，是非常重要的过程。

学习目标：

- 熟练掌握 ANSYS Workbench 几何建模的方法。
- 熟练掌握 ANSYS Workbench 几何模型导入的方法。
- 熟练掌握 ANSYS Workbench 草绘图形的方法。

2.1 DesignModeler 几何建模概述

第 1 章简单地介绍了 ANSYS Workbench 平台的主要功能及作用，从本章开始将以有限元分析的一般步骤（即有限元前处理、有限元计算及有限元后处理 3 部分）分别介绍几何模型的建立、几何网格划分及有限元分析的一般后处理过程。ANSYS Workbench 平台的几何建模功能非常强大，在 ANSYS Workbench 平台中的几何建模方法有如下几种。

（1）外部中间格式的几何模型导入，如 stp、x_t、sat、igs 等。

（2）处于激活状态的几何模型导入。此种方法需要保证几何建模软件（CAD 软件）的版本号与 ANSYS Workbench 的版本号具有相关性，例如，在 Creo（即 Pro/E）中建立完几何模型后，不要关闭，直接启动软件的几何建模模块 DM，并从菜单中直接导入激活状态的几何模型即可。

（3）ANSYS 自带的强大的几何建模工具——DesignModeler 模块，具有所有 CAD 的几何建模功能，是有限元分析中进行前处理的强大工具。

（4）ANSYS SpaceClaim 直接建模器——ANSYS 外部几何建模模块，是先进的以自然方式建模的几何建模平台，被无缝地集成到 ANSYS Workbench 平台中。

  2014 年，ANSYS 成功收购 SpaceClaim 公司，并将其作为另一个强大的几何建模模块集成到 ANSYS Workbench 平台中。

针对不同类型的 CAD 软件，ANSYS 能与市场上大部分 CAD 建模软件进行集成，无缝的几何模型导入避免了由于中间格式带来的几何模型损坏的问题。

本章将着重讲述利用 ANSYS Workbench 平台自带的几何建模工具——DesignModeler 进行几何建模的相关知识。

2.1.1 DesignModeler 几何建模工具

在如图 1-41 所示的分析流程中，双击项目 A 中 A2 栏的"几何结构"选项，或者右击 A2 栏的"几何结构"选项，在弹出的快捷菜单中选择"新的 DesignModeler 几何结构"命令，即可进入如图 2-1 所示的 DesignModeler 平台界面。

与其他 CAD 软件一样，DesignModeler 平台界面由以下几个关键部分构成：菜单栏、工具栏、常用命令栏、模型树、详细视图窗格及绘图窗格等。在进行几何建模之前，先对常用的命令及菜单进行介绍。

图 2-1 DesignModeler 平台界面

2.1.2 菜单栏

菜单栏包括文件、创建、概念、工具、单位、查看及帮助 7 个基本菜单。

Note

1．文件菜单

文件菜单如图 2-2 所示。下面对文件菜单中的常用命令进行简要介绍。

① 刷新输入：当几何数据发生变化时，选择此命令可以保持几何文件同步。

② 保存项目：选择此命令可以保存工程文件。如果是新建立、未保存的工程文件，Design Modeler 平台会提示用户输入文件名。

③ 导出：在选择此命令后，DesignModeler 平台会弹出如图 2-3 所示的"另存为"对话框。在该对话框的"保存类型"下拉列表中，读者可以选择需要的几何模型文件类型。

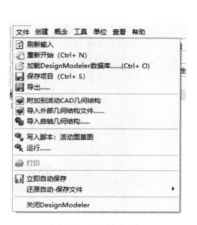

图 2-2　文件菜单　　　　图 2-3　"另存为"对话框

④ 附加到活动 CAD 几何结构：在选择此命令后，DesignModeler 平台会将当前活动的 CAD 软件中的几何模型文件读入到绘图窗格中。

注　意　若在 CAD 中建立的几何模型文件未保存，则 DesignModeler 平台将读不出几何模型文件。

⑤ 导入外部几何结构文件：选择此命令，在弹出的如图 2-4 所示的"打开"对话框中可以选择要读取的文件名。此外，DesignModeler 平台支持的所有外部文件格式在"打开"对话框的"文件类型"下拉列表中被列出。

其余命令这里不再讲述，请读者参考帮助文档的相关内容。

2．创建菜单

创建菜单如图 2-5 所示。该菜单中包括对实体进行操作的一系列命令，如实体拉伸、倒角、放样等。下面对创建菜单中的常用操作命令进行简要介绍。

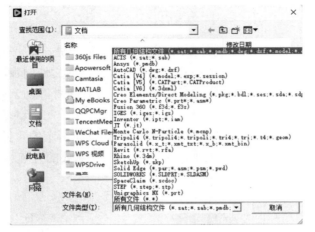

图 2-4 "打开"对话框　　　　　　　　　图 2-5 创建菜单

（1）新平面：选择此命令后，会在"详细信息视图"中弹出如图 2-6 所示的平面设置面板。在"详细信息 平面 4"→"类型"栏中显示了 8 种设置新平面的类型，下面主要介绍其中的 6 种常用类型。

① 从平面：从已有的平面中创建新平面。

② 从面：从已有的表面中创建新平面。

③ 从点和边：通过已经存在的一条边和一个不在这条边上的点创建新平面。

④ 从点和法线：通过一个已经存在的点和一条边界方向的法线创建新平面。

⑤ 从三点：通过已经存在的 3 个点创建一个新平面。

⑥ 从坐标：通过设置与坐标系的相对位置来创建新平面。

当选择以上 6 种方式中的任何一种方式来建立新平面时，"类型"下面的选项会有所变化，具体请参考帮助文档。

（2）挤出：在选择此命令后，会弹出如图 2-7 所示的挤出设置面板。使用此命令可以将二维的平面图形拉伸成三维的立体图形，即对已经草绘完成的二维平面图形沿着二维图形所在平面的法线方向进行拉伸操作。

图 2-6 平面设置面板　　　　　　　　　图 2-7 挤出设置面板

在"操作"栏中可以选择以下两种操作方式。

① 添加材料：与常规的 CAD 拉伸方式相同，这里不再赘述。

② 添加冻结：添加冻结零件，后面会提到。

在"方向"栏中可以选择以下 4 种拉伸方式。

① 法向：默认设置的拉伸方式。

② 已反转：此拉伸方式与法向方向相反。

③ 双-对称：沿着两个方向同时拉伸指定的拉伸深度。

④ 双-非对称：沿着两个方向同时拉伸指定的拉伸深度，但是两侧的拉伸深度不同，需要在下面的选项中设定。

在"按照薄/表面？"栏中设置是否选择薄壳拉伸，如果选择"是"选项，则需要分别输入薄壳的内壁和外壁厚度值。

（3）旋转：在选择此命令后，会弹出如图 2-8 所示的旋转设置面板。

在"几何结构"栏中选择需要进行旋转操作的二维平面几何图形。

在"轴"栏中选择旋转二维几何图形所需要的轴线。

在"拓扑融合"栏中选择"是"选项，表示优化特征体拓扑；选择"否"选项，表示不改变特征体拓扑。

"操作""按照薄/表面？"栏的内容可参考"挤出"命令的相关内容。

在"方向"栏中选择旋转方式。

（4）扫掠：选择此命令后，会弹出如图 2-9 所示的扫掠设置面板。

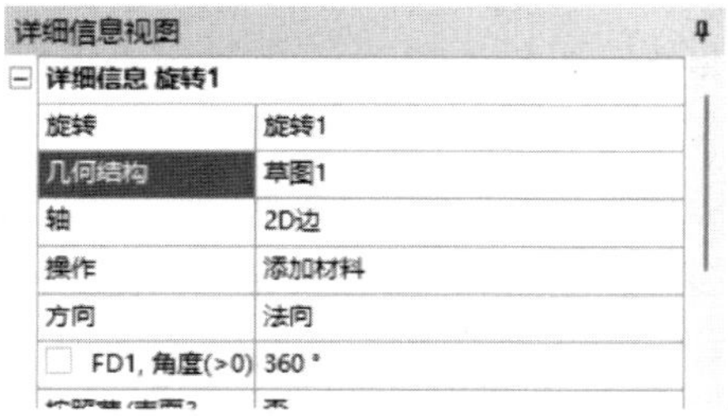

详细信息视图	
详细信息 旋转1	
旋转	旋转1
几何结构	草图1
轴	2D边
操作	添加材料
方向	法向
☐ FD1, 角度(>0)	360 °

图 2-8　旋转设置面板

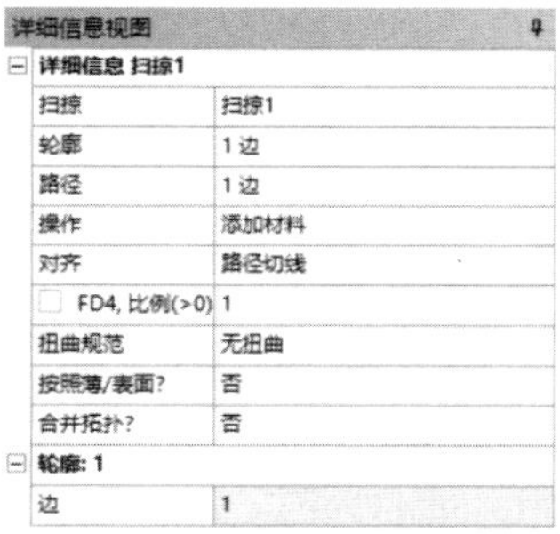

详细信息视图	
详细信息 扫掠1	
扫掠	扫掠1
轮廓	1 边
路径	1 边
操作	添加材料
对齐	路径切线
☐ FD4, 比例(>0)	1
扭曲规范	无扭曲
按照薄/表面？	否
合并拓扑？	否
轮廓: 1	
边	1

图 2-9　扫掠设置面板

在"轮廓"栏中选择二维几何图形作为要扫掠的对象。

在"路径"栏中选择直线或曲线来确定二维几何图形扫掠的路径。

在"对齐"栏中选择"路径切线"或"全局坐标轴"两种方式。

在"FD4,比例(>0)"栏中输入比例因子来设置扫掠比例。

在"扭曲规范"栏中选择扭曲的方式，包括"无扭曲"、"匝数"及"俯仰"3 种选项。

① 无扭曲：扫掠出来的图形是沿着扫掠路径的。

② 匝数：在扫掠过程中二维几何图形绕扫掠路径旋转的圈数。如果扫掠的路径是闭合环路，则圈数必须是整数；如果扫掠路径是开路，则圈数可以是任意数值。

③ 俯仰：在扫掠过程中扫掠的螺距大小。

（5）蒙皮/放样：选择此命令后，会弹出如图 2-10 所示的蒙皮/放样设置面板。

在"轮廓选择方法"栏中有"选择所有文件"和"选择单个文件"两种方式可供选择。

在选择完成后，会在"轮廓"栏下面出现所选择的所有轮廓的几何图形名称。

（6）薄/表面：选择此命令后，会弹出如图 2-11 所示的薄/表面设置面板。

图 2-10　蒙皮/放样设置面板

图 2-11　薄/表面设置面板

在"选择类型"栏中可以选择以下 3 种方式。

① 待保留面：在选择此选项后，会对保留面进行抽壳处理。

② 待移除面：在选择此选项后，会对选中的面进行去除操作。

③ 仅几何体：在选择此选项后，会对选中的实体进行抽壳处理。

在"方向"栏中可以选择以下 3 种方式。

① 内部：在选择此选项后，抽壳操作会对实体进行壁面向内部抽壳处理。

② 外部：在选择此选项后，抽壳操作会对实体进行壁面向外部抽壳处理。

③ 中间平面：在选择此选项后，抽壳操作会对实体进行中间壁面抽壳处理。

（7）确定半径倒圆角：选择此命令后，会弹出如图 2-12 所示的确定半径倒圆角设置面板。

在"FD1，半径（>0）"栏中输入圆角的半径值。

在"几何结构"栏中选择要倒圆角的棱边或平面。如果选择的是平面，倒圆角命令会将平面周围的几条棱边全部倒成圆角。

（8）变化半径倒圆角：选择此命令后，会弹出如图 2-13 所示的变化半径倒圆角设置面板。

在"过渡"栏中可以选择"平滑"和"线性"两种过渡方式。

在"边"栏中选择要倒圆角的棱边。

在"起始半径（>=0）"栏中输入初始半径值。

在"终点半径（>=0）"栏中输入尾部半径值。

图 2-12　确定半径倒圆角设置面板

图 2-13　变化半径倒圆角设置面板

（9）倒角：选择此命令后，会弹出如图 2-14 所示的倒角设置面板。

在"几何结构"栏中选择实体的棱边或表面。当选择表面时，会将表面周围的所有棱边全部倒角。

在"类型"栏中有以下 3 种数值输入方式。

图 2-14　倒角设置面板

① 左-右：在选择此选项后，可以在下面的栏中输入两侧的长度值。

② 左-角度：在选择此选项后，可以在下面的栏中输入左侧长度值和一个角度值。

③ 右-角度：在选择此选项后，可以在下面的栏中输入右侧长度值和一个角度值。

（10）阵列：选择此命令后，会弹出如图 2-15 所示的阵列设置面板。

在"方向图类型"栏中可以选择以下 3 种阵列样式。

① 线性的：在选择此选项后，阵列的方式为沿着某一方向阵列，需要在"方向"栏中选择要阵列的方向、偏移距离和阵列数量。

② 圆形：在选择此选项后，阵列的方式为沿着某根轴线阵列一圈，需要在 Axis（轴线）栏中选择轴线、偏移距离和阵列数量。

③ 矩形：在选择此选项后，阵列方式为沿着两条相互垂直的边或轴线阵列，需要选择两个阵列方向、偏移距离和阵列数量。

（11）体操作：选择此命令后，会弹出如图 2-16 所示的几何体操作设置面板。

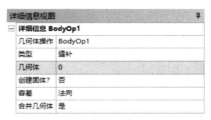

图 2-15　阵列设置面板　　　　图 2-16　几何体操作设置面板

在"类型"栏中有以下几何体操作样式。

① 镜像：对选中的实体进行镜像操作。在选择此选项后，需要在"几何体"栏中选择要镜像的实体，在"镜像平面"栏中选择一个平面，如 XY 平面等。

② 移动：对选中的实体进行移动操作。在选择此选项后，需要在"几何体"栏中选择要镜像的实体，在"源平面"栏中选择一个平面作为初始平面，如 XY 平面等；在"目标平面"栏中选择一个平面作为目标平面，两个平面可以不平行，本操作主要应用于多个零件的装配。

③ 删除：对选中的平面进行删除操作。

④ 缩放：对选中的实体进行等比例放大或缩小操作。在选中此选项后，在"缩放原点"栏中可以选择"全局坐标系原点"、"实体的质心"及"点" 3 个选项；在"FD1,比例因子(>0)"栏中输入缩放比例。

⑤ 缝补：对有缺陷的实体进行补片复原后，再利用缝补命令对复原部位进行实体化操作。

⑥ 简化：对选中的材料进行简化操作。

⑦ 平移：对选中的实体进行平移操作。需要在"方向选择"栏中选择一条边作为平移的方向矢量。

⑧ 旋转：对选中实体进行旋转操作。需要在"轴线选择"栏中选择一条边作为旋转的轴线。

⑨ 切材料：对选中的实体进行去除材料操作。

⑩表面印记：对选中的实体进行表面印记操作。

⑪ 材料切片：需要在一个完全冻结的实体上对选中的材料进行材料切片操作。

图 2-17　布尔运算设置面板

（12）布尔运算：选择此命令后，会弹出如图 2-17 所示的布尔运算设置面板。

在"操作"栏中有以下 4 种操作选项。

① 并集：将多个实体合并到一起，形成一个实体。此操作需要在"工具几何体"栏中选中所有进行实体合并的实体。

② 差集：将一个实体"工具几何体"从另一个实体"目标几何体"中去除。需要在"目标几何体"栏中选择所要切除材料的实体，在"工具几何体"栏中选择要切除的实体工具。

③ 交集：将两个实体相交的部分取出来，其余的实体被删除。

④ 表面印记：生成一个实体"工具几何体"与另一个实体"目标几何体"相交处的面。需要在"目标几何体"和"工具几何体"栏中分别选择两个实体。

（13）切割：此命令增强了 DesignModeler 平台的可用性，可以产生用来划分映射网格的可扫掠分网的实体。当模型完全由冻结体组成时，此命令才可用。选择此命令后，会弹出如图 2-18 所示的切割设置面板。

在"切割类型"选项中有以下几种方式用来对实体进行切割操作。

① 按平面切割：利用已有的平面对实体进行切割操作。平面必须经过实体，在"基准平面"栏中选择平面。

② 用表面偏移平面切割：在模型上选中一些面，这些面大概形成一定的凹面，使用此选项将切开这些面。

③ 按曲面切割：利用已有的曲面对实体进行切割操作。在"目标平面"栏中选择曲面。

④ 按边做切割：选择切分边，用切分出的边创建分离实体。

⑤ 按封闭棱边切割：在实体模型上选择一条封闭的棱边来创建切片。

（14）面删除：此命令用来撤销倒角和去除材料等，可以将倒角、去除材料等特征从实体上移除。选择此命令后，会弹出如图 2-19 所示的面删除设置面板。

图 2-18　切割设置面板

图 2-19　面删除设置面板

在"修复方法"栏中有以下几种方式可用来删除面。

① 自动：在选择此选项后，在"面"栏中选择要删除的面，即可将面删除。

② 自然修复：对几何体进行自然复原处理。

③ 补丁修复：对几何体进行修补处理。

④ 无修复：不进行任何修复处理。

（15）删除边线：与"面删除"命令的作用相似，这里不再赘述。

（16）原始图形：使用此命令可以创建一些原始的图形，如圆形、矩形等。

3．概念菜单

概念菜单如图 2-20 所示。该菜单中包括对线、体和面操作的一系列命令，如线、体的生成与面的生成等命令。

4．工具菜单

工具菜单如图 2-21 所示。该菜单中包括对线、体和面操作的一系列工具命令，如冻结、解冻、命名的选择、属性、外壳、填充等命令。

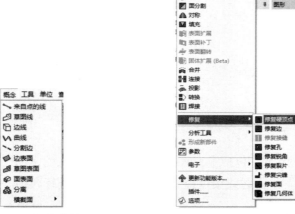

图 2-20　概念菜单　　　　　　　图 2-21　工具菜单

下面对一些常用的工具命令进行简要介绍。

（1）冻结：DesignModeler 平台会默认将新建立的几何体和已有的几何体合并以保持

单独的个体。如果想将新建立的几何体与已有的几何体分开，就需要将已有的几何体进行冻结处理。

冻结特征可以将所有的激活体转到冻结状态，但是在建模过程中除切割操作以外，其他命令都不能用于冻结体。

（2）解冻：冻结的几何体可以通过此命令解冻。

（3）命名的选择：用于对几何体中的节点、边线、面、体等进行命名。

（4）中间表面：用于将等厚度的薄壁类结构简化成"壳"模型。

（5）外壳：在体附近创建周围区域以方便模拟场区域，主要用于计算流体动力学（CFD）及电磁场有限元分析（EMAG）等计算的前处理。使用外壳命令可以创建物体的外部流场或绕组的电场、磁场计算域模型。

（6）填充：与外壳命令相似，此命令主要为几何体创建内部计算域，如管道中的流场等。

5．查看菜单

查看菜单如图 2-22 所示。该菜单中的各个命令主要是针对几何体显示的操作命令，这里不再赘述。

6．帮助菜单

帮助菜单如图 2-23 所示。该菜单中提供了在线帮助等命令。

图 2-22　查看菜单

图 2-23　帮助菜单

2.1.3　工具栏

工具栏如图 2-24 所示，包括了 DesignModeler 平台默认的常用工具命令。这些命令在菜单栏中均可找到。下面对建模过程中经常用到的命令进行介绍。

图 2-24　工具栏

以三键鼠标为例，鼠标左键用于实现基本控制，包括几何体的选择和拖动。此外，将其与键盘部分按钮结合使用，可以实现不同的操作。

- Ctrl+鼠标左键：执行添加/移除选定的几何体操作。
- Shift+鼠标中键：执行放大/缩小几何体操作。
- Ctrl+鼠标中键：执行几何体平移操作。

另外，按住鼠标右键框选几何体，可以实现几何体的快速缩放操作。在绘图窗格中右击，可以弹出快捷菜单，以完成相关的操作，如图 2-25 所示。

1．选择过滤器

在建模过程中，经常需要选择实体的某个面、某条边或某个点等，这时可以在工具栏的相应过滤器中进行切换。如图 2-26 所示，如果想要选择模型上的某个面，则首先单击工具栏中的 ⬚ 按钮，使其处于凹陷状态，然后选择需要操作的面即可。如果想要选择线或点，则首先单击工具栏中的 ⬚ 或 ⬚ 按钮，然后选择需要操作的线或点即可。

图 2-25　快捷菜单

图 2-26　面选择过滤器

如图 2-27 所示，如果需要对多个面进行选择，则需要单击工具栏中的 ⬚▾ 按钮，在弹出的下拉菜单中选择 ⬚ 框选 命令，然后单击 ⬚ 按钮，在绘图窗格中框选需要操作的面即可。

线或点的框选与面类似，这里不再赘述。

在框选时有方向性，具体说明如下所述。

- 鼠标从左到右拖动：选中所有完全包括在选择框中的对象。
- 鼠标从右到左拖动：选中包括或经过选择框的对象。

利用鼠标还能直接对几何模型进行控制（见图 2-27）。

2．窗口控制

在 DesignModeler 平台的工具栏中有各种控制窗口的快捷按钮，通过单击不同的按钮，可以实现不同的图形控制，如图 2-28 所示。

- ⟳ 按钮用来实现几何旋转操作。
- ✛ 按钮用来实现几何平移操作。
- ⌕ 按钮用来实现图形的放大或缩小操作。

- 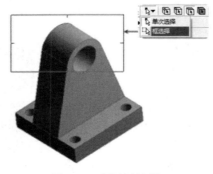 按钮用来实现窗口的缩放操作。
- 按钮用来实现自动匹配窗口大小的操作。

图 2-27　框选过滤器

图 2-28　窗口控制

利用鼠标还能直接在绘图窗格中控制图形：当鼠标指针位于图形的中心区域时相当于 操作；当鼠标指针位于图形之外时为绕 Z 轴旋转操作；当鼠标指针位于图形界面的上下边界附近时为绕 X 轴旋转操作；当鼠标指针位于图形界面的左右边界附近时为绕 Y 轴旋转操作。

2.1.4　常用命令栏

图 2-29 所示为 DesignModeler 平台默认的常用命令栏，其中的命令在菜单栏中均可找到，这里不再赘述。

图 2-29　常用命令栏

2.1.5　模型树

模型树如图 2-30 所示。其中包括两个模块："建模"和"草图绘制"。下面对"草图绘制"模块中的命令进行介绍。

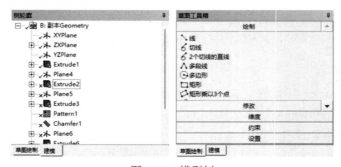

图 2-30　模型树

1．绘制

图 2-31 所示为"绘制"卷帘菜单，其中包括了创建二维草绘需要的所有工具，如直线、圆、矩形、椭圆等，操作方法与其他 CAD 软件相同。

2．修改

图 2-32 所示为"修改"卷帘菜单，其中包括了修改二维草绘需要的所有工具，如圆角、倒角、修剪、延伸、分割等，操作方法与其他 CAD 软件相同。

图 2-31 绘制卷帘菜单   图 2-32 修改卷帘菜单

3．维度（尺寸标注）

图 2-33 所示为"维度"卷帘菜单，其中包括了标注二维图形尺寸需要的所有工具，如通用标注、水平标注、长度/距离标注、半径/直径标注、角度标注等，操作方法与其他 CAD 软件相同。

4．约束

图 2-34 所示为"约束"卷帘菜单，其中包括了约束二维图形需要的所有工具，如固定约束、水平约束、垂直约束、相切约束、对称约束、平行约束、同心约束、等半径约束、等长度约束等，操作方法与其他 CAD 软件相同。

5．设置

图 2-35 所示为"设置"卷帘菜单，主要用于完成设置草绘界面的栅格大小及移动捕捉步大小的任务。

图 2-33 维度卷帘菜单   图 2-34 约束卷帘菜单   图 2-35 设置卷帘菜单

（1）在"设置"卷帘菜单中选择"网格"命令，使"网格"图标处于凹陷状态，然后勾选其后面的复选框，此时在绘图窗格中会出现如图 2-36 所示的栅格。

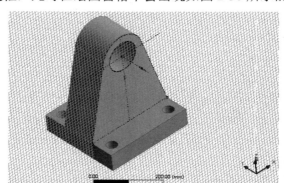

图 2-36　Grid 栅格

（2）在"设置"卷帘菜单中选择"主网格间距"命令，使"主网格间距"图标处于凹陷状态，然后在其后面的文本框中输入主栅格的大小，默认为 10mm，出现如图 2-37 所示的栅格。

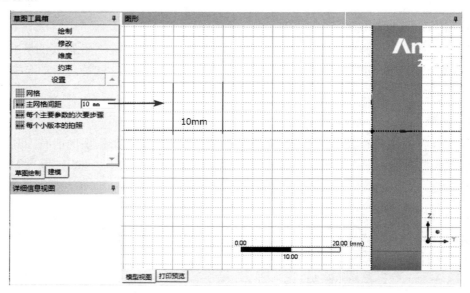

图 2-37　主栅格大小

（3）在"设置"卷帘菜单中选择"每个主要参数的次要步骤"命令，使"每个主要参数的次要步骤"图标处于凹陷状态，然后在其后面的文本框中输入每个主栅格上划分的网格数，将默认的 10 修改为 5，此时在绘图窗格的主栅格中的小网格数量如图 2-38 所示。

（4）在"设置"卷帘菜单中选择"每个小版本的拍照"命令，使"每个小版本的拍照"图标处于凹陷状态，然后在其后面的文本框中输入每个小网格捕捉的次数，将默认的 1 修改为 2。选择草绘直线命令，在绘图窗格中单击直线的第一个点，然后移动鼠标，此时吸盘会在每个小网格的 4 条边的中间位置被吸一次，如果值是默认的 1，则在 4 个角点处被吸住。

前面几节简单介绍了 DesignModeler 平台界面，下面将利用上述工具对较复杂的几何模型进行建模。

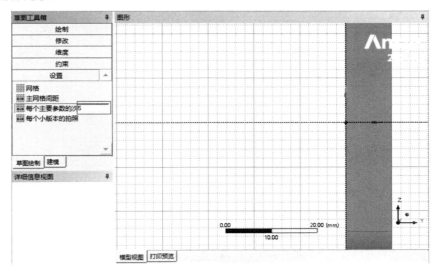

图 2-38　主栅格中的小网格数量

2.1.6　DesignModeler 的启动与草绘

与其他 CAD 软件操作方法相同，实体建模需要先创建二维图形，这部分工作在草绘模式下完成。本节主要介绍如何在草绘模式下绘制 2D 图形。

Step1：启动 ANSYS Workbench。在 Windows 系统下选择"开始"→"所有程序"→"ANSYS 2024 R1"→"Workbench 2024 R1"命令，启动 ANSYS Workbench 2024，进入软件主界面。

Step2：创建项目。双击主界面"工具箱"中的"组件系统"→"几何结构"命令，即可在"项目原理图"中创建项目 A，如图 2-39 所示。

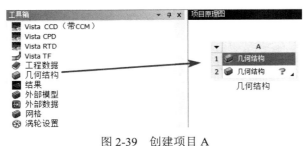

图 2-39　创建项目 A

Step3：启动 DesignModeler。双击项目 A 中 A2 栏的"几何结构"选项，此时会弹出如图 2-40 所示的 DesignModeler 平台界面，依次选择"单位"→"毫米"命令，完成单位设置。

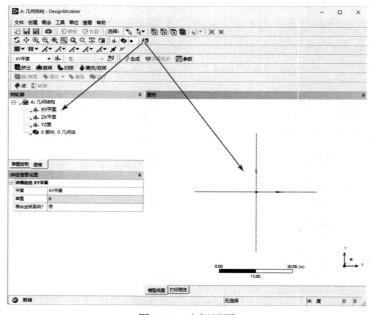

图 2-40　DesignModeler 平台界面

　　Step4： 选择绘图平面。选择"树轮廓"→"A:几何结构"→"XY 平面"命令，此时会在绘图窗格中出现如图 2-41 所示的坐标平面，然后单击工具栏中的 按钮，使平面正对窗口。

图 2-41　坐标平面

Step5：创建草绘。如图 2-42 所示，单击"树轮廓"下面的"草图绘制"按钮，此时会切换到"草图绘制"模块。

Step6：自动捕捉。选择"绘制"→"圆"命令，此时"圆"图标处于凹陷状态，表示该命令被选中，如图 2-43 所示。移动鼠标指针至绘图窗格中的坐标原点附近，此时会在绘图窗格中出现 P 字符，表示此时鼠标指针在坐标原点处。

图 2-42　"草图绘制"模块

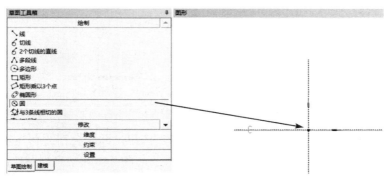

图 2-43　自动捕捉坐标原点

 如果鼠标指针在坐标轴附近移动，此时在绘图窗格中会出现 C 字符，表示此时创建的点在坐标轴上，如图 2-44 所示。

Step7：草绘图形。将鼠标指针移动到坐标原点后，单击鼠标左键，此时会出现如图 2-45 所示的图形，在绘图窗格中的任意位置单击，确定圆的创建。

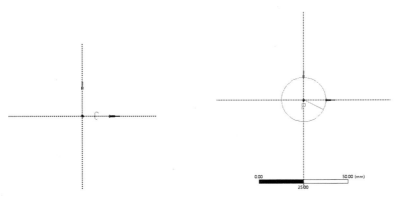

图 2-44　自动捕捉坐标轴上的点　　　　图 2-45　草绘图形 1

Step8：尺寸标注。选择"维度"→"通用"命令，此时"通用"图标处于凹陷状态，表示一般性质的标注被选择。如图 2-46 所示，单击刚才绘制的圆，然后在"详细信息视图"面板"维度:1"下面的 D1 栏中输入 50mm，并按 Enter 键，确定输入。

Step9：拉伸草绘图形。单击"草图绘制"按钮右侧的"建模"按钮，切换到"建模"模块，也就是将"草图工具箱"切换到"树轮廓"，如图 2-47 所示。

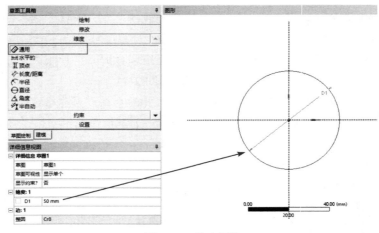

图 2-46　尺寸标注

Step10：单击常用命令栏中的 （拉伸）按钮，此时会在"树轮廓"的"A:几何结构"命令下出现一个拉伸命令，如图 2-48 所示，在"详细信息视图"面板的"详细信息 挤出 1"下面进行如下设置。

① 在"几何结构"栏中选中"草图 1"。

② 在"操作"栏中选择"添加材料"选项，默认为"添加材料"。

③ 在"扩展类型→FD1，深度(>0)"栏中输入 100mm，其余选项的设置保持默认。

在完成以上设置后，单击常用命令栏中的 生成 按钮，生成拉伸特征。

> 注　意　在"操作"栏中有"添加材料""添加冻结"两个操作选项，后面会对它们进行详细讲解。

图 2-47　切换到"树轮廓"

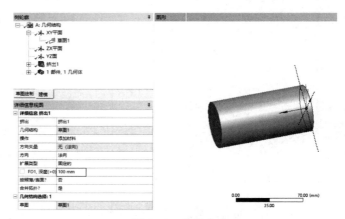

图 2-48　拉伸命令 1

Step11：去材料操作。与 Step7 相同，在 YZ 平面绘制如图 2-49 所示的圆，并设置其直径（D2）为 35mm、距离原点的竖直距离（V1）为 75mm，按 Enter 键确定。

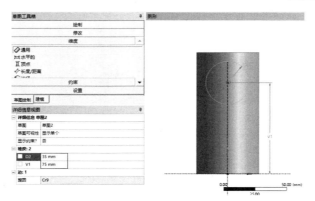

图 2-49　草绘图形 2

Step12：单击常用命令栏中的 ⬛挤出（拉伸）按钮，此时会在"树轮廓"的"A:几何结构"命令下出现一个拉伸命令，如图 2-50 所示，在"详细信息视图"面板的"详细信息 挤出 2"下面进行如下设置。

① 在"几何结构"栏中选中"草图 2"。

② 在"操作"栏中选择"切割材料"选项，默认为"添加材料"。

③ 在"方向矢量"栏中选择"无（法向）"选项。

④ 在"扩展类型"栏中选择"到表面"选项。单击圆柱外表面，"目标面"栏中会显示"已选"。

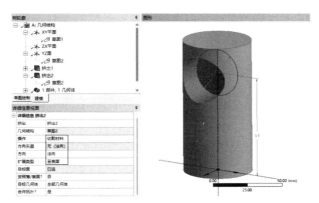

图 2-50　拉伸命令 2

在完成以上设置后，单击常用命令栏中的 ⚡生成 按钮，生成材料特征，如图 2-51 所示。

Step13：保存模型。单击工具栏中的 🖫 按钮，在弹出的如图 2-52 所示的"另存为"对话框的"文件名"文本框中输入 extent1.wbpj，单击"保存"按钮，完成模型的保存。

Step14：关闭 DesignModeler 程序。单击界面右上角的 ❌ 按钮，关闭 DesignModeler 程序。

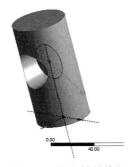

图 2-51　生成材料特征

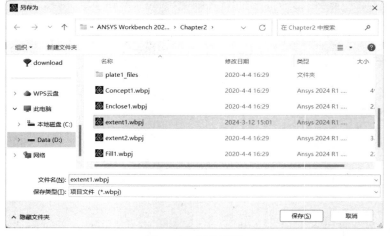

图 2-52　保存模型

2.1.7　DesignModeler 特有操作

在 DesignModeler 中，有部分功能是其他 CAD 软件所不具备的，现在简要介绍一下比较常用的一些功能命令。

（1）激活状态和冻结状态：这两个命令都在"工具"菜单中，下面简单介绍一下它们的区别。

① 激活状态：在这种状态下，几何体可以进行常规的建模操作，如布尔运算、切材料等，但是不能进行"切割"操作。

② 冻结状态：处于此状态的几何体可以进行"切割"操作，方便以后划分高质量的六面体网格。

（2）多体部件体：在有限元分析过程中，往往不只是对单一零件进行仿真计算，还经常会对一个结构复杂的装配体进行仿真分析。而 DesignModeler 可以先将装配体中的某些零件或全部装配体组成一个或多体部件体，这样在进行多体部件体的零件的仿真计算时能够实现拓扑共享。

（3）表面印记：当对一个零件施加载荷时，如果只需要对一个表面的一小块区域施加外部载荷，就需要先在该表面进行表面印记操作。

在图 2-51 所示模型的零件的上端（处于 Z 轴最大位置处）圆面上的直径 15mm 范围内施加 150N 的力，方向为 Z 轴负方向，具体操作步骤如下。

Step1：读取文件。在 Workbench 主窗口的工具栏中单击 按钮，弹出"打开"对话框，如图 2-53 所示，找到 extent1.wbpj 文件，单击"打开"按钮。

Step2：此时在 Workbench 主窗口的"项目原理图"中加载了一个项目 A，如图 2-54 所示。

Step3：双击项目 A 中 A2 栏的"几何结构"选项，此时 DesignModeler 平台将被加载。

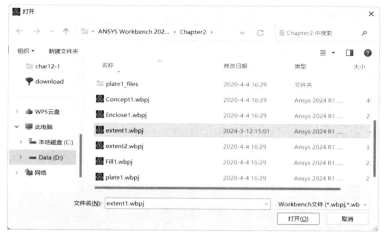

图 2-53 "打开"对话框

图 2-54 项目 A

Step4：当 DesignModeler 平台加载成功后，界面如图 2-55 所示。

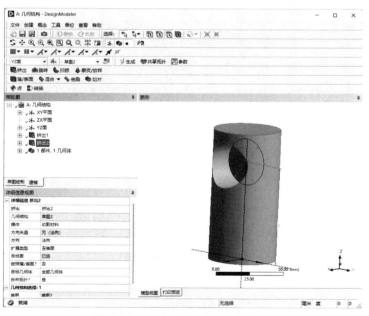

图 2-55 DesignModeler 平台界面

Step5：选择模型的上端面，然后在工具栏中单击 按钮，再单击"草图绘制"按钮，切换到"草图绘制"模块，如图 2-56 所示。

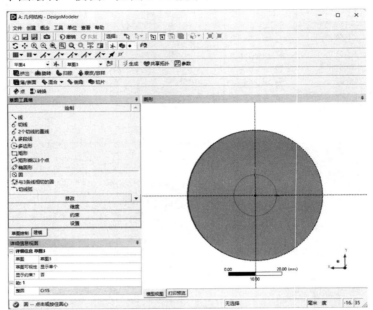

图 2-56　切换到草绘模块

Step6：如图 2-57 所示，在中心绘制一个直径为 15mm 的圆。

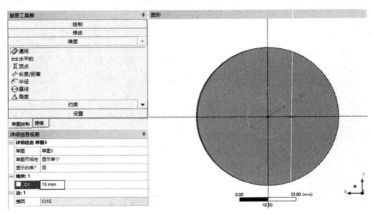

图 2-57　草绘图形

Step7：单击"建模"按钮，切换到"建模"模块，单击 挤出 按钮，此时会在"树轮廓"的"A:几何结构"命令下出现一个挤出命令，如图 2-58 所示，在"详细信息视图"面板的"详细信息 挤出 3"下面进行如下设置。

① 在"几何结构"栏中选中"草图 3"。

② 在"操作"栏中选择"表面印记"选项，默认为"添加材料"。

③ 其余选项的设置保持默认即可。

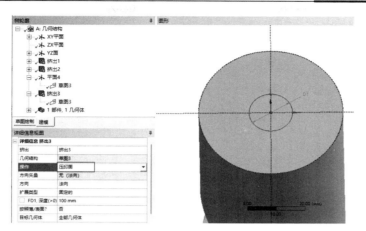

图 2-58 挤出命令

在完成以上设置后，单击常用命令栏中的 生成 按钮，生成印记特征，如图 2-59 所示，这时就可以在印记特征上施加载荷了，如图 2-60 所示，在印记面上施加 150N 的力，方向为 Z 轴负方向。

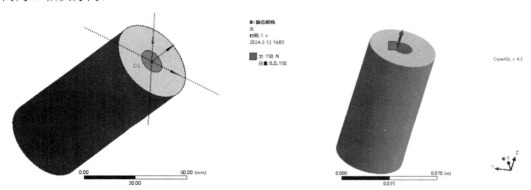

图 2-59 生成印记特征   图 2-60 施加载荷

Step8：保存模型。切换到 Workbench 主界面，单击工具栏中的 按钮，在弹出的如图 2-61 所示的"另存为"对话框的"文件名"文本框中输入 extent2.wbpj，单击"保存"按钮，完成模型的保存。

Step9：关闭 DesignModeler 程序。单击界面右上角的 按钮，关闭 DesignModeler 程序。

（4）填充：这个特征是为 CFD（计算流体动力学）服务的。图 2-62 所示的三通管道模型有两个进水口和一个出水口。由于流体在管道内流动，如果想对图示的三通管道进行流体动力学分析，并且在建模过程中只创建管道部分，即固体部分，而流体动力学分析实际上是对内部的流体进行分析，此时就需要对现有实体（三通管道）进行"填充"操作，使其在内部生成流体部分，具体操作步骤如下。

Step1：新建一个项目 A，然后右击项目 A 中 A2 栏的"几何结构"选项，从弹出的快捷菜单中选择"导入几何模型"→"浏览"命令，如图 2-63 所示。

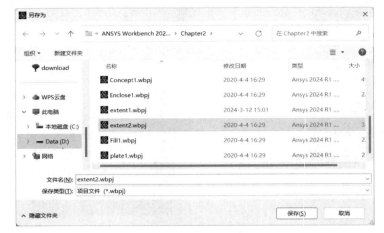

图 2-61　"另存为"对话框

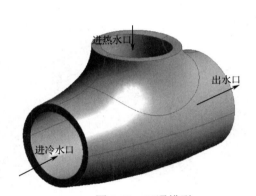

图 2-62　三通模型

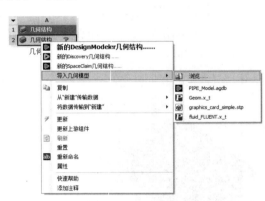

图 2-63　选择浏览命令

Step2：在弹出的如图 2-64 所示的"打开"对话框中选择 santong.stp 文件，并单击"打开"按钮。

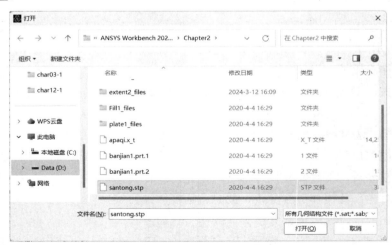

图 2-64　"打开"对话框

Step3：双击项目 A 中 A2 栏的"几何结构"选项，启动 DesignModeler，设置单位为 mm。DesignModeler 平台显示的模型如图 2-65 所示。

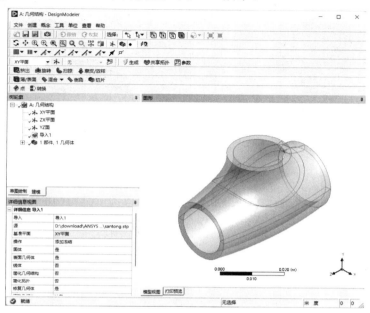

图 2-65　显示的模型

Step4：选择"工具"→"填充"命令，如图 2-66 所示，此时会在模型树中出现一个"填充"命令。

Step5：按住 Ctrl 键，依次选择三通管道模型的所有内部表面，如图 2-67 所示。在"详细信息视图"面板的"详细信息 填充 1"→"面"栏中单击"应用"按钮，完成内部表面的选取。

图 2-66　选择"填充"命令

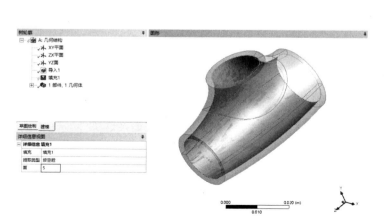

图 2-67　选择内部表面

Note

Step6：单击常用命令栏中的 ⚡生成 按钮，生成流体模型特征，流体模型和流体部分剖面分别如图 2-68 和图 2-69 所示。

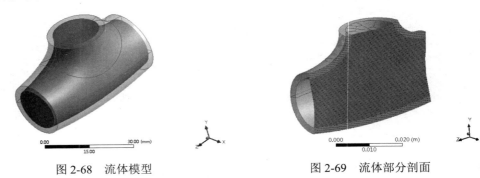

图 2-68　流体模型　　　　　　　　图 2-69　流体部分剖面

Step7：保存模型。切换到 Workbench 主界面，单击工具栏中的 🖫 按钮，在弹出的如图 2-70 所示的"另存为"对话框的"文件名"文本框中输入 Fill1.wbpj，单击"保存"按钮，完成模型的保存。

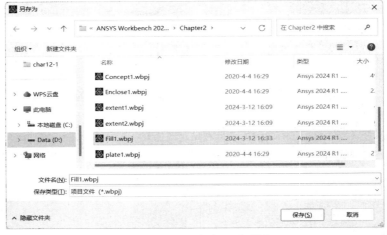

图 2-70　"另存为"对话框

Step8：关闭 DesignModeler 程序。单击界面右上角的 ❌ 按钮，关闭 DesignModeler 程序。

（5）外壳：这个特征是为计算流体动力学（CFD）及电磁场有限元分析（EMAG）服务的，通过"外壳"操作可以计算物体的外部流场，或者绕组的电场或磁场分布。这个操作与"填充"操作类似，下面以一个如图 2-71 所示的飞机模型为例来简要介绍"外壳"操作步骤。

Step1：新建一个项目 A，然后右击项目 A 中 A2 栏的"几何结构"选项，从弹出的快捷菜单中选择"导入几何模型"→"浏览"命令，如图 2-72 所示。

Step2：在弹出的如图 2-73 所示的"打开"对话框中选择 apaqi.x_t 文件，并单击"打开"按钮。

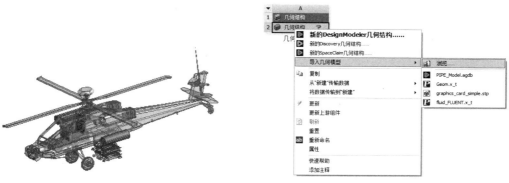

图 2-71　飞机模型　　　　　　　　图 2-72　选择"浏览"命令

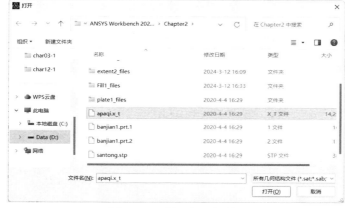

图 2-73　"打开"对话框

Step3：双击项目 A 中 A2 栏的"几何结构"选项，启动 DesignModeler，设置单位为 m。DesignModeler 平台显示的模型如图 2-74 所示。

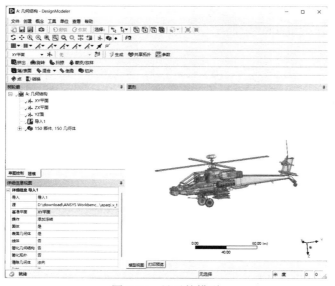

图 2-74　显示的模型

Step4：选择"工具"→"外壳"命令，如图 2-75 所示，此时会在模型树中出现一个"外壳"命令。

Step5：如图 2-76 所示，在"详细信息视图"面板中进行如下操作。

① 在"形状"栏中选择"框"选项，即默认选项。

② 在"FD1,缓冲 +X 值(>0)""FD2,缓冲 +Y 值(>0)""FD1,缓冲 +Z 值(>0)""FD1,缓冲 –X 值(>0)""FD2,缓冲 –Y 值(>0)""FD1,缓冲 –Z 值(>0)"栏中分别输入 10m，其余选项的设置保持默认即可。

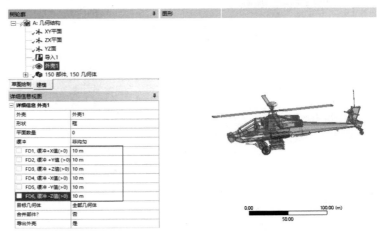

图 2-75　选择"外壳"命令　　　　　　　　图 2-76　选择内表面

Step6：单击常用命令栏中的 生成 按钮，生成飞机及外部流场模型，如图 2-77 所示。

Step7：保存模型。切换到 Workbench 主界面，单击工具栏中的 按钮，在弹出的如图 2-78 所示的"另存为"对话框的"文件名"文本框中输入 Enclose1.wbpj，单击"保存"按钮，完成模型的保存。

Step8：关闭 DesignModeler 程序。单击界面右上角的 按钮，关闭 DesignModeler 程序。

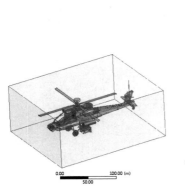

图 2-77　飞机及外部流场模型　　　　　　　图 2-78　"另存为"对话框

2.2 几何建模实例

在初步了解了 DesignModeler 的基本功能后,下面通过两个实例来巩固一下建模的操作步骤。

2.2.1 几何建模实例 1——实体建模

首先利用 Creo(Pro/E)软件加载一个几何数据文件,然后通过集成在 Creo(Pro/E)软件上的 Workbench 菜单将几何文件导入 DesignModeler 中,并在 DesignModeler 中进行去材料操作,具体操作过程如下。

Step1:打开 Creo Parametric 程序,在工具栏上单击"打开"按钮,在弹出的"文件打开"对话框中选择 banjian1.prt 文件,如图 2-79 所示,此时在下面的预览区域会出现几何文件图形,单击"打开"按钮。

图 2-79　文件读入

Step2:读入几何文件后的模型如图 2-80 所示。

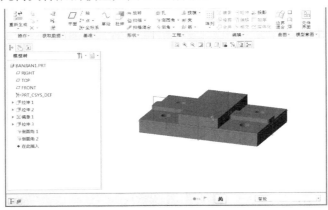

图 2-80　模型

Step3：如图 2-81 所示，选择"开始"→"所有程序"→"ANSYS 2024 R1"→"Workbench 2024 R1"命令，此时开始加载 ANSYS Workbench 软件。

Step4：在数据加载完成后，程序将在 Workbench 主界面上自动创建项目 A，如图 2-82 所示。

图 2-81　加载 ANSYS Workbench 软件　　　　　图 2-82　创建项目 A

Step5：双击项目 A 中 A2 栏的"几何结构"选项，此时会加载 DesignModeler 几何建模平台，如图 2-83 所示，设置单位为 m，此时会在"树轮廓"的"A:几何结构"命令下出现一个 导入1 命令。

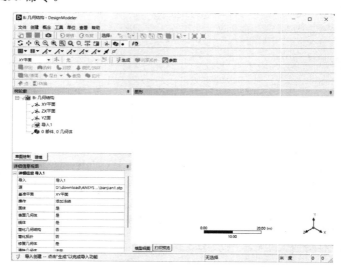

图 2-83　DesignModeler 几何建模平台

Step6：单击常用命令栏中的 生成 按钮，生成几何图形，如图 2-84 所示。

Step7：单击要进行操作的平面，此平面位于 Z 轴最大位置，如图 2-85 所示，单击 按钮，并单击"树轮廓"下面的"草图绘制"按钮，切换到"草图绘制"模块。

Step8：在"草图工具箱"中选择"绘制"→"矩形"命令并勾选后面的 自动圆角：☑ 复选框，表示创建的矩形带倒角。在 DesignModeler 的绘图窗格中绘制矩形，如图 2-86 所示。

Step9：选择"维度"→"半径"命令，并选择矩形的一个倒角圆弧，单击鼠标左键确定，如图 2-87 所示，此时会在圆弧上标注出 $R1$。

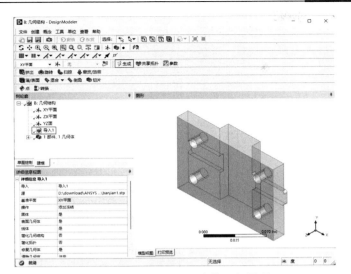

图 2-84　DesignModeler 中的几何图形 1

图 2-85　要进行操作的平面

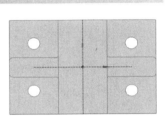

图 2-86　DesignModeler 中的几何图形 2

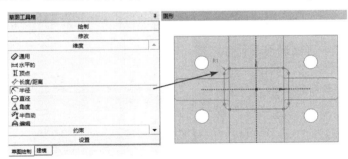

图 2-87　标注半径

Step10：选择"维度"→"水平的"命令，标注如图 2-88 所示的水平尺寸。使用同样的操作，选择"维度"→"竖直"（顶点）命令，标注垂直尺寸。

Step11：如图 2-89 所示，在"详细信息视图"面板的"维度:5"下更改以下参数。

① 在 H2 栏中输入 0.06m；在 H3 栏中输入 0.045m。

② 在 R1 栏中输入 0.01m。

③ 在 V4 栏中输入 0.05m；在 V5 栏中输入 0.025m。

其余选项的设置保持默认即可。

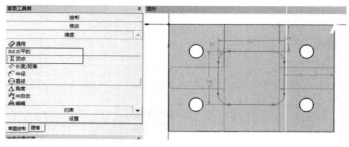

图 2-88　标注水平尺寸

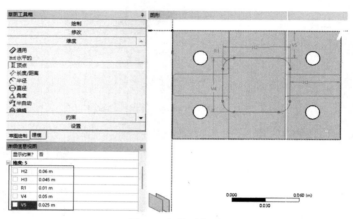

图 2-89　修改标注

Step12：如图 2-90 所示，在菜单栏中选择"工具"→"冻结"命令，对导入的模型解除冻结，以便后续操作。

如图 2-91 所示，选择"冻结 1"命令，通过"详细信息 解冻 1"下的"几何体"栏选择 BANJIAN1 零件体。

图 2-90　解除冻结

图 2-91　"冻结"设置

Step13：如图 2-92 所示，单击常用命令栏中的 🔲 挤出 按钮，在"详细信息视图"面板中进行如下修改。

① 在"操作"栏中选择"切割材料"选项，默认为"添加材料"。

② 在"方向"栏中选择"已反转"选项，表示拉伸方向为默认的反方向。

③ 在"FD1,深度(>0)"栏中输入 0.02m，其余选项的设置保持默认即可。

Step14：单击常用命令栏中的 ✔生成 按钮，生成去材料特征，如图 2-93 所示。

Step15：单击常用命令栏中的 ◆ 固定半径混合 按钮，并选择 ◆ Fixed Radius 命令，会在"树轮廓"中出现 ◆ FBlend1 命令。

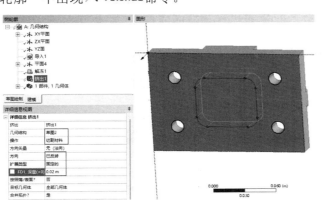

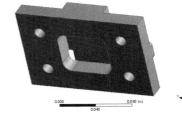

图 2-92　设置"详细信息 挤出 1"　　　　图 2-93　去材料特征

Step16：如图 2-94 所示，在"详细信息视图"面板中进行如下修改。

① 在"FD1,半径(>0)"栏中输入 0.02m。

② 选择模型的 4 条边，并在"几何结构"栏中确定这 4 个边界被选中。生成的圆角特征如图 2-95 所示。

Step17：单击工具栏中的 🖫 按钮，在弹出的"另存为"对话框的"文件名"文本框中输入 plate1.wbpj，单击"保存"按钮，保存文件。

Step18：关闭 DesignModeler 程序。单击界面右上角的 ❌ 按钮，关闭 DesignModeler 程序。

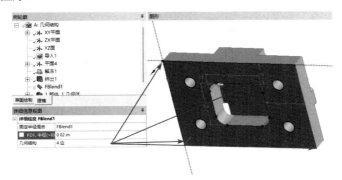

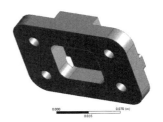

图 2-94　倒圆角操作　　　　　　图 2-95　圆角特征

2.2.2　几何建模实例 2——概念建模

概念建模主要用于创建和修改模型中的线或面,使之成为有限元中的梁单元（Beam）

或壳单元（Shell）。从"概念"菜单（见图 2-20）可知，生成梁模型的方法有 4 种，即点生成线、草绘生成线、边线生成线、3D；生成面的方法有 2 种，即边线生成面、草绘生成面。

此外，"概念"菜单中还有一些常见的截面形状和用户自定义的截面形状，如长方形、圆形、空心圆形等。

下面通过一个实例来简要介绍概念建模的过程和截面属性的赋予方法，实例模型如图 2-96 所示。

Step1：新建一个项目 A，然后右击项目 A 中 A2 栏的"几何结构"选项，从弹出的快捷菜单中选择"新的 DesignModeler 几何结构"命令，如图 2-97 所示。

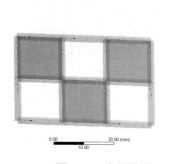

图 2-96　实例模型　　　　　图 2-97　选择"新的 DesignModeler 几何结构"命令

Step2：启动 DesignModeler 平台，选择"单位"→"毫米"命令，设置单位为 mm，如图 2-98 所示。

Step3：选择"树轮廓"→"A:几何结构"→"ZX 平面"命令，如图 2-99 所示，然后单击 按钮。

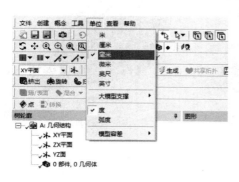

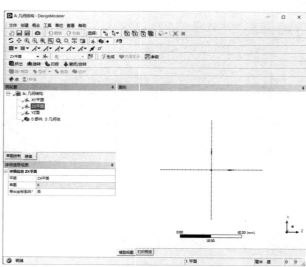

图 2-98　设置单位　　　　　　　　图 2-99　草绘平面

Step4：在切换到"草图绘制"模块后，选择"绘制"→"线"命令，在绘图窗格中绘制如图 2-100 所示的图形。

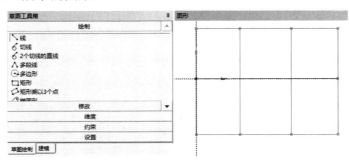

图 2-100　草绘图形

Step5：如图 2-101 所示，选择"约束"→"平行"命令，然后单击图形右下角的两条水平线段，使它们约束为平行。

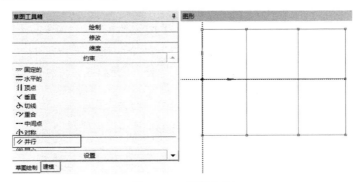

图 2-101　平行约束

Step6：如图 2-102 所示，选择"约束"→"等长度"命令，然后单击图形的各条线，使各条边的长度约束为相等。

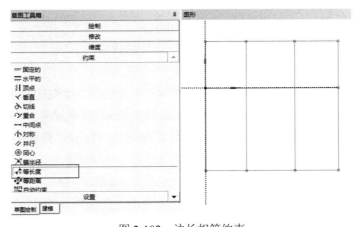

图 2-102　边长相等约束

Step7：如图 2-103 所示，选择"维度"→"通用"命令，然后单击图形的任何一条线段，标注其长度，在"详细信息视图"面板的"维度:6"→H1 栏中输入 15mm，并按 Enter 键确定。将 H5 标为 45mm，其余尺寸标为等间距 15mm。

Step8：切换到"建模"模块，选择"概念"→"草图线"命令，如图 2-104 所示。在"详细信息视图"面板的"详细信息视 线 1"→"基对象"栏中选择刚刚草绘的图形，然后单击"应用"按钮确定选择。

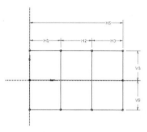

图 2-103　标注线段长度　　　　图 2-104　选择"草图线"命令

Step9：单击常用命令栏中的 *生成* 按钮，生成线体模型，如图 2-105 所示。

Step10：选择 *1部件,1几何体* 下面的"线体"命令，在下面出现的"详细信息视图"面板中的"横截面"栏为黄色，其中内容为"未选择"，表示截面特性未被赋予，如图 2-106 所示。

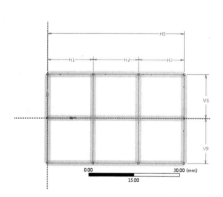

图 2-105　线体模型　　　　图 2-106　未赋予截面特性

Step11：选择"概念"→"横截面"→"矩形"命令，在"详细信息视图"面板的"维度:2"→B 栏中输入 2mm，在 H 栏中输入 2mm，并按 Enter 键确定输入，如图 2-107 所示。

Step12：选择"线体"命令，在"详细信息视图"面板的"横截面"栏中选择"矩形 1"选项，如图 2-108 所示。

Step13：显示图形截面。选择"查看"→"横截面固体"命令，如图 2-109 所示。此时，"横截面固体"子菜单前面会出现一个 √，表示子菜单被选中，同时显示图形截面，如图 2-110 所示。

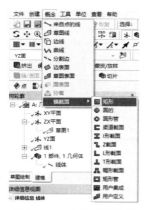

图 2-107　定义截面特性

图 2-108　赋予截面特性

图 2-109　选择"横截面固体"命令

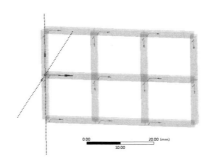

图 2-110　显示图形截面

Step14：创建壳模型。如图 2-111 所示，选择"概念"→"边表面"命令。

Step15：选择"树轮廓"中的 Surf1 命令，选择绘图窗格中的 4 条边线，如图 2-112 所示。在"详细信息视图"面板的"边"栏中单击"应用"按钮，并单击常用命令栏中的 生成 按钮，生成壳模型。

图 2-111　选择"边表面"命令

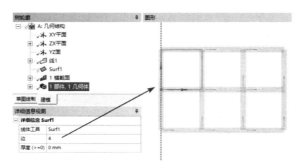

图 2-112　边线生成曲面

Step16：以同样方法完成其余 3 个区域的曲面设置，结果如图 2-113 所示。

Step17：单击工具栏中的 按钮，在弹出的"另存为"对话框的"文件名"文本框中输入 Concept1.wbpj，如图 2-114 所示，单击"保存"按钮，保存文件。

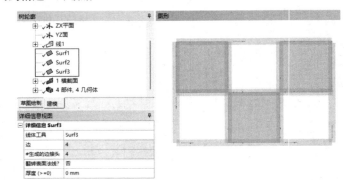

图 2-113   边线生成曲面的最终结果

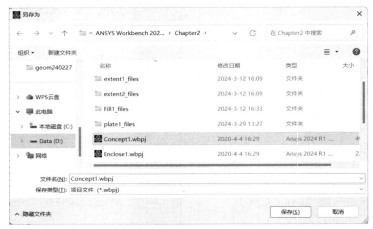

图 2-114   保存文件

Step18：关闭 DesignModeler 程序，单击界面右上角的 ✖ 按钮，关闭 DesignModeler 程序。

2.3 本章小结

本章内容是有限元分析中的第一个关键过程——几何建模，介绍了 ANSYS Workbench 几何建模的方法及集成在 Workbench 平台上的 DesignModeler 几何建模工具的建模方法。另外，通过两个应用实例讲解了在 Workbench 平台中进行几何建模的操作方法。

第 3 章

网格划分

在有限元计算中只有网格的节点和单元参与计算，在求解计算开始时，网格划分平台会自动生成默认的网格，用户可以使用默认网格，并检查网格是否满足要求。如果自动生成的网格不能满足工程计算的需要，则需要人工划分网格、细化网格。不同的网格对结果影响比较大。

网格的结构和网格的疏密程度直接影响计算结果的精度，但是网格加密会增加 CPU 计算时间且需要更大的存储空间。在理想的情况下，用户需要的是结果不再随网格的加密而改变的网格密度，即当网格细化后，解没有明显改变。如果可以合理地调整收敛控制选项，则同样可以达到满足要求的计算结果，但是，细化网格不能弥补不准确的假设和输入引起的错误，这一点需要读者注意。

学习目标：

- 熟练掌握 ANSYS Workbench 网格划分的原理。
- 熟练掌握 ANSYS Workbench 网格质量的检查方法。
- 熟练掌握 ANSYS Workbench 不同求解域网格划分的设置。
- 熟练掌握 ANSYS Workbench 外部网格数据的导入与导出方法。

3.1 网格划分基础

3.1.1 网格划分适用领域

网格划分平台可以根据不同的物理场需求而提供不同的网格划分方法。网格划分平台的物理场参照类型，如图 3-1 所示。

（1）机械：为结构及热力学有限元分析提供网格划分。

（2）电磁：为电磁场有限元分析提供网格划分。

（3）CFD：为计算流体动力学分析提供网格划分，如 CFX 和 Fluent 求解器。

（4）显式：为显式动力学分析提供网格划分，如 Autodyn 和 LS-DYNA 求解器。

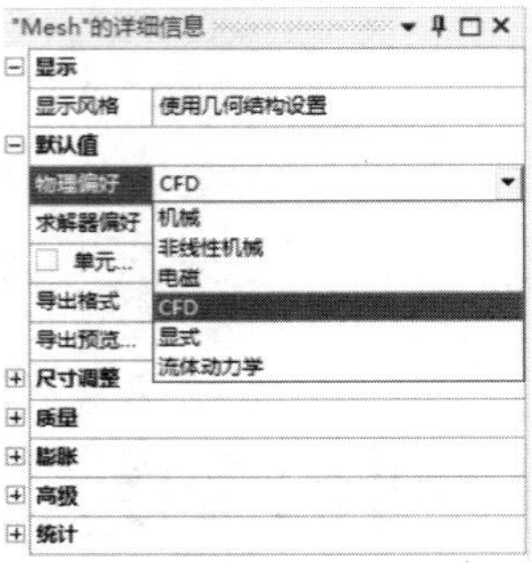

图 3-1　物理场参照类型

3.1.2　网格划分方法

对于三维几何体来说，网格划分平台有以下几种不同的网格划分方法。

（1）自动网格划分。

（2）四面体网格划分。

当选择此选项时，网格划分方法又可细分为以下两种。

① 补丁适形法（Workbench 自带功能）。

- 默认考虑所有的面和边（尽管在收缩控制和虚拟拓扑时会改变且默认损伤外貌基于的最小尺寸限制）。
- 适度简化 CAD（如 Native CAD、Parasolid、ACIS 等）。
- 在多体部件中可以结合使用扫掠方法生成共形的混合四面体/棱柱和六面体网格。
- 有高级尺寸功能。
- 由表面网格生成体网格。

② 补丁独立法（基于 ICEM CFD 软件）。

- 对 CAD 有长边的面、许多面的修补、短边等有用。
- 内置排便/简化基于网格技术。
- 由体网格生成表面网格。

（3）六面体主导。

当选择此选项时，网格将采用六面体单元划分网格，但是会包括少量的金字塔单元和四面体单元。

（4）扫掠法。

（5）多区法。

（6）膨胀法。

对于二维几何体来说，网格划分平台有以下几种不同的网格划分方法。

（1）四边形主导网格划分。

（2）三角形网格划分。

（3）四边形/三角形网格划分。

（4）四边形网格划分。

图 3-2 所示为采用自动网格划分方法得出的网格分布。

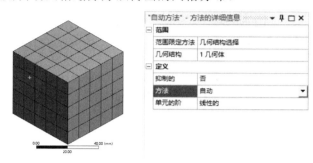

图 3-2　自动网格划分方法

图 3-3 所示为采用补丁适形法网格划分方法得出的网格分布。

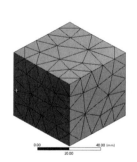

图 3-3　补丁适形法网格划分方法

图 3-4 所示为采用补丁独立法网格划分方法得出的网格分布。

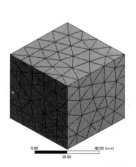

图 3-4　补丁独立法网格划分方法

图 3-5 所示为采用六面体主导网格划分方法得出的网格分布。

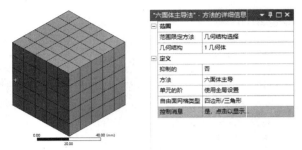

图 3-5　六面体主导网格划分方法

图 3-6 所示为采用扫掠网格划分方法得出的网格分布。

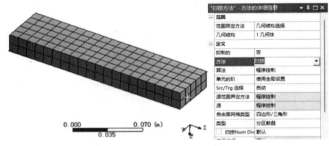

图 3-6　扫掠网格划分方法

图 3-7 所示为采用多区域网格划分方法得到的网格分布。

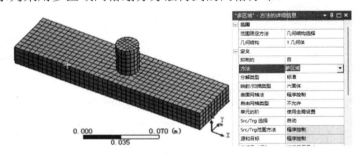

图 3-7　多区域网格划分方法

图 3-8 所示为采用膨胀网格划分方法得到的网格分布。

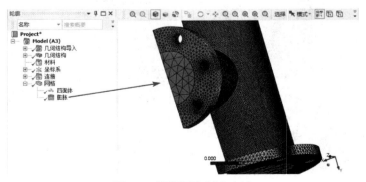

图 3-8　膨胀网格划分方法

3.1.3 网格默认设置

网格默认设置可以在"网格"下进行操作。选择模型树中的 网格命令，在出现的"'网格'的详细信息"参数设置面板的"默认"中进行物理模型选择和相关设置。

图 3-9～图 3-12 所示为 1mm×1mm×1mm 的立方体在默认网格设置下，结构分析、电磁场分析、计算流体动力学分析（CFD）及显式动力学分析 4 个不同物理模型的节点数和单元数。

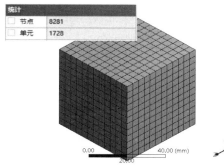

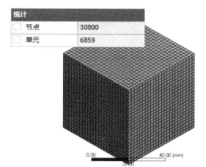

图 3-9　结构分析网格

图 3-10　电磁场分析网格

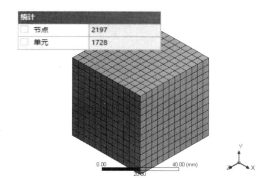

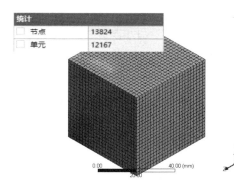

图 3-11　计算流体动力学分析网格

图 3-12　显式动力学分析网格

从中可以看出，在程序默认设置下，单元数量由小到大的顺序为：计算流体动力学分析网格=结构分析网格<电磁场分析网格<显式动力学分析网格；节点数量由小到大的顺序为：计算流体动力学分析网格<结构分析网格<显式动力学分析网格<电磁场分析网格。

3.1.4 网格尺寸设置

网格尺寸设置可以在"网格"下进行操作。选择模型树中的 网格命令，在出现的"'网格'的详细信息"参数设置面板的"尺寸"中进行网格尺寸的相关设置。"尺寸调整"设置面板如图 3-13 所示。

（1）使用自适应网格划分方式：网格细化的方法，此选项默认为关闭（否）状态。

单击后面的 下拉按钮，选择"是"选项，表示使用网格自适应的方式进行网格划分。

（2）当"使用自适应尺寸调整"被设置为"否"时，可以设置"捕获曲率"和"捕获邻近度"。当二者被设置为"是"时，面板就会增加（曲率和邻近）网格控制设置相关选项，如图3-14所示。

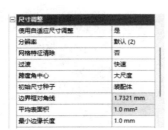

图3-13　"尺寸调整"设置面板　　　图3-14　网格控制设置相关选项

针对"捕获曲率"和"捕获邻近度"的设置，网格平台会根据几何模型的尺寸，提供相应的默认值。读者也可以结合工程需要对其下各个选项进行修改与设置，以满足工程仿真计算的要求。

（3）初始化尺寸种子：此选项用来控制每一个部件的初始网格种子，如果单元尺寸已被定义，则会被忽略。在"初始化尺寸种子"栏中有两个选项可供选择，即"装配体"和"零件"。下面对这两个选项分别进行讲解。

① 装配体：基于这个设置，将初始网格种子放入未抑制部件，网格可以改变。

② 零件：由于抑制部件网格不改变，因此基于这个设置，在进行网格划分时可将初始网格种子放入个别特殊部件。

（4）过渡：过渡是控制邻近单元增长速度的设置选项，有以下两种设置方式。

① 快速：在结构分析和电磁分析网格中产生网格过渡。

② 慢速：在流体分析和显式网格中产生网格过渡。

（5）跨度中心角：跨度中心角设定基于边的细化的曲度目标，网格在弯曲区域被细分，直到单独单元跨越这个角，有以下几种选择。

① 粗糙：角度范围为-90°～60°。

② 中等：角度范围为-75°～24°。

③ 细化：角度范围为-36°～12°。

图3-15和图3-16所示为当"跨度角中心"选项被设置为"粗糙"和"细化"时的网格。可以看出，当跨度角中心选项的设置由"粗糙"改变为"细化"时，中心圆孔的网格划分数量会加密，网格角度会变小。

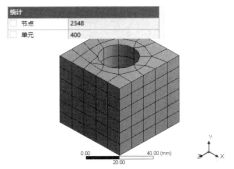

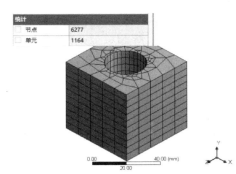

图 3-15　跨度角中心-粗糙　　　　图 3-16　跨度角中心-细化

3.1.5　Meshing 网格质量设置

网格质量设置可以在"网格"下进行操作。选择模型树中的网格命令，在弹出的"'网格'的详细信息"参数设置面板的"质量"中进行网格质量的相关设置。"质量"设置面板如图 3-17 所示。

图 3-17　"质量"设置面板

（1）检查网格质量：该选项中包括"否"、"是,错误"、"是,错误和警告"和"网格质量工作表"4 个选项。

（2）误差限值：该选项中包括适用于线性模型的"强力机械"和适用于大变形模型的"标准机械性"两个选项。

（3）目标单位质量：默认为"默认(0.050000)"，可自定义大小。

（4）平滑：该选项中包括"低"、"中等"和"高"3 个选项。

（5）网格度量标准：默认为"无"，用户可以从中选择相应的网格质量检查工具来检查网格质量。

① 单元质量：在选择此选项后，在信息窗格中会出现如图 3-18 所示的"网格度量标准"窗格，在窗格内显示了网格质量划分图表。

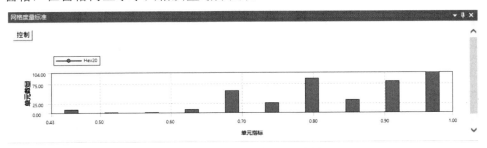

图 3-18　"网格度量标准"窗格 1

在图 3-18 中，横坐标值由 0 到 1，表示网格质量由坏到好，衡量准则为网格的边长比；纵坐标表示的是网格数量，网格数量与矩形条成正比，网格质量划分图表中的值越接近 1，说明网格质量越好。

单击图表上方的"控制"按钮，会弹出如图 3-19 所示的单元质量控制图表。在该图表中可以进行单元数和最大、最小单元的设置。

② 纵横比：在选择此选项后，在信息窗格中会出现如图 3-20 所示的"网格度量标准"窗格，在窗格内显示了网格质量划分图表。

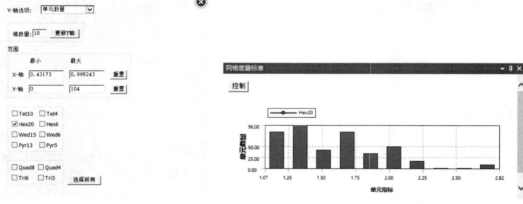

图 3-19 单元质量控制图表　　　　　　　图 3-20 "网格度量标准"窗格 2

对于三角形网格来说，按法则判断如下。

如图 3-21 所示，从三角形的一个顶点引出对边的中线，再将另外两条边的中点相连，构成线段 *KR*、*ST*；分别绘制两个矩形，以中线 *ST* 为平行线，分别过点 *R*、*K* 构造矩形的两条对边，另外两条对边分别过点 *S*、*T*，然后以中线 *KR* 为平行线，分别过点 *S*、*T* 构造矩形的两条对边，另外两条对边分别过点 *R*、*K*；对另外两个顶点也按上面步骤绘制矩形，共绘制 6 个矩形；找出各矩形的长边与短边之比并开立方，数值最大者即为该三角形的纵横比值。

若纵横比值=1，则三角形 *IJK* 为等边三角形，此时说明划分的网格质量最好。

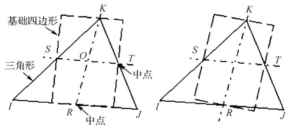

图 3-21 三角形判断法则

对于四边形网格来说，按法则判断如下。

如图 3-22 所示，如果单元不在一个平面上，则各个节点将被投影到节点坐标平均值所在的平面上；画出两条矩形对边中点的连线，相交于一点 *O*；以交点 *O* 为中心，分别过 4 个中点构造两个矩形；找出两个矩形的长边和短边之比的最大值，即为该四边形的纵横比值。

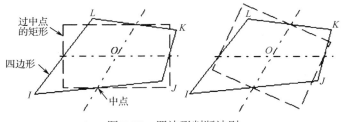

图 3-22 四边形判断法则

若纵横比值=1，则四边形 *IJKL* 为正方形，此时说明划分的网格质量最好。

③ 雅可比比率：适应性较广，一般用于处理带有中间节点的单元。在选择此选项后，在信息窗格中会出现如图 3-23 所示的"网格度量标准"窗格，在窗格内显示了网格质量划分图表。

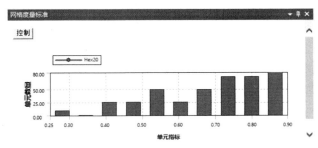

图 3-23 "网格度量标准"窗格 3

雅可比比率计算法则如下所述。

计算单元内各样本点的雅可比矩阵的行列式值 R_j；雅可比值是样本点中行列式最大值与最小值的比值；若两者正负号不同，则雅可比值将为-100，此时该单元不可接受。

三角形单元的雅可比比率：如果三角形的每个中间节点都在三角形边的中点上，则这个三角形的雅可比比率为 1。图 3-24 所示为雅可比比率分别为 1、30、1000 时的三角形网格。

四边形单元的雅可比比率：任何一个矩形单元或平行四边形单元，无论是否含有中间节点，其雅可比比率都为 1，如果沿着垂直于一条边的方向向内或者向外移动这一条边上的中间节点，可以增加雅可比比率。图 3-25 所示为雅可比比率分别为 1、30、100 时的四边形网格。

图 3-24 三角形网格的雅可比比率及相应图形　图 3-25 四边形网格的雅可比比率及相应图形 1

六面体单元的雅可比比率：满足以下两个条件的四边形单元和块单元的雅可比比率为 1。

- 所有对边都相互平行。
- 任何边上的中间节点都位于两个角点的中间位置。

图 3-26 所示为雅可比比率分别为 1、30、1000 时的四边形网格，此四边形网格可以生成雅可比比率为 1 的六面体网格。

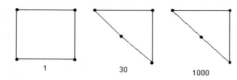

图 3-26　四边形网格的雅可比比率及相应图形 2

④ 扭曲系数：用于计算或评估四边形壳单元、含有四边形面的块单元、楔形单元及金字塔单元等。高扭曲系数表明单元控制方程不能很好地控制单元，需要重新划分。在选择此选项后，在信息窗格中会出现如图 3-27 所示的"网格度量标准"窗格，在窗格内显示了网格质量划分图表。

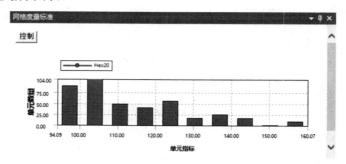

图 3-27　"网格度量标准"窗格 4

如图 3-28 所示为二维四边形壳单元的扭曲系数逐渐增加的二维网格变化图形。从图中可以看出，在扭曲系数由 0.0 增大到 5.0 的过程中，网格扭曲程度逐渐增加。

对于三维块单元扭曲系数来说，比较 6 个面的扭曲系数，并从中选择最大值作为扭曲系数，如图 3-29 所示。

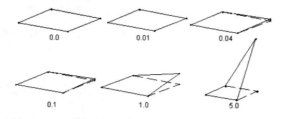
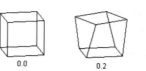
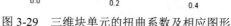

图 3-28　二维四边形单元的扭曲系数及相应图形　　图 3-29　三维块单元的扭曲系数及相应图形

⑤ 平行偏差：用于计算对边矢量的点积，并通过点积中的余弦值求出最大的夹角。对于四边形单元而言，平行偏差为 0 最好，此时两对边平行。在选择此选项后，在信息窗格中会出现如图 3-30 所示的"网格度量标准"窗格，在窗格内显示了网格质量划分图表。

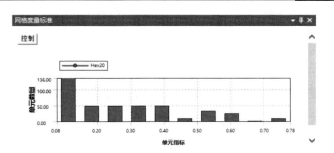

图 3-30   "网格度量标准"窗格 5

图 3-31 所示为当平行偏差值从 0～170 时的二维四边形单元变化图形。

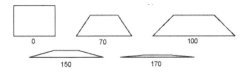

图 3-31   二维四边形单元的平行偏差及相应图形

⑥   最大三角：用于计算最大角度。对于三角形而言，最大壁角角度为 60°最好，此时为等边三角形。对于四边形而言，最大壁角角度为 90°最好，此时为矩形。在选择此选项后，在信息窗格中会出现如图 3-32 所示的"网格度量标准"窗格，在窗格内显示了网格质量划分图表。

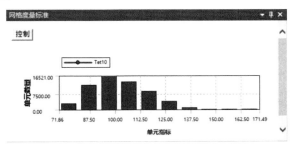

图 3-32   "网格度量标准"窗格 6

⑦   偏斜：网格质量检查的主要方法之一。其值范围为 0～1，0 表示网格质量最好，1 表示网格质量最差。在选择此选项后，在信息窗格中会出现如图 3-33 所示的"网格度量标准"窗格，在窗格内显示了网格质量划分图表。

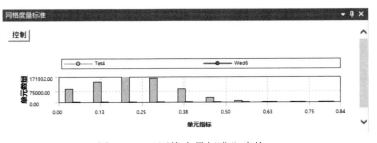

图 3-33   "网格度量标准"窗格 7

⑧ 正交品质：网格质量检查的主要方法之一，其值范围为 0～1，0 表示网格质量最差，1 表示网格质量最好。在选择此选项后，在信息窗格中会出现如图 3-34 所示的"网格度量标准"窗格，在窗格内显示了网格质量划分图表。

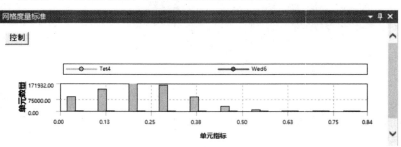

图 3-34　"网格度量标准"窗格 8

⑨ 特征长度：网格质量检查的主要方法之一，二维单元是面积的平方根，三维单元是体积的立方根。在选择此选项后，在信息窗格中会出现如图 3-35 所示的"网格度量标准"窗格，在窗格内显示了网格质量划分图表。

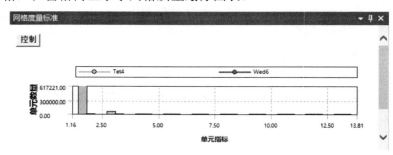

图 3-35　"网格度量标准"窗格 9

3.1.6　网格膨胀层设置

网格膨胀层设置可以在"网格"下进行操作。选择模型树中的 网格 命令，在弹出的"'网格'的详细信息"参数设置面板的"膨胀"中进行网格膨胀层的相关设置。"膨胀"设置面板如图 3-36 所示。

图 3-36　"膨胀"设置面板

（1）使用自动控制膨胀：默认值为无，有 3 个可供选择的选项。。

① 无：程序默认选项，即不需要人工控制程序即可自动进行膨胀层参数控制。

② 程序控制：人工控制生成膨胀层的方法，通过设置总厚度、第一层厚度、平滑过渡等来控制膨胀层生成的方法。

③ 选定的命名选择中的所有面：通过选取已经被命名的面来生成膨胀层。

（2）膨胀选项：膨胀层选项对于二维分析和四面体网格划分默认设置为平滑过渡，除此之外膨胀层选项还有以下几个可供选择的选项。

① 总厚度：需要输入网格最大厚度值。

② 第一层厚度：需要输入第一层网格的厚度值。

③ 第一纵横比：程序默认的宽高比为 5，用户可以修改宽高比。

④ 最后的纵横比：需要输入第一层网格的厚度值。

（3）过度比：程序默认的平滑比率为 0.272，用户可以根据需要对其进行更改。

（4）最大层数：程序默认的最大层数为 5，用户可以根据需要对其进行更改。

（5）增长率：相邻两侧网格中内层与外层的比例，默认值为 1.2，用户可以根据需要对其进行更改。

（6）膨胀算法：膨胀层算法有前处理（基于 T 网格算法）和后处理（基于 ICEM CFD 算法）两种算法。

① 前：基于 T 网格算法，是所有物理模型的默认设置。首先表面网格膨胀，然后生成体网格，可应用于扫掠和二维网格的划分，但是不支持将邻近面设置为不同的层数。

② 后：基于 ICEM CFD 算法，使用一种在四面体网格生成后起作用的后处理技术，后处理选项只对补丁适形和补丁独立四面体网格有效。

（7）查看高级选项：当此选项被设置为"是"时，"膨胀"设置面板会显示如图 3-37 所示的高级选项。

膨胀	
使用自动膨胀	无
膨胀选项	平滑过渡
过渡比	0.272
最大层数	5
增长率	1.2
膨胀算法	后期
膨胀单元类型	楔形
查看高级选项	是
避免冲突	梯步
间隙因数	0.5
底部上的最大高度	1
增长高选项	几何
最大角度	140.0°
圆角率	1
使用后平滑	是
平滑迭代	5

图 3-37　"膨胀"高级选项

3.1.7　网格高级选项设置

网格高级选项设置可以在"网格"下进行操作，选择模型树中的 　　网格 命令，在弹出的"'网格'的详细信息"参数设置面板的"高级"中进行网格高级选项的相关设置。"高级"设置面板如图 3-38 所示。

高级	
用于并行部件网格剖...	程序控制
直边单元	否
刚体行为	尺寸减小
三角形表面网格剖分...	程序控制
拓扑检查	是
收缩容差	请定义
刷新时生成缩放	否

图 3-38　"高级"设置面板

（1）直边单元：默认设置为否。

（2）刚体行为：默认设置为尺寸减小。

（3）三角面网格剖分器：有"程序控制"和"前沿"两个选项可供选择。

（4）拓扑检查：默认设置为否，可修改为是，即使用拓扑检查。

（5）收缩容差：网格在生成时会产生缺陷，而收缩容差定义了收缩控制。用户可以自己定义网格收缩容差控制值。收缩只能对顶点和边起作用，对面和体不起作用。以下网格方法支持收缩特性。

① 补丁适形四面体。

② 薄实体扫掠。

③ 六面体控制表面划分。

④ 四边形控制表面划分。

⑤ 所有三角形表面划分。

（6）刷新时生成缩放：默认为否。

3.1.8 网格统计设置

网格统计设置可以在"网格"下进行操作。选择模型树中的 网格命令，在弹出的"'网格'的详细信息"参数设置面板的"统计"中进行网格统计及质量评估的相关设置。"统计"设置面板如图 3-39 所示。

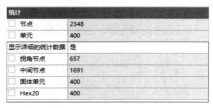

图 3-39   "统计"设置面板

（1）节点：当几何模型的网格划分完成后，此处会显示节点数量。

（2）单元：当几何模型的网格划分完成后，此处会显示单元数量。

（3）显示详细的统计数据：默认为否，如果选择"是"，显示如图 3-39 所示。

3.2 网格划分实例

上一节简单介绍了网格划分的基本方法和一些常用的网格质量评估工具，下面通过几个实例来简单介绍网格划分的操作步骤和常见的网格格式的导入方法。

3.2.1 应用实例 1——膨胀网格划分

模型文件	配套资源\Chapter03\char03-1\ santong.x_t
结果文件	配套资源\Chapter03\char03-1\ santong_mesh.wbpj

膨胀网格划分方法一般用于计算流体动力学分析（CFD）的网格划分。图 3-40 所示为一个简化后的三通模型，下面采用膨胀网格划分方法对该模型进行网格划分。

Step1：在 Windows 系统下选择"开始"→"所有程序"→"ANSYS 2024 R1"→"Workbench 2024 R1"命令，启动 ANSYS Workbench，进入主界面。

Step2：双击主界面"工具箱"中的"组件系统"→"网格"命令，即可在"项目原理图"中创建分析项目 A，如图 3-41 所示。

Step3：右击项目 A 中 A2 栏的"几何结构"选项，如图 3-42 所示，在弹出的快捷菜单中选择"导入几何模型"→"浏览"命令，加载几何文件。

Step4：如图 3-43 所示，在弹出的"打开"对话框中进行以下设置。

① 将文件类型更改为 Parasolid（*.x_t）。

② 选择 santong. x_t 文件，然后单击"打开"按钮。

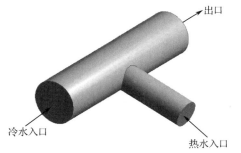

图 3-40　三通模型

图 3-41　创建分析项目 A

图 3-42　加载几何文件

图 3-43　选择文件名

Step5：双击项目 A 中 A2 栏的"几何结构"选项，此时会弹出如图 3-44 所示的 DesignModeler 平台界面，设置单位为 mm。

Step6：在 DesignModeler 平台界面被加载的同时，"树轮廓"中会出现一个 导入1 命令，如图 3-45 所示，前面的 表示几何模型需要生成。

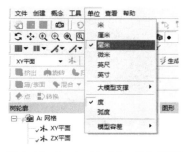

图 3-44　DesignModeler 平台界面

图 3-45　未生成几何模型的 DesignModeler 平台界面

Step7：单击常用命令栏中的"通用"按钮，此时会在绘图区中加载几何模型，如图 3-46 所示，同时"树轮廓"中的 导入1 会变成 导入1，表示模型被成功加载。

Step8：单击工具栏中的 按钮保存文件，在弹出的如图 3-47 所示的"另存为"对话框中输入文件名 santong_mesh.wbpj，单击"保存"按钮。

Step9：单击 DesignModeler 平台界面右上角的 按钮，关闭软件。

图 3-46　加载几何模型

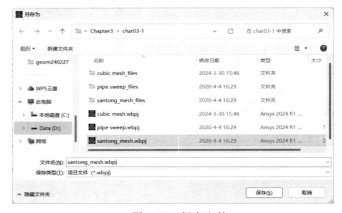

图 3-47　保存文件

Step10：回到 Workbench 主窗口，如图 3-48 所示，右击 A3 栏的"网格"选项，在弹出的快捷菜单中选择"编辑"命令。

Step11：网格划分平台被加载，如图 3-49 所示。

图 3-48　选择"编辑"命令

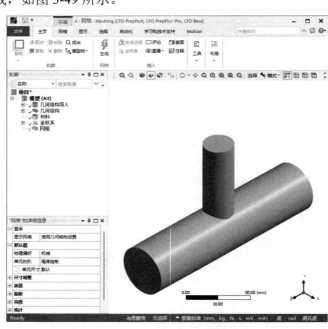

图 3-49　网格划分平台

Step12：右击"轮廓"中的"项目"→"模型（A3）"→"网格"命令，在弹出的快捷菜单中选择"插入"→"方法"命令，如图 3-50 所示。

Step13：此时在"轮廓"中的"网格"命令下创建了一个"自动方法"命令。如图 3-51 所示，选择此命令，在下面的"'补丁适形法'-方法的详细信息"面板中进行如下设置。

图 3-50 选择"方法"命令

图 3-51 网格划分方法设置

① 在绘图窗格中选择实体，然后单击"几何结构"栏中的"应用"按钮确定选择。

② 在"定义"→"方法"栏中选择"四面体"选项。

Step14：右击"项目"→"模型（A3）"→"网格"命令，在弹出的如图 3-52 所示的快捷菜单中选择"插入"→"膨胀"命令。

Step15：此时在"项目"→"模型（A3）"→"网格"命令下面出现一个 ? 膨胀 命令，其前面的"?"图标表示此命令还未设置。

Step16：选择 ? 膨胀 命令，在如图 3-53 所示的面板中进行如下设置。

① 选择几何实体，然后在"范围"→"几何结构"栏中单击"应用"按钮。

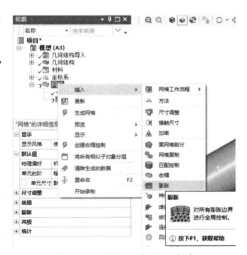

图 3-52 选择"膨胀"命令

② 选择两圆柱的外表面，然后在"定义"→"边界"栏中单击"应用"按钮，完成膨胀设置。

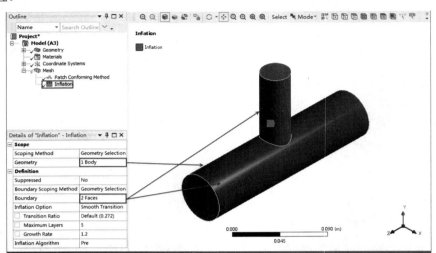

图 3-53 膨胀设置

Step17：选择"项目"→"模型（A3）"→"网格"命令，在如图 3-54 所示的"网格"的详细信息"面板中进行如下设置。

在"默认值"→"单元尺寸"栏中输入 5mm，并按 Enter 键确认输入。

Step18：右击"项目"→"模型（A3）"→"网格"命令，在弹出的如图 3-55 所示的快捷菜单中选择"生成网格"命令。

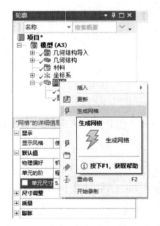

图 3-54 网格尺寸设置 　　　　图 3-55 选择"生成网格"命令

Step19：此时会弹出如图 3-56 所示的网格划分进度栏，其中会显示网格划分的进度条。

Step20：划分完成的网格模型如图 3-57 所示。

Step21：单击工具栏中的 面选择过滤器按钮，然后右击如图 3-58 所示的截面，在弹出的快捷菜单中选择"创建命名选择"命令以设置截面名。

图 3-56　网格划分进度栏　　　　　　　　图 3-57　网格模型

注 意　此截面位于 Z 轴最大值侧，请旋转视图位置以方便选择。

Step22：在弹出的如图 3-59 所示的"选择名称"对话框中输入截面名 Cool_inlet，单击 OK 按钮确定。

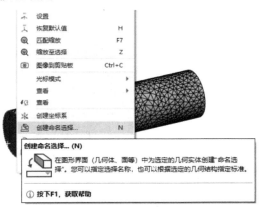

图 3-58　设置截面名

图 3-59　输入截面名

Step23：对另外两个截面进行同样的设置，命名结果如图 3-60 所示。

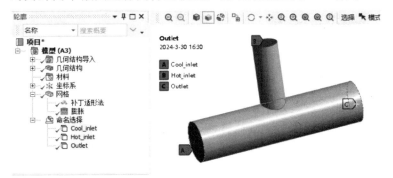

图 3-60　截面命名结果

Step24：如图 3-61 所示，选择网格划分平台的"文件"→"保存项目"命令，保存文件，然后退出 Meshing 平台。

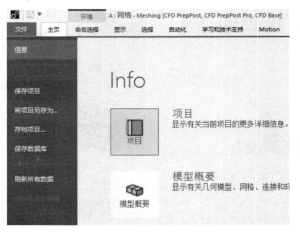

图 3-61　保存文件

3.2.2　应用实例2——多区域网格划分

模型文件	无
结果文件	配套资源\Chapter03\char03-2\ MultiZone.wbpj

多区域网格划分方法一般用于对几何体多重区域进行网格划分。图 3-62 所示为一个简化后的几何模型，下面采用多区域网格划分方法对模型进行网格划分。

Step1：在 Windows 系统下选择"开始"→"所有程序"→"ANSYS 2024 R1"→"Workbench 2024 R1"命令，启动 ANSYS Workbench，进入主界面。

Step2：双击主界面"工具箱"（工具箱）中的"组件系统"→"网格"命令，即可在"项目原理图"中创建分析项目 A，如图 3-63 所示。

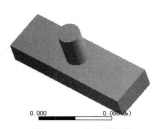

图 3-62　几何模型

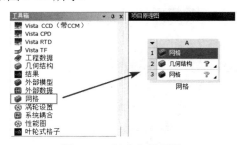

图 3-63　创建分析项目 A

Step3：右击项目 A 中 A2 栏的"几何结构"选项，在弹出的快捷菜单中选择"新的 DesignModeler 几何结构"命令，创建几何文件，如图 3-64 所示。

Step4：此时会弹出如图 3-65 所示的 DesignModeler 平台界面，设置单位为毫米。

Step5：选择"树轮廓"中的"网格"→"XY 平面"命令，如图 3-66 所示，然后单

击工具栏中的 ⟨按钮，使平面正对屏幕。

图 3-64　创建几何文件

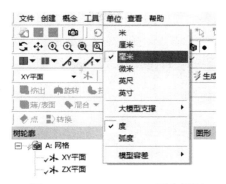

图 3-65　DesignModeler 平台界面

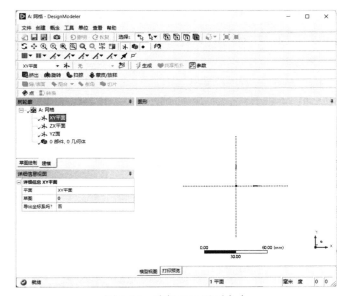

图 3-66　选择 XY 平面命令

Step6：如图 3-67 所示，单击"草图绘制"按钮，切换到草绘模块，选择"绘制"→"矩形"命令，在绘图窗格中草绘一个长方形，左起点为坐标原点。

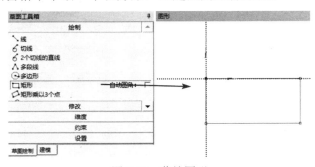

图 3-67　草绘图形

Step7：选择"维度"→"通用"命令，如图 3-68 所示，创建两个标注，分别为水平方向的 H1 标注和竖直方向的 V2 标注。

Step8：如图 3-69 所示，在下面的"详细信息视图"面板的"维度:2"→H1 栏中输入 100mm，在 V2 栏中输入 50mm。

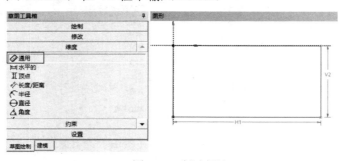

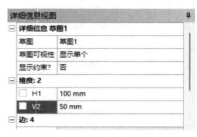

图 3-68　创建标注　　　　　　　　　　　　　　图 3-69　修改尺寸

Step9：如图 3-70 所示，在常用命令栏中单击 挤出 按钮，在下面的"详细信息视图"面板中进行如下操作。

① 在"几何结构"栏中选中"草图 1"。

② 在"扩展类型"→"FD1,深度(>0)"栏中输入 30mm，即默认值。

③ 单击常用命令栏中的"生成"按钮，生成几何实体。

Step10：单击工具栏中的 按钮，在绘图窗格中选择最上端的平面，如图 3-71 所示，此时被选中的平面被加亮。

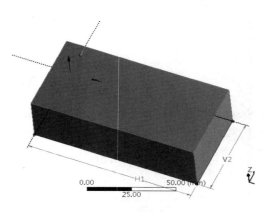

图 3-70　生成几何实体　　　　　　　　　　　　图 3-71　选择平面

Step11：单击"草图绘制"按钮，切换到草绘模块，选择"绘制"→"圆"命令，在绘图窗格中草绘一个圆形，如图 3-72 所示。

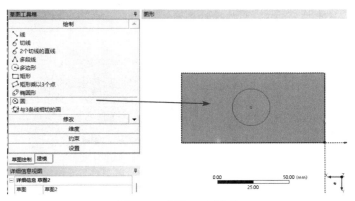

图 3-72　草绘一个圆形

Step12：选择"维度"→"通用"命令，在绘图窗格中标注圆心到左端的距离 V3、圆心到底边的距离 L2 及圆形的直径 D1，如图 3-73 所示。

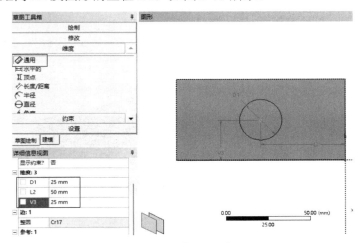

图 3-73　标注尺寸

Step13：如图 3-74 所示，在常用命令栏中单击 挤出 按钮，在下面的"详细信息视图"面板中进行如下操作。

① 在"几何结构"栏中选中"草图 2"。

② 在"扩展类型"→"FD1,深度(>0)"栏中输入 35mm，即默认值。

③ 单击工具栏中的"生成"按钮，生成几何实体。

Step14：单击 DesignModeler 平台界面右上角的 ✕ 按钮，关闭软件。

Step15：回到 Workbench 主界面，双击项目 A 中 A2 栏的"网格"选项，加载如图 3-75 所示的网格划分平台。

Step16：如图 3-76 所示，右击"轮廓"中的"项目"→"模型（A3）"→"网格"命令，在弹出的快捷菜单中选择"插入"→"方法"命令。

Step17：在如图 3-77 所示的"'多区域'-方法的详细信息"面板中进行如下设置。

① 在"几何结构"栏中显示"1 几何体"，表示一个实体被选中。

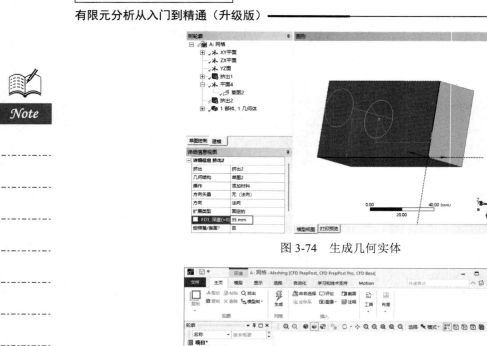

图 3-74　生成几何实体

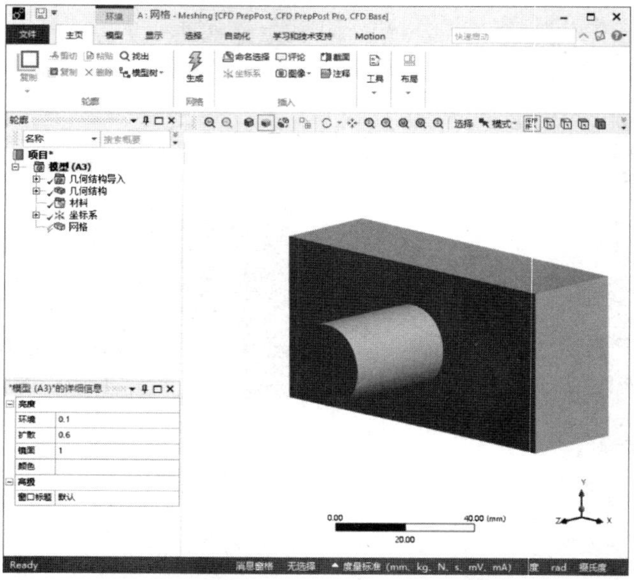

图 3-75　网格划分平台

图 3-76　选择"方法"命令

② 在"方法"栏中选择"多区域"选项。

③ 在"Src/Trg 选择"栏中选择"手动源和目标"选项。

④ 在"源和目标"栏中选择圆柱体和长方体的 3 个平行端面，单击"应用"按钮。

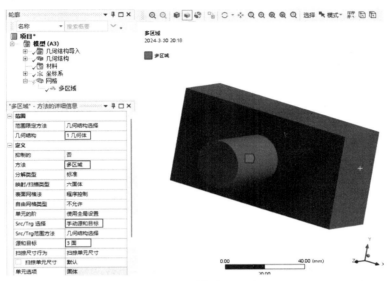

图 3-77　网格划分设置

Step18：如图 3-78 所示，选择"项目"→"模型（A3）"→"网格"命令，在弹出的"'网格'的详细信息"面板中设置"单元尺寸"栏的数值为 5mm。

Step19：如图 3-79 所示，右击"网格"命令，在弹出的快捷菜单中选择"生成网格"命令，进行网格划分。图 3-80 所示为划分完网格的几何模型。

图 3-78　设置网格大小

图 3-79　网格划分

Step20：如图 3-81 所示，选择网格平台的"文件"→"保存项目"命令，在弹出的"另存为"对话框中输入文件名 MultiZone.wbpj，单击"保存"按钮保存文件，然后退出网格平台。

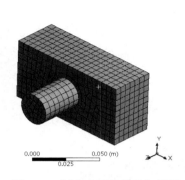

图 3-80　划分完网格的几何模型　　　　　　　图 3-81　保存文件

3.3　ANSYS Workbench 其他网格划分工具

　　ANSYS Workbench 软件除了自带的强大几何模型网格划分工具——Mechanical，还有一些专业的网格划分工具，如 ICEM CFD、TGrid、Gambit 等。这些工具具有非常强大的网格划分能力，同时能根据不同需要划分出满足不同的第三方软件格式要求的有限元网格，如划分的网格支持 Abaqus、Nastran 等主流的有限元分析软件的格式。

　　由于本书的篇幅限制，不能一一讲解，下面仅对 3 种网格划分软件的基本功能进行简要介绍。

3.3.1　ICEM CFD 软件简介

　　ICEM CFD 是 The Integrated Computer Engineering and Manufacturing code for Computational Fluid Dynamics 的简称，是专业的 CAE 前处理软件。

　　作为专业的前处理软件，ICEM CFD 可以为所有流行的 CAE 软件提供高效、可靠的分析模型。它拥有强大的 CAD 模型修复能力、自动的中面抽取功能、独特的网格"雕塑"技术、网格编辑技术及广泛的求解器支持能力。同时，作为 ANSYS 家族的一款专业分析软件，它还可集成于 ANSYS Workbench 平台，获得 Workbench 的所有优势。

　　ICEM CFD 软件功能如下所述。

　　（1）直接的几何接口（CATIA、CADDS5、ICEM Surf/DDN、I-DEAS、SolidWorks、SolidEdge、Pro/E 和 UG）。

　　（2）忽略细节特征设置：自动忽略几何缺陷及多余的细小特征。

　　（3）对 CAD 模型的完整性要求很低，提供完备的模型修复工具，方便处理"烂模型"。

　　（4）"一劳永逸"的 Replay 技术，可以对改变几何尺寸后的几何模型自动重新划分网格。

　　（5）方便的网格"雕塑"技术，可以实现对任意复杂的几何体进行纯六面体网格划分。

（6）快速地自动生成以六面体为主的网格。

（7）自动检查网格质量，自动进行整体平滑处理，自动重新划分"坏单元"，可视化修改网格质量。

（8）超过 100 种求解器接口，如 Fluent、ANSYS、CFX、Nastran、Abaqus、LS-Dyna、ICEM CFD 的网格划分模型。

下面介绍几种网格。

1．六面体网格

在 ANSYS ICEM CFD 中，六面体网格划分采用了由上至下的"雕塑"方式，可以生成多重拓扑块的结构和非结构化网格。整个过程实现了半自动化，使用户可以在短时间内掌握原本只能由专家进行的操作；采用先进的 O-Grid 等技术，使用户可以方便地在 ICEM CFD 中对非规则几何形状画出高质量的 O 形、C 形、L 形六面体网格。

2．四面体网格

四面体网格适合对结构复杂的几何模型进行快速、高效的网格划分。在 ICEM CFD 中，四面体网格的生成实现了自动化，系统可以自动对已有的几何模型生成拓扑结构。用户只需要设定网格参数，就可以由系统自动、快速地生成四面体网格。系统还提供了丰富的工具，使用户能够对网格质量进行检查和修改。

3．棱柱型网格

棱柱型网格主要用于在四面体总体网格中对边界层的网格进行局部细化，或者用于不同形状网格之间的过渡。与四面体网格相比，棱柱型网格更为规则，能够在边界层提供较好的计算区域。

3.3.2　TGrid 软件简介

TGrid 是一款专业的前处理软件，用于在复杂和非常庞大的表面网格上生成非结构化的四面体网格和六面体核心网格。TGrid 提供高级的棱柱层网格生成工具，外壳冲突检测和尖角处理的功能。

TGrid 还拥有一套先进的包裹程序，可以在一组由小面构成的非连续表面基础上生成高质量的、基于尺寸函数的连续三角化表面网格。

TGrid 软件的健壮性及自动化算法可以节省前处理时间，产生的高质量网格可以提供给 ANSYS Fluent 软件进行计算流体动力学分析。

表面或体网格可以从 Gambit、ANSYS 结构力学求解器、CATIA、I-DEAS、Nastran、PATRAN、Pro/E、Hypermesh 等多款软件中直接导入 TGrid。

TGrid 拥有大量的修补工具，可以改善导入的表面网格质量，快速地将多个部件的网格装配起来。

TGrid 的网格质量诊断工具使得对网格大小和质量的检查非常简单。

TGrid 软件的功能如下所述。

（1）TGrid 使用笛卡儿悬挂节点六面体、四面体、棱锥体、棱柱体（楔形体或六面体），以及在二维情况下的三角形和四边形等生成先进的混合类型体网格。

（2）先进的基于尺寸函数的表面包裹技术，拥有手动或自动的漏洞修复工具。

（3）包裹后的操作有特征边烙印、粗化、区域提取和质量提升等工具。

（4）棱柱层网格的生成使用了外壳自动接近率处理的先进边界层方法。

（5）生成六面体核心和前沿推进法的四面体体积网格。

（6）改善表面网格和体积网格质量的工具。

（7）操作表面/单元区域的工具。

（8）使用 Delaunay 三角划分方法进行表面生成和网格划分。

（9）生成、交叉、修补、替换和改善边界网格的工具。

（10）TGrid 可以从 ANSYS 前处理 Gambit 中导入边界网格，也可以从很多第三方前处理工具中导入。

3.3.3　Gambit 软件简介

Gambit 是为了帮助分析者和设计者建立并网格化计算流体动力学分析（CFD）模型，以及进行其他科学应用而设计的一个软件包。

Gambit 通过用户界面（GUI）来接收用户的输入。Gambit GUI 可以简单又直接地进行模型建立、模型网格化、指定模型区域大小等基本步骤，这对很多的模型应用来说已经足够了。

作为面向 CFD 的高质量的前处理器，Gambit 的主要功能包括几何建模和网格生成。由于 Gambit 本身所具有的强大功能及快速的更新能力，在目前所有的 CFD 前处理软件中，Gambit 稳居前列。

Gambit 软件具有以下特点。

（1）具有 ACIS 内核基础上的全面三维几何建模能力，可以通过多种方式直接建立点、线、面、体等几何，而且具有强大的布尔运算能力，已将 ACIS 内核提高为 ACIS R12，大大领先于其他 CAE 软件的前处理器。

（2）可对自动生成的 Journal 文件进行编辑，以自动控制、修改或生成新几何体与网格。

（3）可以导入 Pro/E、UG、CATIA、SolidWorks、ANSYS、PATRAN 等大多数 CAD/CAE 软件所建立的几何体和网格。导入过程新增了自动公差修补的几何功能，以保证 Gambit 与 CAD 软件接口的稳定性和保真性，使得几何体质量高，并大大减轻工程师的工作量。

（4）新增 Pro/E、CATIA 等接口，使得导入过程更加直接和方便。

（5）强大的几何体修正功能，在导入几何体时会自动合并重合的点、线、面；新增几何体修正工具条，在消除短边、缝合缺口、修补尖角、去除小面、去除单独辅助线和修补倒角时更加快速、自动、灵活，而且可以准确保证几何体的精度。

（6）G/TURBO 模块可以准确而高效地生成旋转机械中的各种风扇及转子、定子等的几何模型和计算网格。

（7）强大的网格划分能力，可以划分出包括边界层等特殊要求的高质量网格。Gambit 中专用的网格划分算法可以保证在复杂的几何区域内直接划分出高质量的四面体、六面体网格或混合网格。

（8）先进的六面体核心（HEXCORE）技术是 Gambit 所独有的，集成了笛卡儿网格和非结构网格的优点，使用该技术划分网格会更加容易，而且大大节省了网格数量，提高了网格质量。

（9）居于行业领先地位的尺寸函数（Size Function）功能可以使得用户自主控制网格的生成过程及在空间上的分布规律，使得网格的过渡与分布更加合理，最大限度地满足 CFD 的需要。

（10）Gambit 可高度智能化地选择网格划分方法，可对极其复杂的几何区域划分出与相邻区域网格连续的完全非结构化的混合网格。

（11）在新版本中增加了新的附面层网格生成器，可以方便地生成高质量的附面层网格。

（12）可为 Fluent、Polyflow、FIDAP、ANSYS 等解算器生成和导出所需的网格格式。

3.4 本章小结

本章详细介绍了 ANSYS Workbench 网格划分模块的一些相关参数设置与网格质量检测方法，并通过两个网格划分实例介绍了不同类型网格划分的方法和操作过程，随后介绍了其他几种网格划分工具。

第 4 章

后处理

后处理技术以其对计算数据优秀的处理能力，被众多有限元软件和计算软件所应用。结果的输出是为了方便对计算数据的处理而产生的，减少了对大量数据的分析过程，可读性强，方便理解。

有限元计算的最后一个关键步骤为数据的后处理。在后处理过程中，使用者可以很方便地对结构的计算结果进行相关操作，以输出感兴趣的结果，如变形、应力、应变等。另外，对于一些高级用户，还可以通过简单的代码编写，输出一些特殊的结果。

ANSYS Workbench 软件的后处理器功能非常丰富，可以完成众多类型的后处理。本章将详细介绍 ANSYS Workbench 软件的后处理设置与操作方法。

学习目标：

- 了解 ANSYS Workbench 后处理选项卡中各种结果的意义。
- 熟练掌握 ANSYS Workbench 后处理工具命令的使用方法。
- 熟练掌握 ANSYS Workbench 用户自定义后处理。
- 熟练掌握 ANSYS Workbench 后处理数据的判断方法。

4.1 ANSYS Workbench 后处理

ANSYS Workbench 平台的后处理包括以下几部分内容：查看结果、显示结果、输出结果、坐标系和方向解、结果组合、应力奇点、误差估计、收敛状况等。

4.1.1 查看结果

当选择一个结果选项时，"结果"选项卡就会显示该结果所要表达的内容，如图 4-1 所示。

图 4-1 "结果"选项卡

缩放比例：对于结构分析（静态、模态、屈曲分析等），模型的变形情况将发生变化。在默认状态下，为了更清楚地显示结构的变化，比例系数会被自动放大。用户可以将结构改变为非变形或实际变形情况，默认的比例因子如图 4-2 所示。同时用户可以自己输入比例因子，如图 4-3 所示。

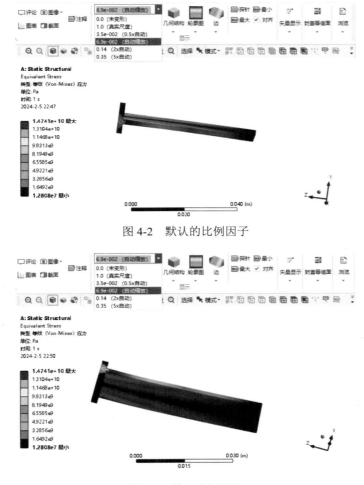

图 4-2 默认的比例因子

图 4-3 输入比例因子

显示方式："几何结构"按钮可以控制云图的显示方式，共有 4 种可供选择的选项。

（1）外部：默认的显示方式且是最常用的方式，如图 4-4 所示。

（2）等值面：对于显示相同的值域是非常有用的，如图 4-5 所示。

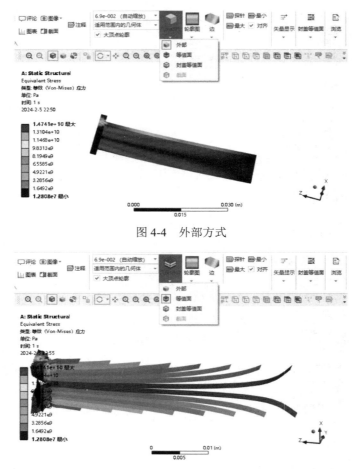

图4-4　外部方式

图4-5　等值面方式

（3）封盖等值面：指删除了模型的一部分之后的显示结果，并且删除的部分是可变的，高于或低于某个指定值的部分会被删除，如图4-6和图4-7所示。

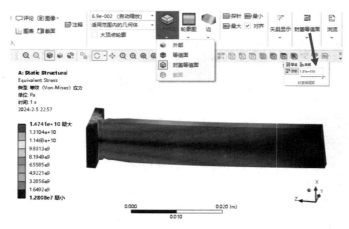

图4-6　封盖等值面方式1

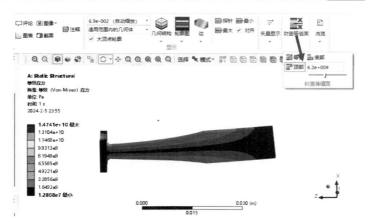

图 4-7　封盖等值面方式 2

（4）截面：允许用户真实地切分模型，需要先创建一个界面，然后显示剩余部分的云图，如图 4-8 所示。

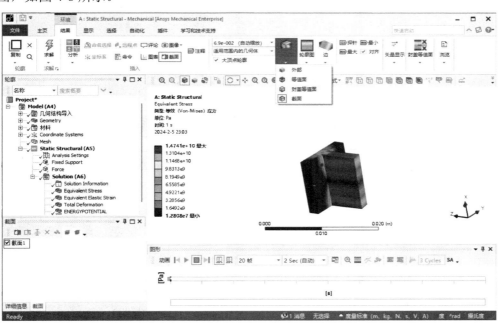

图 4-8　截面方式

色条设置："轮廓图"按钮可以控制模型的云图显示方式。

（1）平滑的轮廓线：光滑显示云图，颜色变化过渡光滑，如图 4-9 所示。

（2）轮廓带：云图显示有明显的色带区域，如图 4-10 所示。

（3）等值线：以模型等值线的方式显示，如图 4-11 所示。

（4）固体填充：不在模型上显示云图，如图 4-12 所示。

Note

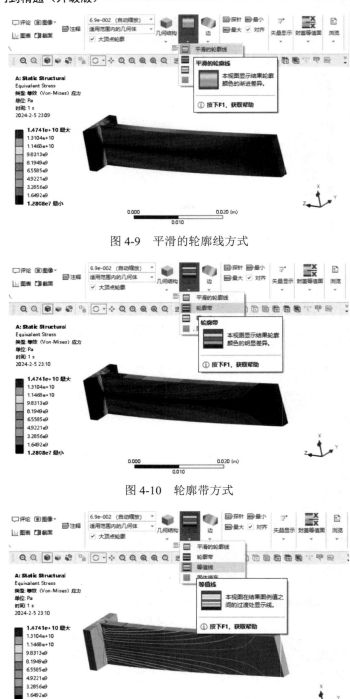

图 4-9　平滑的轮廓线方式

图 4-10　轮廓带方式

图 4-11　等值线方式

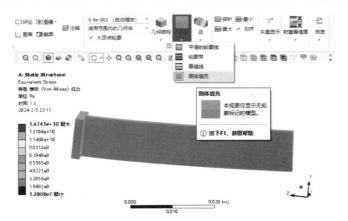

图 4-12　固体填充方式

外形显示："边"按钮允许用户显示未变形的模型或划分网格的模型。

（1）无线框：不显示几何轮廓线，如图 4-13 所示。

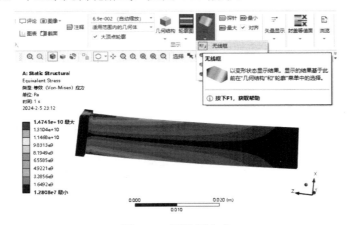

图 4-13　无线框方式

（2）显示未变形的线框：显示未变形的几何轮廓线，如图 4-14 所示。

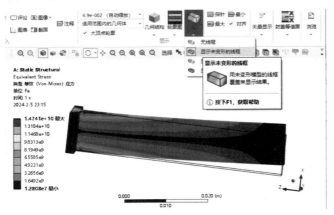

图 4-14　显示未变形的线框方式

（3）显示未变形的模型：显示未变形的模型，如图 4-15 所示。

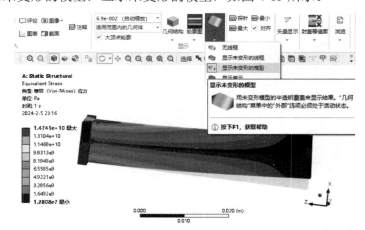

图 4-15　显示未变形的模型方式

（4）显示单元：显示单元，如图 4-16 所示。

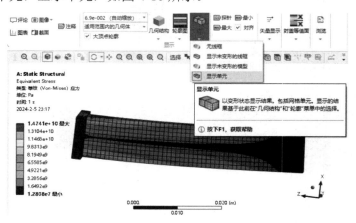

图 4-16　显示单元方式

最大值、最小值与刺探工具：单击相应按钮，在图形中会显示最大值、最小值和刺探位置的数值。

4.1.2　显示结果

在后处理过程中，读者可以指定输出的结果，以静力计算为例，软件默认的输出结果包括如图 4-17 所示的一些类型，其他分析结果请读者自行查看，这里不再赘述。

4.1.3　显示变形

在 Workbench Mechanical 的计算结果中，可以显示模型的变形量，主要包括 及 分析命令，如图 4-18 所示。

图 4-17　后处理的输出结果类型　　　　　图 4-18　变形量的分析命令

（1）🔲 Total（总计，整体变形）：整体变形是一个标量，它由下式决定。

$$U_{\text{Total}} = \sqrt{U_x^2 + U_y^2 + U_z^2} \tag{4-1}$$

（2）🔲 Directional（定向，方向变形）：包括 x、y 和 z 方向上的变形，它们是在"方向"中指定的，并显示在整体或局部坐标系中。

（3）变形矢量图：Workbench 中可以给出变形的矢量图，表明变形的方向，如图 4-19 所示。

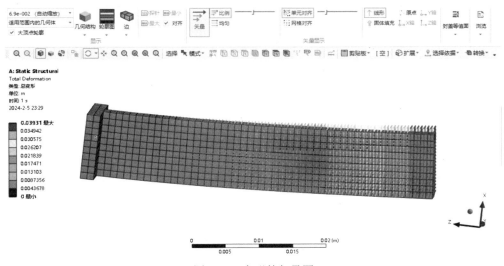

图 4-19　变形的矢量图

4.1.4　应力和应变

在 Workbench Mechanical 有限元分析中给出了应力🔲和应变🔲分析命令，如图 4-20 和图 4-21 所示，这里的 Strain 实际上指的是弹性应变。

在分析结果中，应力和应变有 6 个分量（x、y、z、xy、yz、xz），热应变有 3 个分量（x、y、z）。对于应力和应变而言，它们的分量可以在法向（x、y、z）和切向（xy、yz、xz）下指定，而热应变是在热中指定的。

图 4-20　应力分析命令　　　　　图 4-21　应变分析命令

由于应力为一个张量，因此仅从应力分量上很难判断出系统的响应。在 Mechanical 中可以利用安全系数对系统响应做出判断。安全系数主要取决于所采用的强度理论。使用不同安全系数的应力工具，都可以绘制出安全边界及应力比。

应力工具可以利用 Mechanical 的计算结果，操作时只需在应力工具下选择合适的强度理论即可，如图 4-22 所示。

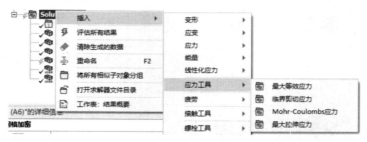

图 4-22　应力工具

最大等效应力理论及临界剪切应力理论适用于塑性材料（Ductile），Mohr-Coulombs 应力理论及最大拉伸应力理论适用于脆性材料（Brittle）。

其中，最大等效应力 为材料力学中的第四强度理论，定义为

$$\sigma_e = \sqrt{\frac{1}{2}[(\sigma_1 - \sigma_2)^2 + (\sigma_2 - \sigma_3)^2 + (\sigma_3 - \sigma_1)^2]} \tag{4-2}$$

临界剪切应力 定义为

$$\tau_{\max} = \frac{\sigma_1 - \sigma_3}{2} \tag{4-3}$$

将塑性材料 $\tau_{\max}$ 与屈服强度相比，可以用来预测屈服极限。

4.1.5　接触结果

在 Workbench Mechanical 中选择"求解"选项卡的"工具"→"接触工具"命令，如图 4-23 所示，可以得到接触分析结果。

使用接触工具下的接触分析命令可以求解相应的接触分析结果，包括摩擦应力、压力、滑动距离等，如图 4-24 所示。为"接触工具"选择接触域有如下两种方法。

（1）工作表查看详细信息：从表单中选择接触域，包括接触面、目标面，或者同时选择两者。

（2）"几何结构"：在绘图窗格中选择接触域。

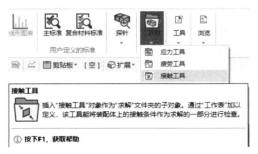
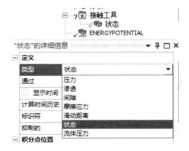

图 4-23　选择"接触工具"命令　　　　图 4-24　接触分析命令

关于接触的相关内容在后面有单独的介绍，这里不再赘述。

4.1.6　自定义结果显示

在 Workbench Mechanical 中，除了可以查看标准结果，还可以根据需要插入自定义结果，包括数学表达式和多个结果的组合等。自定义结果显示有如下两种方式。

（1）选择"求解"→"用户定义的结果"命令，如图 4-25 所示。

图 4-25　"求解"选项卡

（2）在求解工作表中选中结果后右击，在弹出的快捷菜单中选择"插入"→"用户定义的结果"命令，如图 4-26 所示。

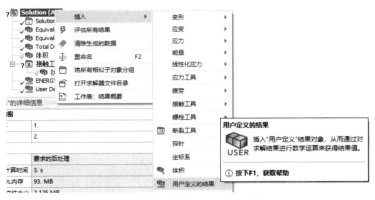

图 4-26　选择"用户定义的结果"命令

在自定义结果显示的参数设置列表中，允许表达式使用各种数学操作符号，包括平方根、绝对值、指数等，如图 4-27 所示。

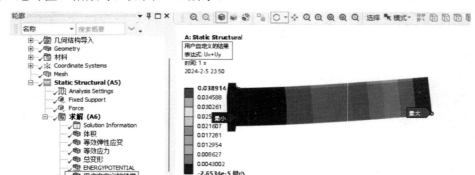

图 4-27　自定义结果显示

4.2　案例分析

上一节介绍了一般后处理的常用方法及步骤，下面通过一个简单的案例介绍后处理的操作方法。

4.2.1　问题描述

某铝合金模型如图 4-28 所示，请使用 ANSYS Workbench 分析作用在侧面的压力为 11000N 时，中间杆的变形及应力分布。

4.2.2　启动 Workbench 并建立分析项目

Step1：在 Windows 系统下选择 "开始" → "所有程序" → "ANSYS 2024 R1" → "Workbench 2024 R1" 命令，启动 ANSYS Workbench，进入主界面。

Step2：双击主界面 "工具箱" 中的 "分析系统" → "静态结构" 命令，即可在 "项目原理图" 中创建分析项目 A，如图 4-29 所示。

图 4-28　铝合金模型

图 4-29　创建分析项目 A

4.2.3 导入几何体

Step1：右击 A3 栏的"几何结构"选项，在弹出的快捷菜单中选择"导入几何模型" → "浏览"命令，如图 4-30 所示，此时会弹出"打开"对话框。

图 4-30 选择"浏览"命令

Step2：在弹出的"打开"对话框中选择文件路径，导入 Part.stp 几何体文件，如图 4-31 所示，此时 A3 栏的"几何结构"选项后的 ☞ 图标变为 ✔ 图标，表示实体模型已经存在。

图 4-31 "打开"对话框

Step3：双击项目 A 中 A2 栏的"几何结构"选项，此时会进入 DesignModeler 平台界面，选择单位为 mm，此时在模型树中的"导入 1"前会显示 ✔ 图标，表示需要生成几何体，但图形窗口中没有图形显示，如图 4-32 所示。

Step4：单击 ⚡生成（生成）按钮，即可显示生成的几何体。

Step5：单击 DesignModeler 平台界面右上角的 ▬✕▬（关闭）按钮，退出 DesignModeler 平台，返回 Workbench 主界面。

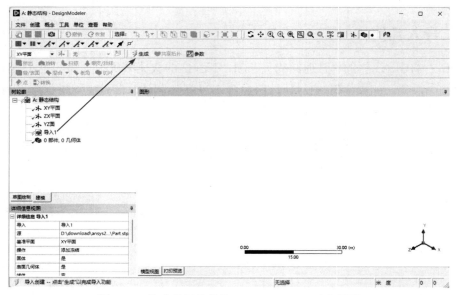

图 4-32　生成几何体前的 DesignModeler 平台界面

4.2.4　添加材料库

Step1：双击项目 A 中 A2 栏的"工程数据"选项，进入如图 4-33 所示的材料参数设置界面，在该界面下即可进行材料参数设置。

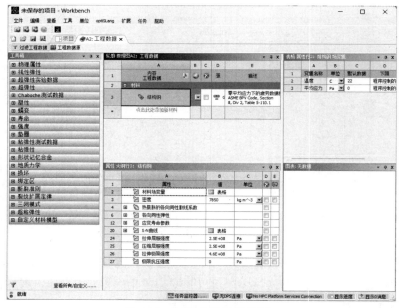

图 4-33　材料参数设置界面 1

Step2：在界面的空白处右击，在弹出的快捷菜单中选择"工程数据源"命令，此时的界面会变为如图 4-34 所示的界面。原界面中的"轮廓 原理图 A2:工程数据"表消失，出现"工程数据源"及"轮廓 偏好"表。

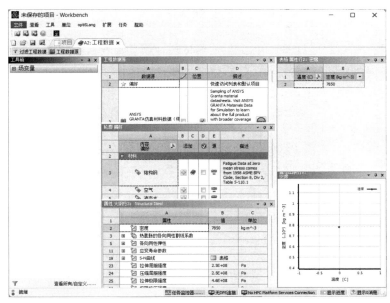

图 4-34　材料参数设置界面 2

Step3：在"工程数据源"表中选择 A4 栏的"一般材料"选项，然后单击"轮廓通用材料"表中 A4 栏的"铝合金"选项后的 B4 栏的 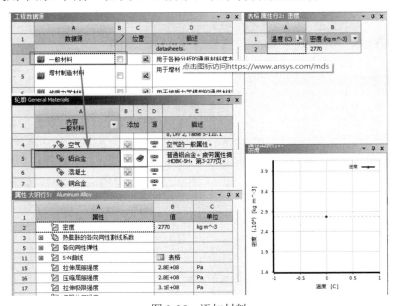（添加）按钮，此时在 C4 栏中会显示 ◉（使用中的）图标，如图 4-35 所示，表示材料添加成功。

图 3-35　添加材料

Step4：同 Step2，在界面的空白处右击，在弹出的快捷菜单中选择"工程数据源"命令，返回初始界面。

Step5：根据实际工程材料的特性，在"属性 大纲行5：铝合金"表中可以修改材料的特性，如图 4-36 所示。本实例采用的是默认值。

用户也可以通过材料参数设置界面自行创建新材料并添加到模型库中，这在后面的讲解中会涉及，本实例不介绍。

图 4-36　修改材料的特性

Step6：单击工具栏中的 ⌒□项目⌒ 按钮，返回 Workbench 主界面，完成材料库的添加。

4.2.5　添加模型材料属性

Step1：双击项目 A 中 A4 栏的 Model 选项，进入如图 4-37 所示的 Mechanical 界面。在该界面下即可进行网格的划分、分析设置、结果观察等操作。

ANSYS Workbench 程序默认的材料为"结构钢"。

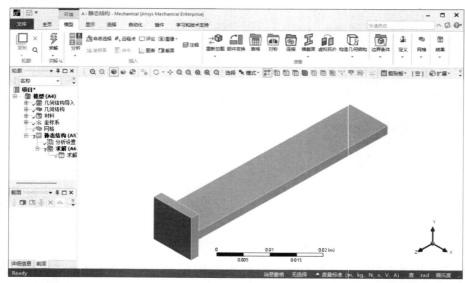

图 4-37　Mechanical 界面

Step2：选择 Mechanical 界面左侧"轮廓"（分析树）中的"几何结构"→"1"命令，即在"'1'的详细信息"面板中给模型添加材料，如图 4-38 所示。

Step3：单击"材料"→"任务"栏后的 ▸ 按钮，会出现刚刚设置的材料"铝合金"，选择该选项即可将其添加到模型中。如图 4-39 所示，表示材料已经添加成功。

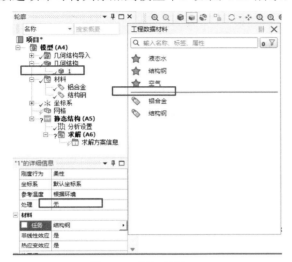

图 4-38　添加材料

图 4-39　添加材料后的分析树

4.2.6　划分网格

Step1：选择 Mechanical 界面左侧"轮廓"（分析树）中的"网格"命令，此时可在"'网格'的详细信息"面板中修改网格参数，本例在"默认"→"单元尺寸"栏中输入"1.e-003m"，其余选项采用默认设置，如图 4-40 所示。

Step2：右击"轮廓"（分析树）中的"网格"命令，在弹出的快捷菜单中选择"生成网格"命令，最终的网格效果如图 4-41 所示。

图 4-40　修改网格参数

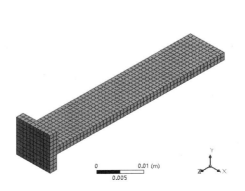

图 4-41　网格效果

4.2.7　施加载荷与约束

Note

Step1：选择 Mechanical 界面左侧"轮廓"（分析树）中的"静态结构（A5）"命令，此时会出现如图 4-42 所示的"环境"选项卡。

Step2：选择"环境"选项卡中的"结构"→"固定的"命令，如图 4-43 所示，此时在分析树中会出现"固定支撑"命令。

图 4-42　"环境"选项卡

图 4-43　添加"固定的"命令

Step3：选中"固定的"命令，选择需要施加固定约束的面，单击"'固定支撑'的详细信息"面板中"几何结构"栏的 [应用] 按钮，即可在选中的面上施加固定约束，如图 4-44 所示。

Step4：同 Step2，选择"环境"选项卡中的"结构"→"力"命令，如图 4-45 所示，此时在分析树中会出现"力"命令。

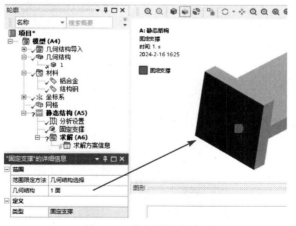

图 4-44　施加固定约束

图 4-45　添加"力"命令

Step5：选中"力"命令，在"'力'的详细信息"面板中进行如下设置。

① 在"几何结构"栏中确保如图 4-46 所示的面被选中并单击 [应用] 按钮，此时

在"几何结构"栏中显示"1 面",表明一个面已经被选中。

② 在"定义依据"栏中选择"分量"。

③ 在"X 分量"栏中输入"10000N",其他选项保持默认设置即可。

Step6：右击"轮廓"（分析树）中的"静态结构（A5）"命令，在弹出的快捷菜单中选择"求解"命令，进行求解，如图 4-47 所示。

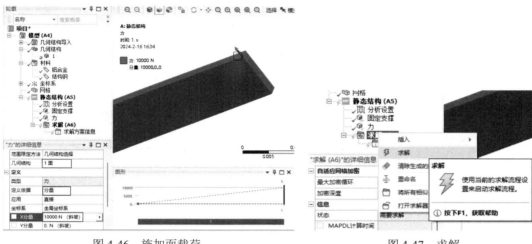

图 4-46　施加面载荷　　　　　　　　　　图 4-47　求解

4.2.8　结果后处理

Step1：选择 Mechanical 界面左侧"轮廓"（分析树）中的"求解（A6）"命令，此时会出现如图 4-48 所示的"求解"选项卡。

Step2：选择"求解"选项卡中的"结果"→"应力"→"等效（Von-Mises）"命令，此时在分析树中会出现"等效（Von-Mises）"命令，如图 4-49 所示。

图 4-48　"求解"选项卡　　　　　　图 4-49　添加"等效（Von-Mises）"命令

Step3：同 Step2，选择"求解"选项卡中的"结果"→"应变"→"等效（Von-Mises）"命令，如图 4-50 所示，此时在分析树中会出现"等效弹性应变"命令。

Step4：同 Step2，选择"求解"选项卡中的"结果"→"变形"→"总计"命令，如图 4-51 所示，此时在分析树中会出现"总变形"命令。

图 4-50　添加等效弹性应变命令

图 4-51　添加"总变形"命令

Step5：右击"轮廓"（分析树）中的"求解（A6）"命令，在弹出的快捷菜单中选择"评估所有结果"命令，如图 4-52 所示。

Step6：选择"轮廓"（分析树）中的"求解（A6）"→"等效应力"命令，此时会出现如图 4-53 所示的应力分析云图。

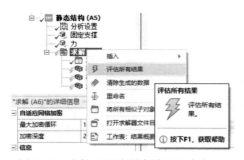

图 4-52　选择"评估所有结果"命令

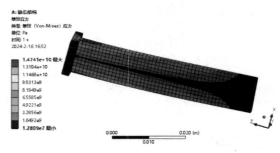

图 4-53　应力分析云图 1

Step7：选择"轮廓"（分析树）中的"求解（A6）"→"等效弹性应变"命令，此时会出现如图 4-54 所示的应变分析云图。

Step8：选择"轮廓"（分析树）中的"求解（A6）"→"总变形"命令，此时会出现如图 4-55 所示的总变形分析云图。

Step9：选择"求解"选项卡中"显示"命令█下的▨ 平滑的轮廓线 命令，此时分别显示应力、应变及总变形分析云图，如图 4-56～图 4-58 所示。

Step10：选择"求解"选项卡中"显示"命令█下的▤ 等值线 命令，此时分别显示应力、应变及总变形分析线图，如图 4-59～图 4-61 所示。

Step11：选择"求解（A6）"命令，单击 ▤ 按钮，选择"结果概要"选项，此时绘图窗格中会弹出如图 4-62 所示的后处理列表。

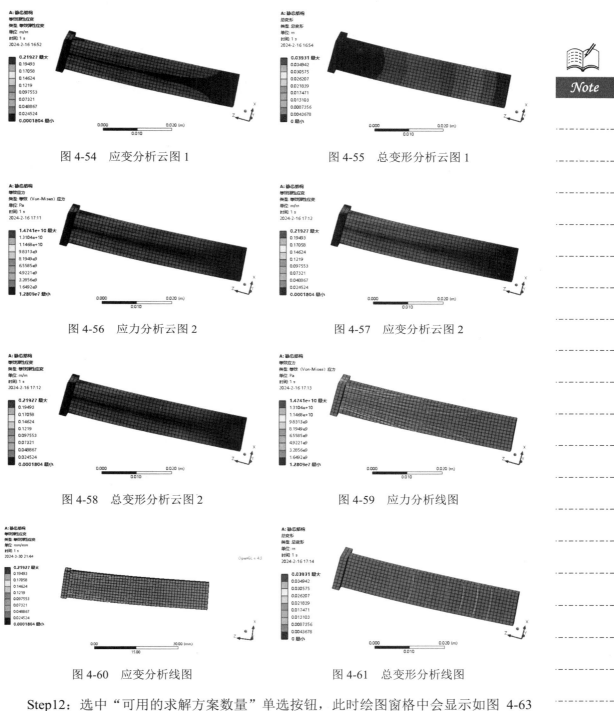

图 4-54　应变分析云图 1　　　　　　图 4-55　总变形分析云图 1

图 4-56　应力分析云图 2　　　　　　图 4-57　应变分析云图 2

图 4-58　总变形分析云图 2　　　　　　图 4-59　应力分析线图

图 4-60　应变分析线图　　　　　　图 4-61　总变形分析线图

Step12：选中"可用的求解方案数量"单选按钮，此时绘图窗格中会显示如图 4-63 所示的后处理列表。

图 4-62 后处理列表 1

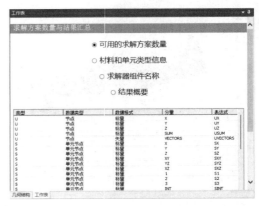

图 4-63 后处理列表 2

Step13：右击 ENERGY 选项，在弹出的快捷菜单中选择"创建用户定义结果"命令，如图 4-64 所示。

类型	数据类型	数据格式	分量	表达式
SPSD	单元节点	标量		SPSD
EPTOEQV_RST	单元节点	标量		EPTOEQV_RS
EPTTEQV_RST	单元节点	标量		EPTTEQV_RS
EPELEQV_RST	单元节点	标量		EPELEQV_RS
EPPLEQV_RST	单元节点	标量		EPPLEQV_RS
VOLUME	基本的	标量		VOLUME
ENERGY		标量	POTENTIAL	ENERGYPOTI
ENERGY	创建用户定义结果	标量	KINETIC	ENERGYKINE
STEN	基本的	标量		STEN
DENE	基本的	标量		DENE
SERR	基本的	标量		SERR
F	节点	标量	X	FX
F	节点	标量	Y	FY
F	节点	标量	Z	FZ
F	节点	标量	SUM	FSUM

图 4-64 选择"创建用户定义结果"命令

Step14：此时在"轮廓"中会出现"ENERGYPOTENTIAL"命令，右击该命令，在弹出的快捷菜单中选择"评估所有结果"命令，此时绘图窗格中会显示如图 4-65 所示的云图。

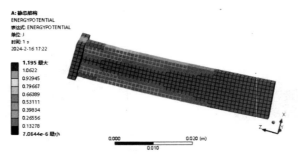

图 4-65 云图

Step15：选择"求解（A6）"命令，选择"求解"选项卡中的"用户定义的结果"命令，此时会出现如图 4-66 所示的"'用户定义的结果'的详细信息"面板。在该面板的"表达式"栏中输入关系式"=Ux+Uy"进行计算，此时会显示如图 4-67 所示的自定义云图。

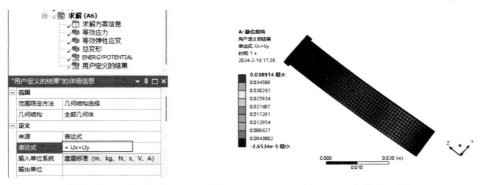

| 图 4-66 | "'用户自定义的结果'的详细信息"面板 | 图 4-67 | 自定义云图 |

4.2.9 保存与退出

Step1：单击 Mechanical 界面右上角的 （关闭）按钮，退出 Mechanical 界面，返回 Workbench 主界面。

Step2：在 Workbench 主界面中单击工具栏中的 （保存）按钮，在"文件名"文本框中输入 Part.wbpj，保存包括有分析结果的文件。

Step3：单击界面右上角的 （关闭）按钮，退出 Workbench 主界面，完成项目分析。

4.3 本章小结

本章以有限元分析的一般过程为总线，分别介绍了 ANSYS Workbench 后处理的意义和后处理工具命令的使用方法。另外，本章通过应用实例讲解了在 Workbench 平台中后处理常用的各选项及工具命令的使用方法。

第2部分

第5章

结构静力学分析

结构静力学分析是有限元分析中最简单、最基础的分析方法，也是日常工作中应用最为广泛的分析方式。

本章将对 ANSYS Workbench 软件的结构静力学分析模块进行详细讲解，并通过几个典型案例来介绍结构静力学分析的一般步骤，包括几何建模（外部几何数据的导入）、材料赋予、网格设置与划分、边界条件设定、后处理等操作。

学习目标：

■ 熟练掌握外部几何数据的导入方法。

■ 熟练掌握 ANSYS Workbench 材料赋予的方法。

■ 熟练掌握 ANSYS Workbench 网格划分操作步骤。

■ 熟练掌握 ANSYS Workbench 边界条件的设置与后处理的设置。

5.1 线性静力学分析概述

线性静力学分析是最基本、应用最广的一种分析类型。

线性分析有两方面的含义：材料为线性，应力应变关系为线性，变形是可恢复的；结构发生的是小位移、小应变、小转动，结构刚度不因变形而变化。

5.1.1 线性静力学分析简介

所谓静力，就是结构受到的静态荷载作用，可以忽略惯性和阻尼。在静态载荷作用下，结构处于静力平衡状态，此时必须充分约束，但由于不考虑惯性，因此质量对结构没有影响。

ANSYS Workbench 的线性静力学分析可以将多种载荷组合到一起进行分析。图 5-1 所示为 ANSYS Workbench 进行静力学分析的流程。其中，项目 A 为利用 ANSYS 软件自带求解器进行静力学分析的流程卡。

A
1 静态结构
2 工程数据
3 几何结构
4 模型
5 设置
6 求解
7 结果
静态结构

图 5-1　静力学分析流程

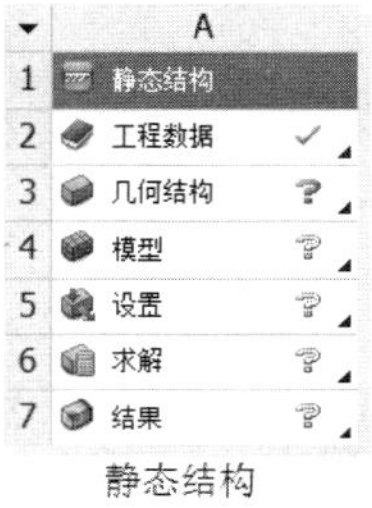

在项目 A 中有 A1～A7 共 7 个表格（如同 Excel 表格），从上到下依次设置即可完成一次静力学分析过程。

（1）A1 静态结构 静力学分析求解器类型，即求解的类型和求解器的类型。

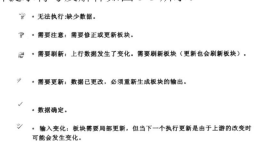

（2）A2 工程数据：工程数据，即材料库，从中可以选择和设置工程材料。

（3）A3 几何结构：几何结构，即几何建模工具或者导入外部几何数据的平台。

（4）A4 模型：模型前处理，即几何“模型”材料赋予，以及网格设置与划分的平台。

（5）A5 设置：有限元分析设置，即求解有限元分析“模型”。

（6）A6 求解：后处理求解，即完成应力分布及位移响应等云图的显示。

（7）A7 结果：结果，即完成分析的结果。

5.1.2　线性静力学分析流程

图 5-2 所示为静力学分析流程，在每个表格右侧都有一个提示符号，如对号（√）、问号（？）等。在分析过程中遇到的各种提示符号及解释如图 5-3 所示。

A
1 静态结构
2 工程数据
3 几何结构
4 模型
5 设置
6 求解
7 结果
静态结构

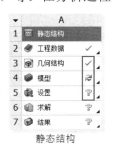

图 5-2　静力学分析流程 2

• 无法执行:缺少数据。
• 需要注意：需要修正或更新板块。
• 需要刷新：上行数据发生了变化。需要刷新板块（更新也会刷新板块）。
• 需要更新：数据已更改，必须重新生成板块的输出。
• 数据确定。
• 输入变化：板块需要局部更新，但当下一个执行更新是由于上游的改变时可能会发生变化。

图 5-3　提示符号及解释

5.1.3　线性静力学分析基础

由经典力学理论可知，物体的动力学通用方程为

$$\boldsymbol{M}\boldsymbol{x}'' + \boldsymbol{C}\boldsymbol{x}' + \boldsymbol{K}\boldsymbol{x} = \boldsymbol{F}(t) \tag{5-1}$$

式中，$\boldsymbol{M}$ 是质量矩阵；$\boldsymbol{C}$ 是阻尼矩阵；$\boldsymbol{K}$ 是刚度矩阵；$\boldsymbol{x}$ 是位移矢量；$\boldsymbol{F}(t)$ 是力矢量；$\boldsymbol{x}'$ 是速度矢量；$\boldsymbol{x}''$ 是加速度矢量。

而在现行结构分析中，与时间 t 相关的量都将被忽略，于是上式简化为

$$\boldsymbol{K}\boldsymbol{x} = \boldsymbol{F} \tag{5-2}$$

下面通过几个简单的实例介绍一下静力学分析的方法和步骤。

5.2 项目分析 1——实体单元静力学分析

本节主要介绍使用 ANSYS Workbench 的 DesignModeler 模块进行外部几何模型导入操作，并对其进行静力学分析。

学习目标：

（1）熟练掌握使用 ANSYS Workbench 的 DesignModeler 模块进行外部几何模型导入的方法，了解 DesignModeler 模块支持的外部几何模型文件的类型。

（2）掌握 ANSYS Workbench 实体单元静力学分析的方法及过程。

模型文件	配套资源\Chapter5\char5-1\chair.stp
结果文件	配套资源\Chapter5\char5-1\StaticStructure.wbpj

5.2.1 问题描述

图 5-4 所示为某旋转座椅模型，请使用 ANSYS Workbench 分析当人坐到座椅上时，座椅的位移与应力分布。假设人对座椅的均布载荷为 q =9404Pa。

5.2.2 启动 Workbench 并建立分析项目

Step1： 在 Windows 系统下启动 ANSYS Workbench，进入主界面。

Step2： 双击主界面"工具箱"中的"分析系统"→"静态结构"命令，即可在"项目原理图"中创建分析项目 A，如图 5-5 所示。

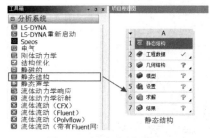

图 5-4　旋转座椅模型　　　　　　　　图 5-5　创建分析项目 A

5.2.3 导入几何体

Step1： 右击 A3 栏的"几何结构"选项，在弹出的快捷菜单中选择"导入几何模型"→"浏览"命令，如图 5-6 所示，此时会弹出"打开"对话框。

Step2： 在弹出的"打开"对话框中选择文件路径，导入 chair.stp 几何体文件，如图 5-7 所示，此时 A3 栏的"几何结构"选项后的 ❓ 图标变为 ✔ 图标，表示实体"模型"已经存在。

图 5-6 选择"浏览"命令   图 5-7 "打开"对话框

Step3：双击项目 A 中 A3 栏的"几何结构"选项，会进入 DesignModeler 界面，选择"单位"→"毫米"命令，设置单位为毫米，此时"树轮廓"中的"导入 1"命令前会显示 图标，表示需要生成几何体，但绘图窗格中没有图形显示，如图 5-8 所示。

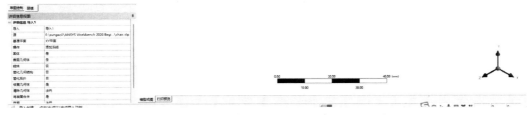

图 5-8 几何体生成前的 DesignModeler 界面

Step4：单击 生成 按钮，即可显示生成的几何体，如图 5-9 所示，此时可在几何体上进行其他的操作。本例无须进行操作。

Step5：单击 DesignModeler 界面右上角的 （关闭）按钮，退出 DesignModeler 平台，返回 Workbench 主界面。

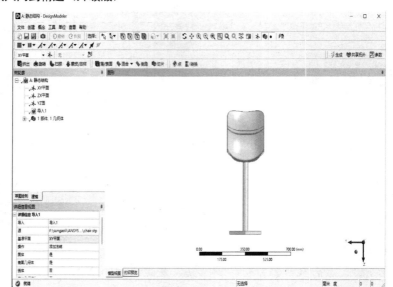

图 5-9　几何体生成后的 DesignModeler 界面

5.2.4　添加材料库

Step1：双击项目 A 中 A2 栏的"工程数据"选项，进入如图 5-10 所示的材料参数设置界面，在该界面下即可进行材料参数设置。

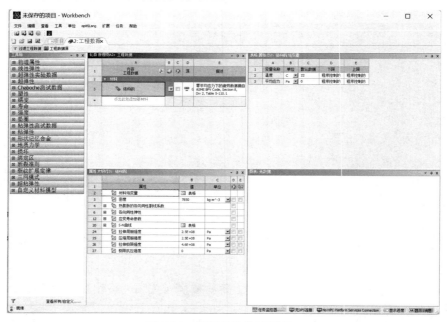

图 5-10　材料参数设置界面 1

Step2：在界面的空白处右击，在弹出的快捷菜单中选择"工程数据源"命令，此时的界面会变为如图 5-11 所示的界面。原界面中的"轮廓 原理图 A2：工程数据"表消失，被"工程数据源"及"轮廓 通用材料"表取代。

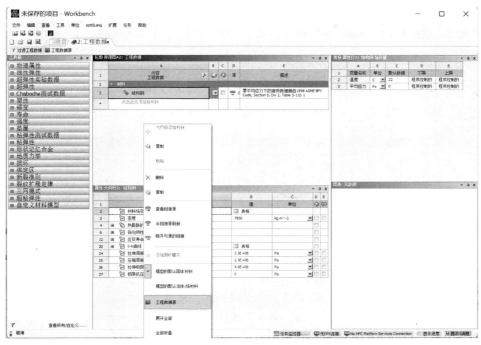

图 5-11　材料参数设置界面 2

Step3：在"工程数据源"表中选择 A4 栏的"一般材料"选项，然后单击"轮廓 General Material"表中 A9 栏的"聚乙烯"选项后的 B9 栏的 （添加）按钮，此时在 C9 栏中会显示（使用中的）图标，如图 5-12 所示，表示材料添加成功。

图 5-12　添加材料

Step4：同 Step2，在界面的空白处右击，在弹出的快捷菜单中选择"工程数据源"命令，返回初始界面。

Step5：根据实际工程材料的特性，在"属性 大纲行 9:Polyethylene"表中可以修改材料的特性，如图 5-13 所示。本实例采用的是默认值。

> 用户也可以通过材料参数设置界面自行创建新材料并添加到模型库中，这在后面的讲解中会涉及，本实例不介绍。

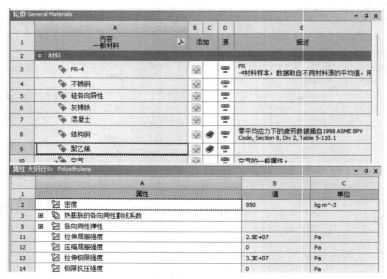

图 5-13　修改材料的特性

Step6：单击工具栏中的□项目按钮，返回 Workbench 主界面，完成材料库的添加。

5.2.5　添加模型材料属性

Step1：双击项目 A 中 A4 栏的"模型"选项，进入如图 5-14 所示的 Mechanical 界面。在该界面下即可进行网格的划分、分析设置、结果观察等操作。

> 此时分析树中"几何结构"命令前显示问号**?**，表示数据不完全，需要输入完整的数据。本例是因为没有为模型添加材料。

Step2：选择 Mechanical 界面左侧"轮廓"（分析树）中的"几何结构"→CHAIR 命令，即可在"CHAIR 的详细信息"（参数列表）面板中给"模型"添加材料，如图 5-15 所示。

Step3：单击"材料"→"任务"栏后的 ▸ 按钮，会出现刚刚设置的材料聚乙烯，选择该选项即可将其添加到模型中去。此时分析树中"几何结构"命令前的**?**图标变为✔图标，如图 5-16 所示，表示材料已经添加成功。

图 5-14　Mechanical 界面

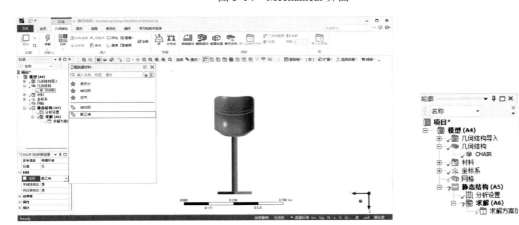

图 5-15　添加材料

图 5-16　添加材料后的分析树

5.2.6　划分网格

Step1：选择 Mechanical 界面左侧"轮廓"（分析树）中的"网格"命令，此时可在"网格的详细信息"（参数列表）面板中修改网格参数。本例在"详细信息"→"单元尺寸"栏中输入"5.e-003m"，其余选项采用默认设置。

Step2：右击"轮廓"（分析树）中的"网格"命令，在弹出的快捷菜单中选择 "生成网格"命令，此时会弹出如图 5-17 所示的网格划分进度栏，表示网格正在划分，当网格划分完成后，进度栏会自动消失。最终的网格效果如图 5-18 所示。

图 5-17　网格划分进度栏　　　　　　　　图 5-18　网格效果

5.2.7　施加载荷与约束

Step1：选择 Mechanical 界面左侧"轮廓"（分析树）中的"静态结构"（A5）命令，此时会出现如图 5-19 所示的"环境"选项卡。

Step2：选择"环境"选项卡中的"结构"→"固定的"，如图 5-20 所示，此时在分析树中会出现"固定支撑"命令。

图 5-19　"环境"选项卡　　　　　　图 5-20　添加"固定支撑"命令

Step3：选择"固定支撑"命令，并选择需要施加固定约束的面，单击"固定支撑的详细信息"（参数列表）面板中"几何结构"栏的 应用 按钮，即可在选中的面上施加固定约束，如图 5-21 所示。

Step4：同 Step2，选择"环境"选项卡中的"结构"→"压力"命令，如图 5-22 所示，此时在分析树中会出现"压力"命令。

Step5：同 Step3，选择"压力"命令，并选择需要施加压力的面，单击"压力的详细信息"（参数列表）面板中"几何结构"栏的 应用 按钮，同时在"大小"栏中设置压力为"8.2e-003MPa"，如图 5-23 所示。

Step6：右击"轮廓"（分析树）中的"求解（A6）"命令，在弹出的快捷菜单中选择"求解" 命令，进行求解，如图 5-24 所示，此时会弹出进度条，表示正在求解。当求解完成后，进度条会自动消失。

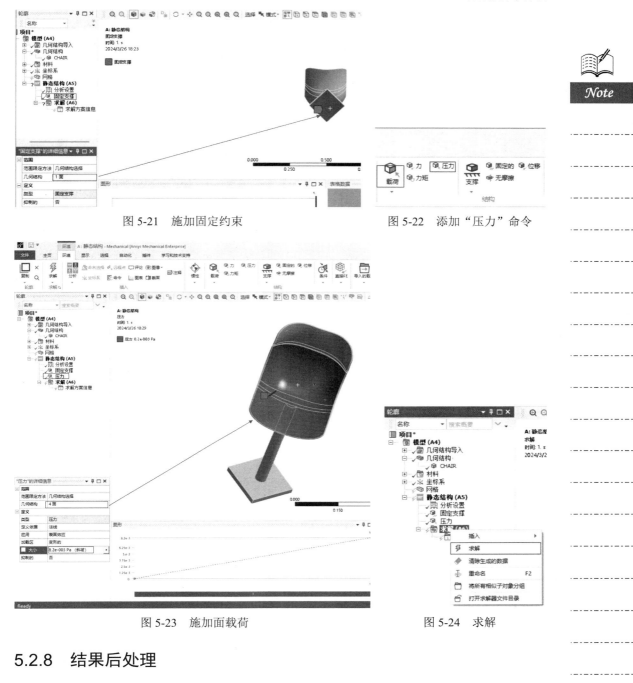

图 5-21　施加固定约束　　　　图 5-22　添加"压力"命令

图 5-23　施加面载荷　　　　　　图 5-24　求解

5.2.8　结果后处理

Step1：选择 Mechanical 界面左侧"轮廓"（分析树）中的"求解（A6）"命令，此时会出现如图 5-25 所示的"求解"选项卡。

Step2：选择"求解"选项卡中的"结果"→"应力→"等效（Von-Mises）"命令，如图 5-26 所示，此时在分析树中会出现"等效应力"命令。

图 5-25　"求解"选项卡　　　　　图 5-26　添加"等效应力"命令

Step3：同 Step2，选择"求解"选项卡中的"结果"→"应变"→"等效（Von-Mises）"命令，如图 5-27 所示，此时在分析树中会出现"等效应变"命令。

Step4：同 Step2，选择"求解"选项卡中的"结果"→"变形"→"总计"命令，如图 5-28 所示，此时在分析树中会出现"总变形"命令。

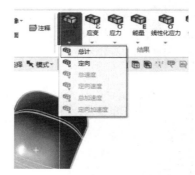

图 5-27　添加"等效应变"命令　　　　图 5-28　添加"总变形"命令

Step5：右击"轮廓"（分析树）中的"求解（A6）"命令，在弹出的快捷菜单中选择"评估所有结果"命令，如图 5-29 所示。此时会弹出进度条，表示正在求解，当求解完成后，进度条会自动消失。

Step6：选择"轮廓"（分析树）中的"求解（A6）"→"等效应力"命令，此时会出现如图 5-30 所示的应力分析云图。

Step7：选择"轮廓"（分析树）中的"求解（A6）"→"等效弹性应变"命令，此时会出现如图 5-31 所示的应变分析云图。

Step8：选择"轮廓"（分析树）中的"求解（A6）"→"总变形"命令，此时会出现如图 5-32 所示的总变形分析云图。

图 5-29 快捷菜单　　　　　　　图 5-30 应力分析云图

图 5-31 应变分析云图　　　　　图 5-32 总变形分析云图

5.2.9 保存与退出

Step1：单击 Mechanical 界面右上角的 ❌（关闭）按钮，退出 Mechanical 界面，返回 Workbench 主界面。此时，主界面的工程项目管理窗格中显示的分析项目均已完成，如图 5-33 所示。

Step2：在 Workbench 主界面中单击工具栏中的 🖫（保存）按钮，保存包括有分析结果的文件。

Step3：单击界面右上角的 ❌（关闭）按钮，退出 Workbench 主界面，完成项目分析。

	A
1	静态结构
2	工程数据 ✓
3	几何结构 ✓
4	模型 ✓
5	设置 ✓
6	求解 ✓
7	结果 ✓
	静态结构

图 5-33 工程项目管理窗格
中的分析项目

5.3 项目分析 2——梁单元线性静力学分析

本节主要介绍使用 ANSYS Workbench 的 DesignModeler 模块建立梁单元，并对其进行静力学分析。

Note

学习目标：

（1）熟练掌握使用 DesignModeler 模块建立梁单元"模型"的方法。

（2）掌握 ANSYS Workbench 梁单元静力学分析的方法及过程。

模型文件	无
结果文件	配套资源\Chapter5\char5-2\BeamStaticStructure.wbpj

5.3.1 问题描述

图 5-34 所示为一个工程使用的塔架"模型"，请建模并分析当塔架右侧的顶点上作用力 F_x=20 000N、F_y=-50 000N 时，塔架所受的内力及变形情况。

5.3.2 启动 Workbench 并建立分析项目

Step1： 在 Windows 系统下启动 ANSYS Workbench，进入主 界面。

Step2： 双击主界面"工具箱"中的"分析系统"→"静态结构"命令，即可在"项目原理图"中创建分析项目 A，如图 5-35 所示。

图 5-34 塔架"模型"

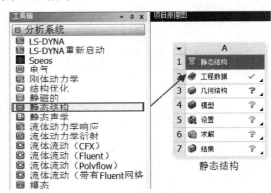

图 5-35 创建分析项目 A

5.3.3 创建几何体

Step1： 双击 A3 栏的"几何结构"选项，此时会弹出如图 5-36 所示的 DesignModeler 界面，选择"单位"→"米"命令，设置单位为"米"。

Step2： 如图 5-37 所示，选择 ✓↗ XY平面 命令，并选择绘图平面，然后单击 按钮，使得绘图平面与绘图窗格平行。

Step3： 在"树轮廓"下面单击"草图绘制"按钮，此时，会出现如图 5-38 所示的"草图工具箱"，草绘的所有命令都在"草图工具箱"中。

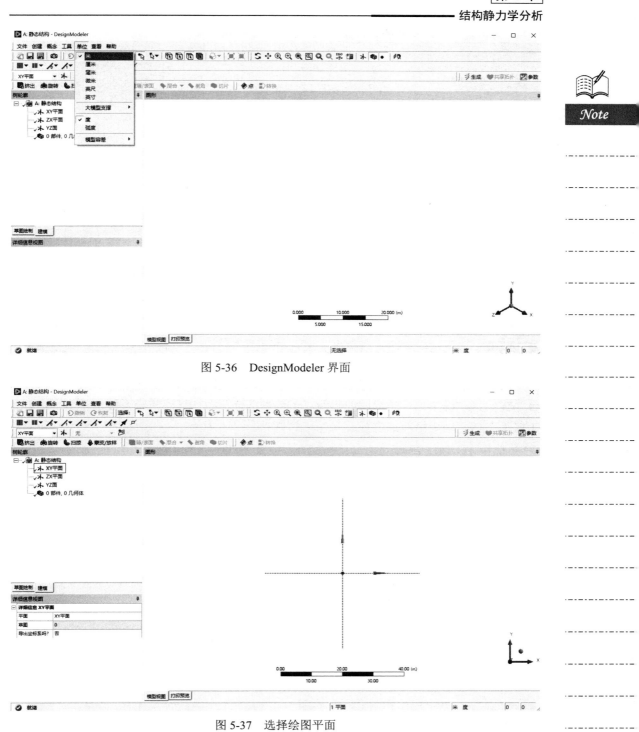

图 5-36　DesignModeler 界面

图 5-37　选择绘图平面

Step4：单击 ＼线　（线段）按钮，此时按钮会变成 ＼线　 凹陷状态，表示本命令已被选中。将鼠标指针移动到绘图窗格中的 X 轴上，此时会出现一个 C 提示符，表示创建的第一点是在坐标轴上，如图 5-39 所示。

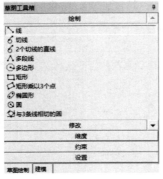

图 5-38　草图工具箱

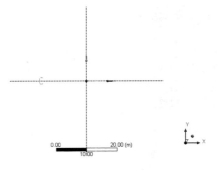

图 5-39　草绘图形

Step5：当出现 C 提示符后，单击鼠标左键，在 X 轴上创建第一点，然后向上移动鼠标指针，此时会出现一个 V（竖直）提示符，表示所绘制的线段是竖直的线段，如图 5-40 所示，单击鼠标左键即可完成第一条线段的绘制。

　在绘制直线时，如果在绘图窗格中出现了 V（竖直）或 H（水平）提示符，则说明绘制的直线为竖直或水平的。

Step6：移动鼠标指针到刚绘制完的线段上端，此时会出现如图 5-41 所示的 P（点重合）提示符，说明下一条线段的起始点与该点重合。当 P（点重合）提示符出现后，单击鼠标左键，确定第一点位置。

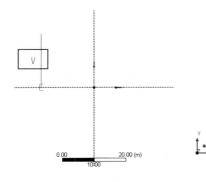

图 5-40　V（竖直）提示符

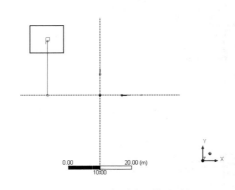

图 5-41　P（点重合）提示符

Step7：向右移动鼠标指针，此时会出现如图 5-42 所示的 H（水平）提示符，说明要绘制的线段是水平方向的。

Step8：与以上操作相同，绘制如图 5-43 所示的第二条线段。

Step9：在"草图工具箱"中单击"维度"（尺寸标注）按钮，此时草绘工具箱中会出现如图 5-44 所示的"维度"卷帘菜单，然后单击 ◇通用 按钮。

Step10：选择如图 5-45 所示的最左侧那条竖直线段，然后移动鼠标指针并单击，进行尺寸标注。

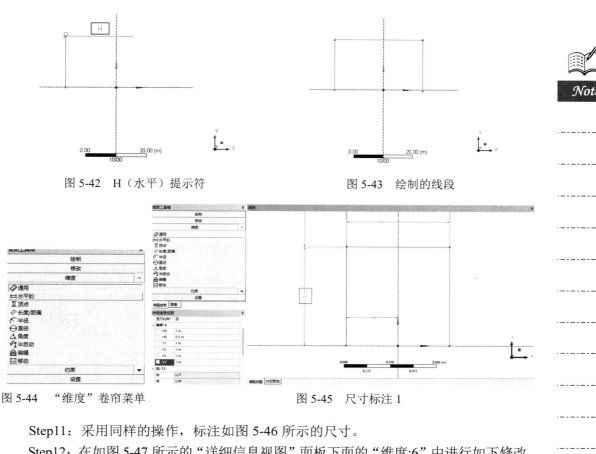

图 5-42　H（水平）提示符　　　　　　　　　图 5-43　绘制的线段

图 5-44　"维度"卷帘菜单　　　　　　　　　图 5-45　尺寸标注 1

Step11：采用同样的操作，标注如图 5-46 所示的尺寸。

Step12：在如图 5-47 所示的"详细信息视图"面板下面的"维度:6"中进行如下修改。H5=1m，H6=0.5m，V1=1m，然后单击常用命令栏中的 ⚡生成 按钮，生成尺寸标注。

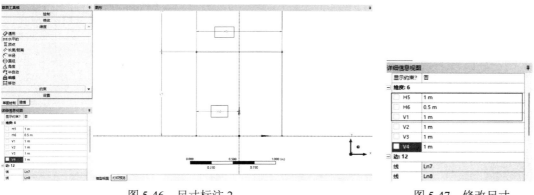

图 5-46　尺寸标注 2　　　　　　　　　　　图 5-47　修改尺寸

Step13：使用同样的操作完成如图 5-48 所示的模型绘制和尺寸标注。

Step14：如图 5-49 所示，单击"建模"按钮，并单击常用命令栏中的 ✖ 按钮，创建一个新平面，此时，会在"树轮廓"的"A:静态结构"命令下面新增一个"平面 4"命令。

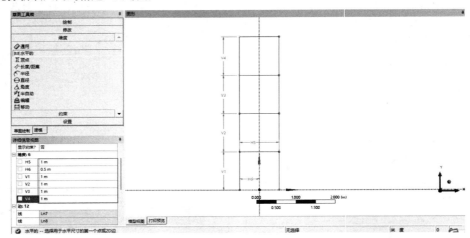

图 5-48　模型绘制和尺寸标注

Step15：如图 5-50 所示，在"详细信息视图"面板的"详细信息 平面 4"中进行如下设置。设置"类型"为"从平面"，设置"基准平面"为 XY 平面，设置"转向 1（RMB）"为"偏移 Z"，设置"FD1，值 1"为 1m。单击常用命令栏中的 生成 按钮，生成新平面。

图 5-49　创建新平面

图 5-50　新平面参数设置

Step16：在平面 4 的平面上绘制上述线条，绘制完成后的草绘图形如图 5-51 所示。

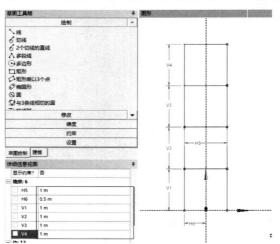

图 5-51　新平面的草绘图形

Step17：单击"建模"按钮，选择绘制完成的"草图 1"和"草图 2"草绘图形，选择"概念"→"草图线"命令，如图 5-52 所示，并单击 ✅生成 按钮，此时生成的图形如图 5-53 所示。

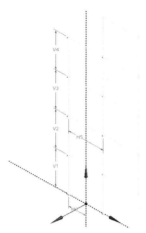

图 5-52 选择"草图线"命令   图 5-53 梁单元图形

Step18：选择"概念"→"曲线"命令，选择如图 5-54 所示的两个顶点，此时顶点会被加亮，并在中间生成一条加亮的线段，单击 ✅生成 按钮，生成三维线段。

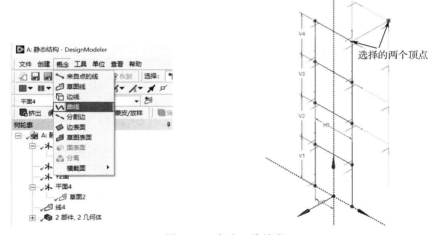

图 5-54 生成三维线段

Step19：重复以上操作，完成梁单元模型的建立，如图 5-55 所示。

Step20：单击常用命令栏中的 ◆点 按钮，在"详细信息视图"面板的"详细信息 点 1"中进行如图 5-56 所示的设置。

在"定义"栏中选择"手动输入"选项，在下面出现的"点组 1(RMB) "中依次输入 2.5m、4m、0.5m。

Step21：单击常用命令栏中的 ✅生成 按钮，创建一个点模型，如图 5-57 所示。

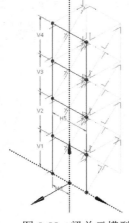

图 5-55　梁单元模型

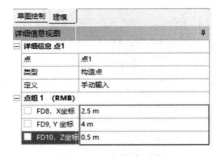

图 5-56　定义点坐标

Step22：选择"概念"→"曲线"命令，然后进行如图 5-58 所示的连接，并单击常用命令栏中的 ⚡生成 按钮，创建悬臂梁单元。

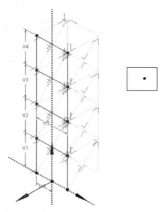

图 5-57　创建点模型

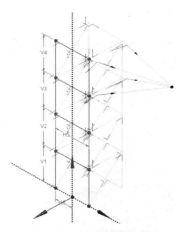

图 5-58　创建悬臂梁单元

Step23：如图 5-59 所示，选择"概念"→"横截面"→"矩形"命令。

Step24：在如图 5-60 所示的"详细信息视图"面板的"维度:2"中设置 B 为 0.1m、H 为 0.1m，其余选项的设置保持默认。然后单击常用命令栏中的 ⚡生成 按钮，创建悬臂梁单元截面形状。

Step25：在如图 5-61 所示的"树轮廓"中选择 ⟍ 线体 命令，在"详细信息视图"面板的"横截面"栏中选择"矩形 1"选项，其余选项的设置保持默认，并单击常用命令栏中的 ⚡生成 按钮。

Step26：如图 5-62 所示，选择"查看"→"横截面固体"命令，使命令前出现 ✓ 图标，创建如图 5-63 所示的模型。

图 5-59　选择"矩形"命令

图 5-60　设置截面大小

图 5-61　选择截面形状

图 5-62　选择"横截面固体"命令

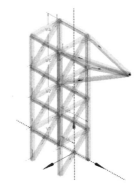

图 5-63　模型

5.3.4　添加材料库

Step1：双击项目 A 中 A2 栏的工程数据选项，进入如图 5-64 所示的材料参数设置界面。在该界面下即可进行材料参数设置。

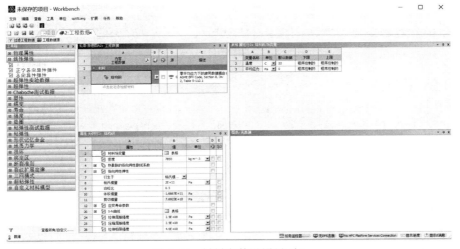

图 5-64　材料参数设置界面 1

Step2：在界面的空白处右击，在弹出的快捷菜单中选择"工程数据源"命令，此时的界面会变为如图 5-65 所示的界面。原界面中的"轮廓 原理图 A2: 工程数据"表消失，被"工程数据源"及"轮廓 General Material"表取代。

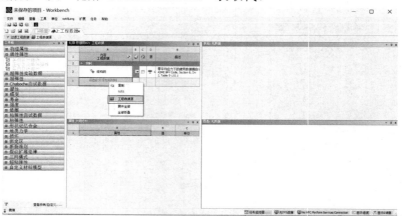

图 5-65　材料参数设置界面 2

Step3：在"工程数据源"表中选择 A4 栏的一般材料选项，然后单击"轮廓 General Material"表中 A8 栏的"结构钢"选项后的 B8 栏的 （添加）按钮，此时在 C8 栏中会显示 📦（使用中的）图标，如图 5-66 所示，表示材料添加成功。

Step4：同 Step2，在界面的空白处右击，在弹出的快捷菜单中选择"工程数据源"命令，返回初始界面。

Step5：根据实际工程材料的特性，在属性表中可以修改材料的特性，如图 5-67 所示。本实例采用的是默认值。

提示　用户也可以通过材料参数设置界面自行创建新材料并添加到模型库中，这在后面的讲解中会涉及，本例不介绍。

图 5-66　添加材料

图 5-67　修改材料的特性

Step6：单击工具栏中的 项目 按钮，返回 Workbench 主界面，完成材料库的添加。

5.3.5 添加模型材料属性

Step1：双击项目 A 中 A4 栏的"模型"选项，进入如图 5-68 所示的 Mechanical 界面。在该界面下即可进行网格的划分、分析设置、结果观察等操作。

图 5-68 Mechanical 界面

 此时分析树中的"几何结构"命令前显示问号**?**，表示数据不完全，需要输入完整的数据。本例是因为没有为模型添加材料。

Step2：选择 Mechanical 界面左侧"轮廓"（分析树）中的"几何结构"→"线体"命令，此时可在"线体的详细信息"（参数列表）面板中给模型添加材料，如图 5-69 所示。

Step3：单击"材料"→"任务"后的 按钮，此时，会出现刚刚设置的材料"结构钢"，选择该选项即可将其添加到模型中，如图 5-70 所示，表示材料已经添加成功。

图 5-69 添加材料

图 5-70 添加材料后的分析树

5.3.6　划分网格

Step1：如图 5-71 所示，选择 Mechanical 界面左侧"轮廓"（分析树）中的"网格"命令，此时可在"'网格'的详细信息"（参数列表）面板中修改网格参数，本例在"单元尺寸"栏中输入 0.1m，其余选项采用默认设置。

Step2：右击"轮廓"（分析树）中的"网格"命令，在弹出的快捷菜单中选择 生成网格 命令，此时会弹出网格划分进度栏，表示网格正在划分。当网格划分完成后，进度栏会自动消失。最终的网格效果如图 5-72 所示。

图 5-71　修改网格参数

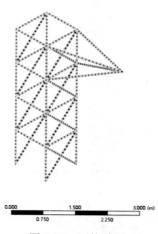

图 5-72　网格效果

5.3.7　施加载荷与约束

Step1：选择 Mechanical 界面左侧"轮廓"（分析树）中的"静态结构（A5）"命令，此时会出现如图 5-73 所示的"环境"选项卡。

Step2：选择"环境"选项卡中的"结构"→"固定的"命令，此时在分析树中会出现"固定支撑"命令，如图 5-74 所示。

图 5-73　"环境"选项卡

图 5-74　添加"固定支撑"命令

Step3：选择"固定支撑"命令，在工具栏中单击 按钮，选择如图 5-75 所示的 4 个节点，单击"'固定支撑'的详细信息"面板中"几何结构"栏的 应用 按钮，即可在选中的面上施加固定约束。

选择"查看"菜单中的 横截面固体 命令，使其前面出现 ✓ 图标，即可显示实体。

图 5-75　施加固定约束

Step4：同 Step2，选择"环境"选项卡中的"结构"→"力"命令，此时在分析树中会出现"力"命令，如图 5-76 所示。

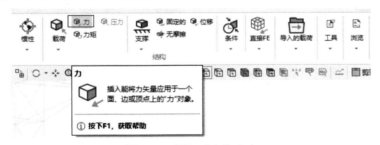

图 5-76　添加"力"命令

Step5：同 Step3，选择"力"命令，选择需要施加力的点，确保"力的详细信息"（参数列表）面板的"几何结构"栏中显示"1 顶点"，同时在"定义依据"栏中选择"分量"选项，然后在"X 分量"栏中输入 20000N，在"Y 分量"栏中输入-30000N，其余选项保持默认设置，如图 5-77 所示。

Step6：右击"轮廓"（分析树）中的"静态结构（A5）"命令，在弹出的快捷菜单中选择 ♀ 求解 命令，此时会弹出进度条，表示正在求解，当求解完成后，进度条会自动消失，如图 5-78 所示。

图 5-77　施加面载荷　　　　　　　　　图 5-78　求解

5.3.8　结果后处理

Step1：选择 Mechanical 界面左侧"轮廓"（分析树）中的"求解（A6）"命令，此时会出现如图 5-79 所示的"求解"选项卡。

Step2：选择"求解"选项卡中的"结果"→"变形"→"总计"命令，如图 5-80 所示，此时在分析树中会出现"总变形"命令。

图 5-79　"求解"选项卡

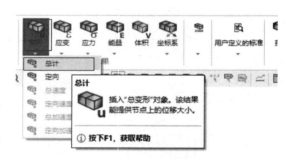

图 5-80　添加"总变形"命令

Step3：右击"轮廓"（分析树）中的"求解（A6）"命令，在弹出的快捷菜单中选择"评估所有结果"命令，如图 5-81 所示。此时会弹出进度条，表示正在求解，当求解完成后，进度条会自动消失。

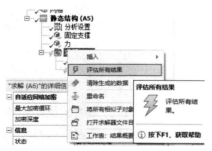

图 5-81　选择"求解"命令

Step4：选择"轮廓"（分析树）中的"求解（A6）"→"总变形"命令，此时会出现如图 5-82 所示的总变形分析云图。

Step5：选择"求解"选项卡中的"工具箱"→

"梁工具"命令，如图 5-83 所示，此时在分析树中会出现"梁工具"命令。

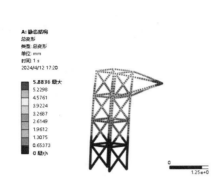

图 5-82　总变形分析云图　　　　　　图 5-83　添加"梁工具"命令

Step6：同 Step3，右击"轮廓"（分析树）中的"求解（A6）"→"梁工具"命令，在弹出的快捷菜单中选择 "评估所有结果"命令，如图 5-84 所示。此时会弹出进度条，表示正在求解，当求解完成后，进度条会自动消失。

Step7：选择"轮廓"（分析树）中的"求解（A6）"→"梁工具"→ 直接应力 命令，此时会出现如图 5-85 所示的应力分析云图。

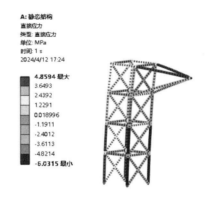

图 5-84　选择"评估所有结果"命令　　　图 5-85　梁单元应力分析云图

5.3.9　保存与退出

Step1：单击 Mechanical 界面右上角的 （关闭）按钮，退出 Mechanical 界面，返回 Workbench 主界面。此时主界面的工程项目管理窗格中显示的分析项目均已完成，如图 5-86 所示。

Step2：在 Workbench 主界面中单击工具栏中的 （保存）按钮，保存包含有分析结果的文件。

Step3：单击界面右上角的 （关闭）按钮，退出 Workbench 主界面，完成项目分析。

图 5-86　工程项目管理
窗格中的分析项目

5.4 项目分析 3——曲面实体静力学分析

本节主要介绍 ANSYS Workbench 的结构线性静力学分析模块，计算某增压器叶轮在自转状态下的应力分布。

学习目标：

熟练掌握 ANSYS Workbench 静力学分析的方法及过程。

模型文件	配套资源\Chapter5\char5-3\impeller_teleyhan.stp
结果文件	配套资源\Chapter5\char5-3\impeller_teleyhan_StaticStructure.wbpj

5.4.1 问题描述

图 5-87 所示为某增压器叶轮模型，请分析增压器叶轮在 200 rad/s 转速下的应力分布。

5.4.2 启动 Workbench 并建立分析项目

Step1：在 Windows 系统下启动 ANSYS Workbench，进入主界面。

Step2：双击主界面"工具箱"中的"分析系统"→"静态结构"命令，即可在"项目原理图"中创建分析项目 A，如图 5-88 所示。

图 5-87　增压器叶轮模型　　　　　图 5-88　创建分析项目 A

5.4.3 导入几何体

Step1：右击 A3 栏的"几何结构"选项，在弹出的快捷菜单中选择"导入几何模型"→"浏览"命令，如图 5-89 所示。此时会弹出"打开"对话框。

Step2：在弹出的"打开"对话框中选择文件路径，导入 impeller_teleyhan.stp 几何体文件，如图 5-90 所示。此时 A3 栏的"几何结构"选项后的 ❓ 图标变为 ✓ 图标，表示实体模型已经导入。

图 5-89 选择"浏览"命令

图 5-90 "打开"对话框

Step3：双击项目 A 中 A3 栏的"几何结构"选项，会进入 DesignModeler 界面，此时模型树中的"导入 1"命令前会显示∮图标，表示需要生成几何体，但绘图窗格中没有图形显示，如图 5-91 所示。

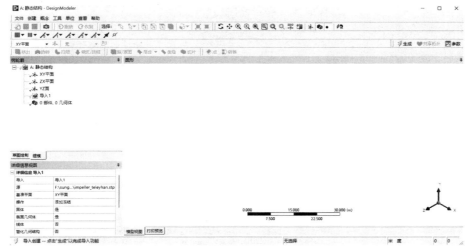

图 5-91 生成几何体前的 DesignModeler 界面

Step4：单击 ✦生成 按钮，即可显示生成的几何体，如图 5-92 所示，此时可在几何体上进行其他操作。本例无须进行操作。

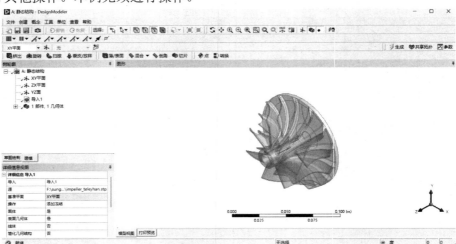

图 5-92　几何体生成后的 DesignModeler 界面

Step5：单击 DesignModeler 界面右上角的 ✕ （关闭）按钮，退出 DesignModeler 平台，返回 Workbench 主界面。

5.4.4　添加材料库

Step1：双击项目 A 中 A2 栏的工程数据选项，进入如图 5-93 所示的材料参数设置界面。在该界面下即可进行材料参数设置。

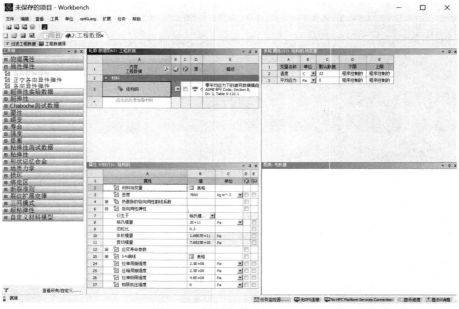

图 5-93　材料参数设置界面 1

Step2：在界面的空白处右击，在弹出的快捷菜单中选择"工程数据源"命令，此时的界面会变为如图 5-94 所示的界面。原界面中的"轮廓 原理图 A2：工程数据"表将消失，会被"工程数据源"及"轮廓 General Material"表取代。

图 5-94　材料参数设置界面 2

Step3：在"工程数据源"表中选择 A4 栏的一般材料选项，然后单击"轮廓 General Material"表中 A11 栏的"铝合金"选项后的 B11 栏的 （添加）按钮，此时在 C11 栏中会显示 （使用中的）图标，如图 5-95 所示，表示材料添加成功。

图 5-95　添加材料

Step4：同 Step2，在界面的空白处右击，在弹出的快捷菜单中选择"工程数据源"命令，返回初始界面。

Step5：根据实际工程材料的特性，在"属性 大纲行 4：铝合金"表中可以修改材料的特性，如图 5-96 所示。本实例采用的是默认值。

用户也可以通过材料参数设置界面自行创建新材料并添加到模型库中，这在后面的讲解中会涉及，本例不介绍。

Step6：单击工具栏中的 □项目 按钮，返回 Workbench 主界面，完成材料库的添加。

图 5-96　修改材料的特性

5.4.5　添加模型材料属性

Step1：双击项目 A 中 A4 栏的"模型"选项，进入如图 5-97 所示的 Mechanical 界面。在该界面下即可进行网格的划分、分析设置、结果观察等操作。

此时分析树中的"几何结构"前显示问号**?**，表示数据不完全，需要输入完整的数据。本例是因为还没有为模型添加材料。

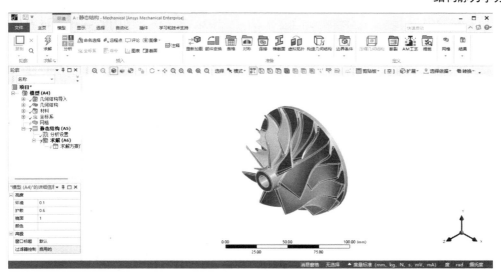

图 5-97　Mechanical 界面

Step2：选择 Mechanical 界面左侧"轮廓"（分析树）中的"几何结构"→TELEYHAN-293 命令，此时可在"'TELEYHAN-293'的详细信息"面板中给"任务"添加材料，如图 5-98 所示。

图 5-98　添加材料

5.4.6　划分网格

Step1：选择 Mechanical 界面左侧"轮廓"（分析树）中的"网格"命令，此时可在"'网格'的详细信息"面板中修改网格参数，如图 5-99 所示，在"详细信息"→"单元尺寸"栏中输入 1.e-003m，其余选项采用默认设置。

Note

Step2：右击"轮廓"（分析树）中的"网格"命令，在弹出的快捷菜单中选择" 生成网格"命令，此时会弹出网格划分进度栏，表示网格正在划分。当网格划分完成后，进度栏会自动消失。最终的网格效果如图 5-100 所示。

图 5-99　修改网格参数

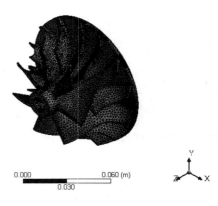

图 5-100　网格效果

5.4.7　施加载荷与约束

Step1：选择 Mechanical 界面左侧"轮廓"（分析树）中的"静态结构（A5）"命令，此时会出现如图 5-101 所示的"环境"选项卡。

Step2：选择"环境"选项卡中的"结构"→"位移"命令，此时在分析树中会出现"位移"命令，如图 5-102 所示。

图 5-101　"环境"选项卡

图 5-102　添加"位移"命令

Step3：选择"位移"命令，选择需要施加固定约束的面，单击"'位移'的详细信息"面板中"几何结构"栏的 应用 按钮，即可在选中的面上施加位移约束，如图 5-103 所示，同时在"X 分量"、"Y 分量"、"Z 分量"三栏中分别输入 0m，其余选项采用默认设置。

Step4: 同 Step2, 选择"环境"选项卡中的"惯性"→"旋转速度"命令, 此时在分析树中会出现"旋转速度"命令, 如图 5-104 所示。

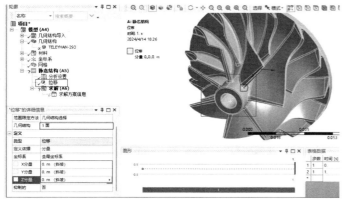

图 5-103　施加位移　　　　　图 5-104　添加"旋转速度"命令

Step5: 同 Step3, 选择"旋转速度"命令, 此时整个实体模型已被选中, 在"'旋转速度'的详细信息"面板的"大小"栏中输入 200rad/s, 同时在"轴"栏中选择叶轮中心孔壁面, 此时"轴"后面的栏中会显示"点击进行修改", 在确定旋转轴后, 会在绘图区域出现一个旋转箭头, 如图 5-105 所示。

Step6: 右击"轮廓"(分析树)中的"静态结构 (A5)"命令, 在弹出的快捷菜单中选择"求解"命令, 此时会弹出求解进度条, 表示正在求解, 当求解完成后, 进度条会自动消失, 如图 5-106 所示。

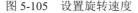

图 5-105　设置旋转速度　　　　　图 5-106　求解

5.4.8　结果后处理

Step1: 选择 Mechanical 界面左侧"轮廓"(分析树)中的"求解 (A6)"命令, 此时会出现如图 5-107 所示的"求解"选项卡。

Step2: 选择"求解"选项卡中的"结果"→"应力"→"等效 (Von-Mises)"命令, 此时在分析树中会出现"等效应力"命令, 如图 5-108 所示。

图 5-107　"求解"选项卡　　　　图 5-108　添加"等效应力"命令

Step3：同 Step2，选择"求解"选项卡中的"结果"→"应变"→"等效（Von-Mises）"命令，如图 5-109 所示，此时在分析树中会出现"等效应变"命令。

Step4：同 Step2，选择"求解"选项卡中的"结果"→"变形"→"总计"命令，如图 5-110 所示，此时在分析树中会出现"总变形"命令。

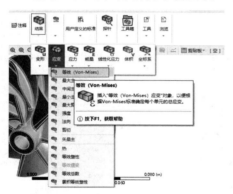

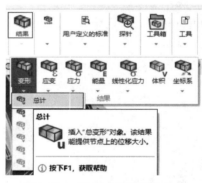

图 5-109　添加"等效应变"命令　　　　图 5-110　添加"总变形"命令

图 5-111　选择"求解"命令

Step5：右击"轮廓"（分析树）中的"求解（A6）"命令，在弹出的快捷菜单中选择 评估所有结果 命令，如图 5-111 所示。此时会弹出进度条，表示正在求解，当求解完成后，进度条会自动消失。

Step6：选择"轮廓"（分析树）中的"求解（A6）"→"等效应力"命令，此时会出现如图 5-112 所示的应力分析云图。

Step7：选择"轮廓"（分析树）中的"求解（A6）"→"等效应变"命令，此时会出现如图 5-113 所示的应变分析云图。

Step8：选择"轮廓"（分析树）中的"求解（A6）"→"总变形"命令，此时会出现如图 5-114 所示的总变形分析云图。

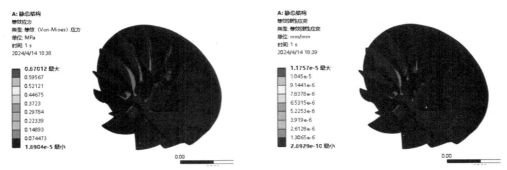

图 5-112　应力分析云图　　　　　　　　图 5-113　应变分析云图

5.4.9　保存与退出

Step1：单击 Mechanical 界面右上角的 ✖ （关闭）按钮，退出 Mechanical 界面，返回 Workbench 主界面。此时，主界面的工程项目管理窗格中显示的分析项目均已完成，如图 5-115 所示。

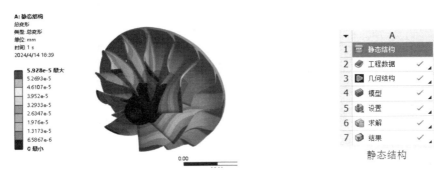

图 5-114　总变形分析云图　　　　　图 5-115　工程项目管理窗格中的分析项目

Step2：在 Workbench 主界面中单击工具栏中的 🖫 （保存）按钮，保存文件名为 impeller_teleyhan_StaticStructure.wbpj。

Step3：单击界面右上角的 ✖ （关闭）按钮，退出 Workbench 主界面，完成项目的分析。

5.5　项目分析 4——支承座静力学分析

本节主要介绍 ANSYS Workbench 的结构线性静力学分析模块，计算某支承座在受力情况下的应力分布。

学习目标：

熟练掌握 ANSYS Workbench 静力学分析的方法及过程。

模型文件	配套资源\Chapter5\char5-4\zhichengzuo.x_t
结果文件	配套资源\Chapter5\char5-4\zhichengzuo.x_t.wbpj

5.5.1　问题描述

轴类件是机械结构中常使用的部件之一，与之配套的支承座也常出现在各类机构中，如图 5-116 所示。假设某支承座承受 1000N 的载荷，该支承座材料为铝合金。

5.5.2　添加材料和导入模型

图 5-116　支承座模型

Step1：在主界面中建立分析项目，该项目为静态结构分析项目。双击分析系统中的"静态结构"命令，生成静态结构分析项目 A，如图 5-117 所示。

Step2：双击项目 A 下面的"静态结构"，将分析项目名称更改为"支承座"，如图 5-118 所示。

图 5-117　静态结构分析项目 A

图 5-118　更改分析项目名称

Step3：双击 A2 栏的工程数据选项，进入如图 5-119 所示的材料参数设置界面，在该界面下即可进行材料参数设置。

Step4：在界面的空白处右击，在弹出的快捷菜单中选择"工程数据源"命令，此时的界面会变为如图 5-120 所示的界面。原界面中的"轮廓 原理图 A2：工程数据"表将消失，会被"工程数据源"及"轮廓 General Material"表取代。

Step5：在"工程数据源"表中选择 A4 栏的一般材料选项，然后单击"轮廓 General Material"表中 A4 栏的"铝合金"选项后的 B4 栏的 ✚（添加）按钮，此时在 C4 栏中会显示 ●（使用中的）图标，如图 5-121 所示，表示材料添加成功。

Step6：同 Step4，在界面的空白处右击，在弹出的快捷菜单中选择"工程数据源"命令，返回初始界面。

Step7：根据实际工程材料的特性，在"属性 大纲行 4：铝合金"表中可以修改材料的特性，如图 5-122 所示。本例采用的是默认值。

Step8：单击工具栏中的 ⬜项目⧸ 按钮，返回 Workbench 主界面，完成材料库的添加。

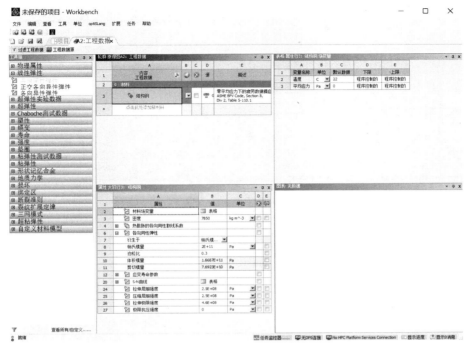

图 5-119　材料参数设置界面 1

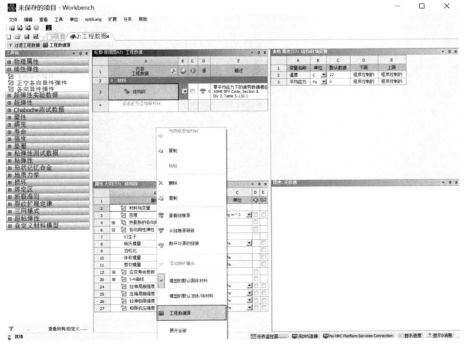

图 5-120　材料参数设置界面 2

Note

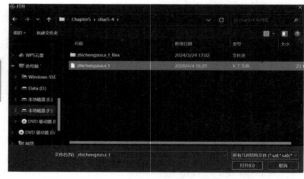

图 5-121　添加材料　　　　　　　　　　图 5-122　修改材料的特性

Step9：右击 A3 栏的"几何结构"选项，在弹出的快捷菜单中选择"导入几何模型"
→"浏览"命令，在弹出的对话框中选择需要导入的 model_zhichengzuo.x_t，如图 5-123
所示。

图 5-123　导入模型

5.5.3　修改模型

观察该支承座模型，它的上下两部分是由两个简单的模型组成的。如果将该模型切
开，则可以方便地使用扫掠方式划分较高质量的网格。

Step1：双击 A3 栏的"几何结构"选项，打开 DesignModeler 界面，在 DesignModeler
界面中单击 生成 按钮，生成支承座模型，如图 5-124 所示。

Step2：选择需要加载的面，如图 5-125 所示。在背景中右击，从弹出的快捷菜单中

选择"查看"命令，调整绘图视角，如图 5-126 所示。

图 5-124 支承座模型

图 5-125 选择面

图 5-126 选择查看命令

Step3：选择"工具"→"冻结"命令，如图 5-127 所示。

Step4：切换到"草图绘制"模块，选择"绘制"→"线"命令，如图 5-128 所示。

图 5-127 选择"冻结"命令

图 5-128 选择"线"命令

Step5：选择需要切割经过的两个点，绘制切割线，如图 5-129 所示。

Step6：单击常用命令栏中的"挤出"按钮，如图 5-130 所示。

Step7：在"详细信息视图"面板的"操作"栏中选择"切割材料"选项，设置操作方式，如图 5-131 所示。

Note

Step8：在"扩展类型"栏中选择"固定的"选项，设置"扩展类型"，如图 5-132 所示。

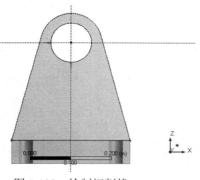

图 5-129　绘制切割线

图 5-130　单击"挤出"按钮

图 5-131　设置操作方式

图 5-132　设置扩展类型

Step9：单击 ⚡生成 按钮，完成切割操作，此时几何体已经被切割完成。读者可尝试使用 🔲（体选择命令）来选择不同的几何体。

Step10：单击界面右上角的 ❌ 按钮，关闭 Design Modeler 界面。

5.5.4　赋予材料和划分网格

Step1：双击项目 A 中 A4 栏的"模型"选项，打开 Mechanical 界面。

Step2：单击"轮廓"中"几何结构"命令前的 ⊞ 按钮，按住 Ctrl 键选择两个"固体"命令，如图 5-133 所示。

Step3：单击"'多个选择'的详细信息"面板中"任务"栏后的 ▶ 按钮，如图 5-134 所示，选择"铝合金"选项。

Step4：选择"轮廓"中的"网格"命令，此时会出现"网格"选项卡，选择"网格"选项卡的"控制"→"方法"命令，如图 5-135 所示。

Step5：选择"'自动方法'-方法的详细信息"面板中的"几何结构"选项，选择"2 几何体"，并单击"应用"按钮，如图 5-136 所示。

图 5-133　选择"固体"命令

图 5-134　更改材料

图 5-135　选择"方法"命令

图 5-136　选择需要控制的几何体

Step6：单击"'自动方法'-方法的详细信息"面板中"方法"栏后的下拉按钮，选择"自动"选项，如图 5-137 所示。

Step7：在"'网格'的详细信息"面板的"单元尺寸"栏中输入 1.e-002m，如图 5-138所示。

图 5-137　选择 Automatic 选项

图 5-138　设置网格尺寸

Step8：右击"轮廓"中的"网格"命令，从弹出的快捷菜单中选择"生成网格"命令，进行网格划分，如图 5-139 所示。划分完成的网格效果如图 5-140 所示。有兴趣的读者可以尝试使用其他方法划分网格，划分完成的网格效果如图 5-141 所示。读者可以对比这两种网格的质量。

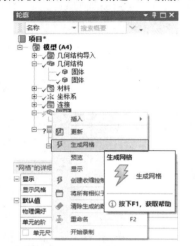

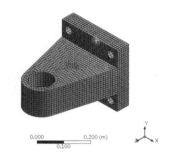

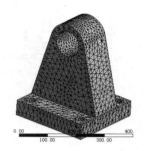

图 5-139　选择"生成网格"命令　　图 5-140　划分完成的网格效果　　图 5-141　其他网格效果

5.5.5　添加约束和载荷

Step1：选择"轮廓"中的"静态结构（A5）"命令，如图 5-142 所示，此时会出现如图 5-143 所示的"环境"选项卡。

图 5-142　选择"静态结构（A5）"命令　　　　　图 5-143　　"环境"选项卡

Step2：选择"环境"选项卡中的"结构"→"位移"命令，如图 5-144 所示。

图 5-144　选择"位移"命令

Step3：选择支承座的底面作为约束面，如图 5-145 所示。在"'位移'的详细信息"面板中，单击"几何结构"栏的"应用"按钮，如图 5-146 所示。

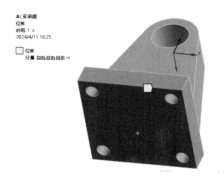

图 5-145　选择约束面

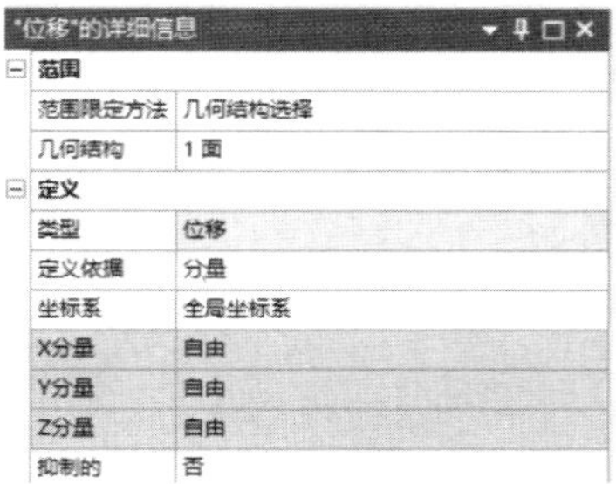

图 5-146　设置位移约束参数

Step4：在"X 分量"、"Y 分量"和"Z 分量"栏中均输入 0m，如图 5-147 所示。

Step5：选择"环境"选项卡中的"结构"→"载荷"→"轴承载荷"命令，如图 5-148 所示。

图 5-147　输入位移约束值

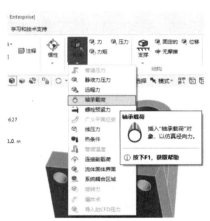

图 5-148　选择"轴承载荷"命令

Step6：选择圆柱面作为轴承荷载面，如图 5-149 所示。在"'轴承载荷'的详细信息"面板的"定义依据"栏中选择"分量"选项，如图 5-150 所示。在"几何结构"栏中确定图 5-149 所示的圆柱面被选中，并在"Z 分量"中输入-2000N，如图 5-151所示。

图 5-149　选择轴承载荷面

图 5-150　选择载荷方向

图 5-151　设置力载荷参数

5.5.6　求解

右击"轮廓"中的"求解（A6）"命令，在弹出的快捷菜单中选择"求解"命令，如图 5-152 所示。在求解时，会出现进度条。当进度条消失且"求解（A6）"命令前出现 图标时，说明求解已经完成，如图 5-153 所示。

图 5-152　选择"求解"命令

图 5-153　求解完成

5.5.7　结果后处理

Step1：右击"轮廓"中的"求解（A6）"命令，在弹出的快捷菜单中选择"插入"→"变形"→"总计"命令，添加变形分析结果，如图 5-154 所示。

Step2：右击"轮廓"中的"求解（A6）"命令，在弹出的快捷菜单中选择"插入"→"应力"→"等效"命令，添加应力分析结果。

Step3：右击"轮廓"中的"求解（A6）"命令，在弹出的快捷菜单中选择"求解"命令，显示求解结果，如图 5-155 所示。

图 5-154　添加变形分析结果　　　　　　图 5-155　显示求解结果

　　Step4：选择"轮廓"中的"求解（A6）"→"总变形"命令，显示大比例变形结果，如图 5-156 所示。读者可以发现，虽然变形量只有 0.00035049Max，但显示的"模型"形变量很大。我们可以更改显示结果，在"结果"→"显示"下拉列表中选择"1.0（真实尺度）"选项，如图 5-157 所示。这时可以发现变形图显示为真实比例变形结果，如图 5-158 所示。

　　Step5：选择"轮廓"中的"求解（A6）"→"等效应力"命令，显示真实比例应力结果，如图 5-159 所示。

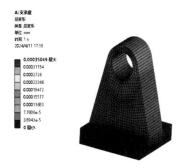

图 5-156　大比例变形结果　　　　　　　图 5-157　设置显示比例

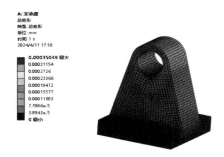

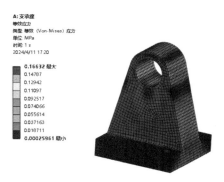

图 5-158　真实比例变形结果　　　　　　图 5-159　真实比例应力结果

5.5.8 保存与退出

Step1：单击 Mechanical 界面右上角的 ✕ 按钮，退出 Mechanical 界面，返回 Workbench 主界面。此时，主界面的工程项目管理窗格中显示的分析项目均已完成，如图 5-160 所示。

Step2：在 Workbench 主界面中单击工具栏中的 🖫 按钮，保存含有分析结果的文件。

Step3：单击主界面右上角的 ✕ 按钮，退出 Workbench 主界面，完成项目的分析。

图 5-160　完成的分析项目

5.6　项目分析 5——子模型静力学分析

前面 4 节分别介绍了实体单元、梁单元、曲面实体与支承座的静力学分析，本节将通过一个简单的实例来介绍子模型的静力学分析。

子模型的静力学分析比较广泛地应用于模型的细化分析，可以提高局部的分析精度。请读者掌握子模型静力学分析的基本过程。

学习目标：

熟练掌握 ANSYS Workbench 子模型静力学分析的方法及过程。

模型文件	配套资源\Chapter5\char5-5\Sub_model.sat；model.sat
结果文件	配套资源\Chapter5\char5-5\Sub_model.wbpj

5.6.1　问题描述

在工程分析过程中常常会遇到一些结构比较复杂的模型。在这类模型的某些位置，特别是在一些过渡连接的位置或者特征比较复杂的位置需要细化网格，以满足计算精度的要求。但是由于硬件的资源限制，即使这些问题的原理很简单，有时也会很棘手。旧版本的 ANSYS Workbench 只能通过 APDL 编程来辅助分析，对于初学者或一般工程人员来说，上手比较困难。而新版的 ANSYS Workbench 可以不需要特殊编程即可完成细化分析——子模型分析。

下面将通过一个简单的例子，介绍一下如何对如图 5-161 所示的铝合金模型进行子模型分析。

5.6.2　启动 Workbench 并建立分析项目

Step1：在 Windows 系统下启动 ANSYS Workbench，进入主界面。

Step2：双击主界面"工具箱"中的"分析系统"→"静态结构"命令，即可在"项目原理图"中创建分析项目 A，如图 5-162 所示。

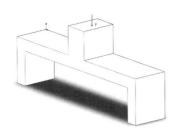

图 5-161　铝合金模型

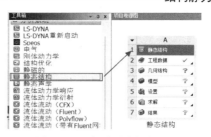

图 5-162　创建分析项目 A

5.6.3　导入几何体

Step1：右击 A3 栏的"几何结构"选项，在弹出的快捷菜单中选择"导入几何模型"→"浏览"命令，如图 5-163 所示，此时会弹出"打开"对话框。

Step2：在弹出的"打开"对话框中选择文件路径，导入 model.sat 几何体文件，如图 5-164 所示，此时 A3 栏的"几何结构"选项后的 ❓ 图标变为 ✔ 图标，表示实体模型已经导入。

图 5-163　选择"浏览"命令

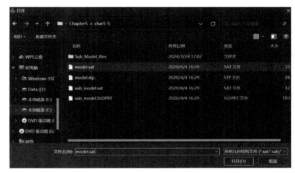

图 5-164　"打开"对话框

Step3：双击项目 A 中 A3 栏的"几何结构"选项，进入 DesignModeler 界面，然后选择单位为"米"，此时模型树中的"导入 1"命令前会显示 ⚡ 图标，表示需要生成几何体，但图形窗口中没有图形显示，如图 5-165 所示。

图 5-165　生成几何体前的 DesignModeler 界面

Step4：单击 生成 按钮，即可显示生成的几何体，如图 5-166 所示，此时可在几何体上进行其他操作。本例无须进行操作。

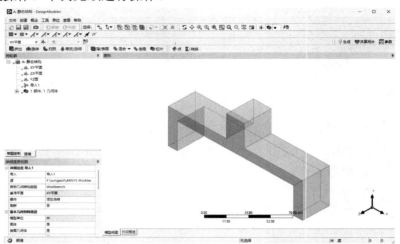

图 5-166　生成几何体后的 DesignModeler 界面

Step5：单击 DesignModeler 界面右上角的 ✕ （关闭）按钮，退出 DesignModeler 平台，返回 Workbench 主界面。

5.6.4　添加材料库

Step1：双击项目 A 中 A2 栏的工程数据选项，进入如图 5-167 所示的材料参数设置界面。在该界面下进行材料参数设置。

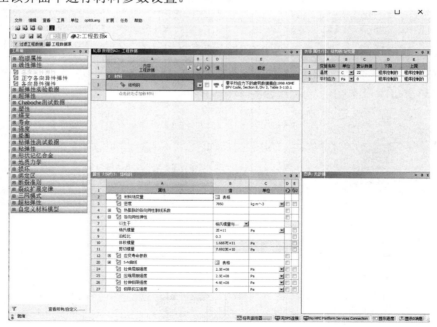

图 5-167　材料参数设置界面 1

Step2：在界面的空白处右击，在弹出的快捷菜单中选择"工程数据源"命令，此时的界面会变为如图 5-168 所示的界面。原界面中的"轮廓原理图 A2:工程数据"表将消失，会被"工程数据源"及"轮廓 General Material"表取代。

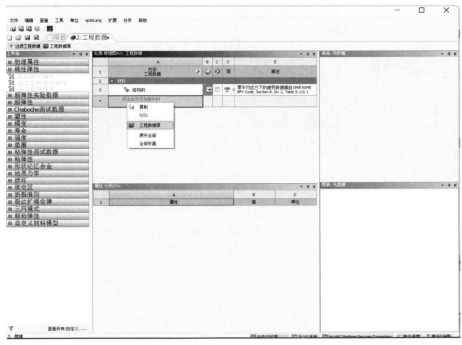

图 5-168　材料参数设置界面 2

Step3：在"工程数据源"表中选择 A4 栏的一般材料选项，然后单击"轮廓 General Material"表中 A11 栏的"铝合金"选项后的 B11 栏的 （添加）按钮，此时在 C11 栏中会显示 （使用中的）图标，如图 5-169 所示，表示材料添加成功。

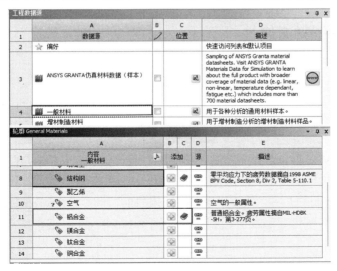

图 5-169　添加材料

Step4：同 Step2，在界面的空白处右击，在弹出的快捷菜单中选择"工程数据源"命令，返回初始界面。

Step5：根据实际工程材料的特性，在"属性 大纲行 4：铝合金"表中可以修改材料的特性，如图 5-170 所示。本例采用的是默认值。

用户也可以通过材料参数设置界面自行创建新材料并添加到模型库中，这在后面的讲解中会涉及，本例不介绍。

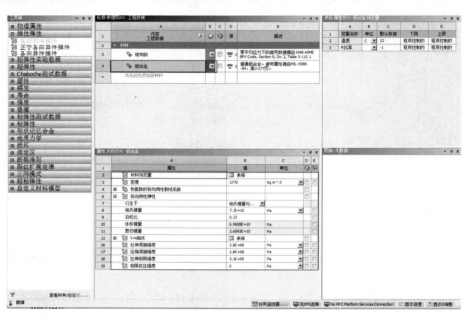

图 5-170　修改材料的特性

Step6：单击工具栏中的 ▢项目 按钮，返回 Workbench 主界面，完成材料库的添加。

5.6.5　添加模型材料属性

Step1：双击项目 A 中 A4 栏的"模型"选项，进入如图 5-171 所示的 Mechanical 界面。在该界面下可进行网格的划分、分析设置、结果观察等操作。

ANSYS Workbench 程序默认的材料为"结构钢"。

Step2：选择 Mechanical 界面左侧"轮廓"（分析树）中的"几何结构"→"实体 1"命令，此时即可在"'实体 1'的详细信息"面板中给模型添加材料，如图 5-172 所示。

Step3：单击"材料"→"任务"栏后的 ▸ 按钮，此时会出现刚刚设置的材料"铝合金"，选择该选项即可将其添加到模型中。如图 5-173 所示，表示材料已经添加成功。

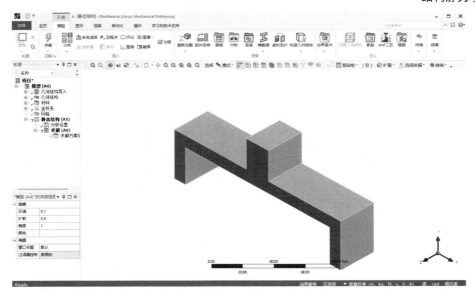

图 5-171 Mechanical 界面

图 5-172 添加材料

图 5-173 添加材料后的分析树

5.6.6 划分网格

Step1：选择 Mechanical 界面左侧"轮廓"（分析树）中的"网格"命令，此时可在"'网格'的详细信息"（参数列表）面板中修改网格参数。本例在"单元尺寸"栏中输入 5.0m，其余选项采用默认设置，如图 5-174 所示。

Step2：右击"轮廓"（分析树）中的"网格"命令，在弹出的快捷菜单中选择" 生成网格"命令。最终的网格效果如图 5-175 所示。

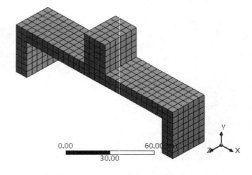

图 5-174　修改网格参数　　　　　　　图 5-175　网格效果

本例为了演示子模型的使用方法，全模型的网格划分比较粗糙。

5.6.7　施加载荷与约束

Step1：选择 Mechanical 界面左侧"轮廓"（分析树）中的"静态结构（A5）"命令，此时会出现如图 5-176 所示的"环境"选项卡。

Step2：选择"环境"选项卡中的"结构"→"固定的"命令，此时在分析树中会出现"固定支撑"命令，如图 5-177 所示。

图 5-176　"环境"选项卡　　　　　　图 5-177　添加"固定支撑"命令

Step3：选择"固定支撑"命令，选择需要施加固定约束的面，单击"'固定支撑'的详细信息"面板中"几何结构"栏的 应用 按钮，即可在选中的面上施加固定约束，如图 5-178 所示。

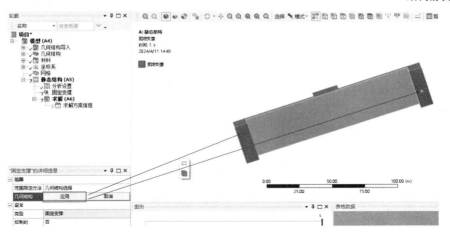

图 5-178　施加固定约束

Step4：同 Step2，选择"环境"选项卡中的"结构"→"力"命令，此时在分析树中会出现"力"命令，如图 5-179 所示。

Step5：选择"力"命令，在"'力'的详细信息"（参数列表）面板中进行如下设置。

图 5-179　添加"力"命令

在"几何结构"栏中确保如图 5-180 所示的两个面被选中并单击 应用 按钮，此时在"几何结构"栏中显示"1 面"，表明一个面已经被选中。

在"定义依据"栏中选择"分量"选项。

在"Y 分量"栏中输入-3000N，其余选项保持默认设置即可。

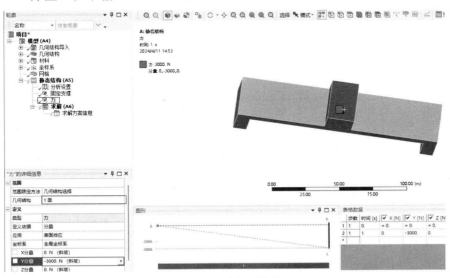

图 5-180　施加面载荷

Step6：右击"轮廓"（分析树）中的"静态结构（A5）"命令，在弹出的快捷菜单中选择" 求解"命令。

5.6.8　结果后处理

Note

Step1：选择 Mechanical 界面左侧"轮廓"（分析树）中的"求解（A6）"命令，此时会出现如图 5-181 所示的"求解"选项卡。

Step2：选择"求解"选项卡中的"结果"→"应力"→"等效（Von-Mises）"命令，此时在分析树中会出现"等效应力"命令，如图 5-182 所示。

图 5-181　"求解"选项卡　　　　　　　　　图 5-182　添加"等效应力"命令

Step3：同 Step2，选择"求解"选项卡中的"结果"→"应变"→"等效（Von-Mises）"命令，如图 5-183 所示，此时在分析树中会出现"等效弹性应变"命令。

Step4：同 Step2，选择"求解"选项卡中的"结果"→"变形"→"总计"命令，如图 5-184 所示，此时在分析树中会出现"总变形"命令。

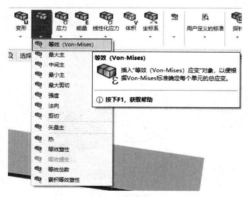

图 5-183　添加"等效应力"命令　　　　　　　图 5-184　添加"总变形"命令

Step5：右击"轮廓"（分析树）中的"求解（A6）"命令，在弹出的快捷菜单中选择"评估所有结果"命令，如图 5-185 所示。

Step6：选择"轮廓"（分析树）中的"求解（A6）"→"等效应力"命令，此时会出现如图 5-186 所示的应力分析云图。

Step7：选择"轮廓"（分析树）中的"求解（A6）"→"等效弹性应变"命令，此时会出现如图 5-187 所示的应变分析云图。

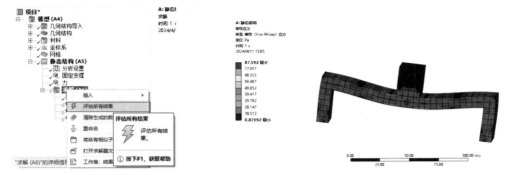

图 5-185　选择"评估所有结果"命令　　　　图 5-186　应力分析云图

Step8：选择"轮廓"（分析树）中的"求解（A6）"→"总变形"命令，此时会出现如图 5-188 所示的总变形分析云图。

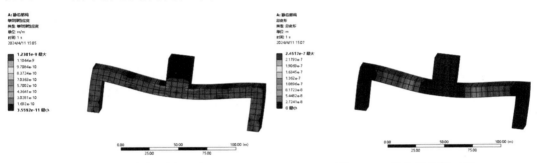

图 5-187　应变分析云图　　　　　　图 5-188　总变形分析云图

Step9：单击 Mechanical 界面右上角的 ❌ （关闭）按钮，退出 Mechanical 平台，返回 Workbench 主界面。

5.6.9　子模型分析

Step1：右击项目 A 中 A1 栏的"静态结构"选项，在弹出的快捷菜单中选择"复制"命令，如图 5-189 所示，复制一个分析项目为项目 B。

Step2：右击项目 B 中 B3 栏的"几何结构"选项，在弹出的快捷菜单中选择"替换几何结构"→"浏览"命令，如图 5-190 所示。

Step3：在弹出的"打开"对话框中选择 sub_model.sat 几何体文件，如图 5-191 所示。

Step4：选中项目 A 中 A6 栏的"求解"选项不放，将其直接拖动到项目 B 中 B5 栏的"设置"选项处，实现数据传递，如图 5-192 所示。

Step5：右击 B5 栏的"设置"选项，在弹出的快捷菜单中

图 5-189　复制项目

选择"刷新"命令，更新数据。

Note

图 5-190 选择"浏览"命令　　　　图 5-191 "打开"对话框

Step6：双击 B4 栏的"模型"选项，进入 Mechanical 界面，此时在 Mechanical 界面中出现如图 5-193 所示的"子建模（A6）"命令，此命令表示可以添加子模型激励。

图 5-192 数据传递

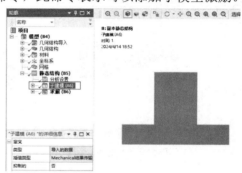

图 5-193 Mechanical 界面

Step7：将材料设置为"铝合金"。

Step8：删除"静态结构（B5）"→"固定支撑"和"力"两个命令。

Step9：划分网格，将网格大小设置为 0.005m，如图 5-194 所示。

Step10：划分完成的网格模型如图 5-195 所示。

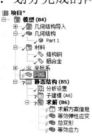

图 5-194 设置网格大小

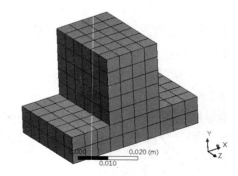

图 5-195 完成的网格模型

Step11：右击"子建模（A6）"命令，在弹出的快捷菜单中选择"插入"→"切割边界约束"命令，如图 5-196 所示。

ANSYS Workbench 的"子模型"命令与之前版本的不同，请读者注意！

图 5-196　选择"切割边界约束"命令

Step12：在弹出的如图 5-197 所示的"'导入的切割边界约束'的详细信息"面板的"几何结构"栏中选择 3 个圆柱面。

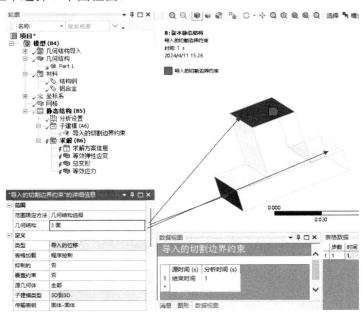

图 5-197　选择 3 个圆柱面

Step13：右击"导入的切割边界约束"命令，在弹出的快捷菜单中选择"导入载荷"命令。

Step14：导入完成后的载荷及信息如图 5-198 所示。

Step15：右击"轮廓"（分析树）中的"静态结构（B5）"命令，在弹出的快捷菜单中选择"求解"命令。

Step16：图 5-199～图 5-201 所示为应力、应变及总变形分析云图。

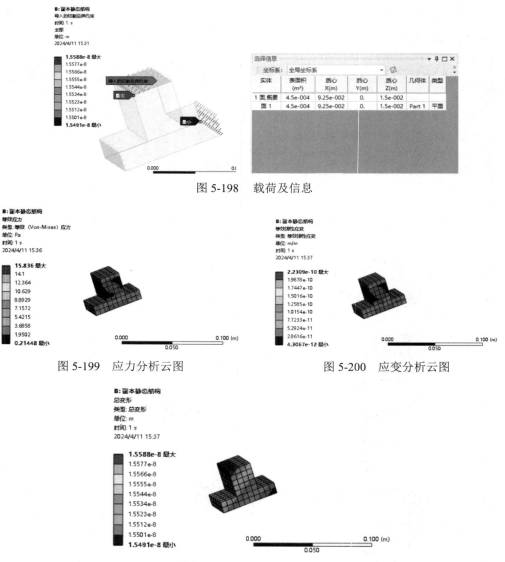

图 5-198　载荷及信息

图 5-199　应力分析云图　　　　　　图 5-200　应变分析云图

图 5-201　总变形分析云图

5.6.10　保存并退出

Step1：单击 Mechanical 界面右上角的 ✖ （关闭）按钮，退出 Mechanical 界面，返回 Workbench 主界面。

Step2：在 Workbench 主界面中单击工具栏中的 🖫 （保存）按钮，保存含有分析结果的文件。

Step3：单击界面右上角的 ✖ （关闭）按钮，退出 Workbench 主界面，完成项目分析。

读者根据子模型静力学分析的方法和步骤，仔细分析子模型静力学分析的机理，可知子模型静力学分析适合比较复杂的几何模型结构。例如，汽车的轮毂结构一般比较复杂，而且属于周期对称结构，在分析汽车轮毂时可以取出其中一部分进行有限元分析，但是考虑到结构在轮缘与辐射毂之间过渡的位置受力容易出现奇异值，所以在过渡位置应进行细化分析，提高计算精度以保证工程需要。

5.7 本章小结

线性材料结构静力学分析是有限元分析中最常见的分析类型。在工业品、制造业、消费品、土木工程、医学研究、电力传输和电子设计等领域中经常会用到此类分析。

本章通过 5 个典型案例分别介绍了实体单元、梁单元等有限元静力学分析的一般过程，包括材料导入与建模、材料选择与材料属性赋予、有限元网格的划分，以及对模型施加边界条件与外载荷及结构后处理等。

通过本章的学习，读者应当对 ANSYS Workbench 结构静力学分析模块有较详细的了解，并且应当熟练掌握其操作步骤与分析方法。

第 6 章

模态分析

本章将对 ANSYS Workbench 软件的模态分析模块进行详细讲解，并通过几个典型案例来介绍模态分析的一般步骤，包括几何建模（外部几何数据的导入）、材料赋予、网格设置与划分、边界条件设定、后处理等操作。

学习目标：

- 熟练掌握 ANSYS Workbench 模态分析的过程。
- 了解模态分析与结构静力学分析的不同之处。
- 掌握模态分析的应用场合。

6.1 模态分析概述

模态分析是最基本的线性动力学分析，用于分析结构的自振频率特性，包括固有频率、振型及振型参与系数。

6.1.1 模态分析简介

模态分析的好处在于：可以使设计的结构避免共振或者以特定的频率进行振动；可以使工程师从中认识到结构对不同类型的动力载荷是如何响应的；有助于在其他动力学分析中估算并求解控制参数。

ANSYS Workbench 的模态求解器包括如图 6-1 所示的几种类型，一般默认为程序控制类型。

模态分析还是其他线性动力学分析的基础，如响应谱分析、谐响应分析、瞬态动力学分析等均需在模态分析的基础上进行。

除了常规的模态分析，ANSYS Workbench 还可以计算含有接触的模态分析和考虑预应力的模态分析。

模态分析项目如图 6-2 所示，项目可以使用工具箱中存在的两种用于模态计算的求解器。其中，项目 A 为采用 ANSYS 默认求解器进行的模态分析。

图 6-1   模态求解器类型   图 6-2   模态分析项目

6.1.2   模态分析基础

由经典力学理论可知，物体的动力学通用方程为

$$Mx'' + Cx' + Kx = F(t) \tag{6-1}$$

式中，M 是质量矩阵；C 是阻尼矩阵；K 是刚度矩阵；x 是位移矢量；$F(t)$ 是力矢量；x' 是速度矢量；x'' 是加速度矢量。

无阻尼模态分析是经典的特征值问题，动力学问题的运动方程为

$$Mx'' + Kx = 0 \tag{6-2}$$

结构的自由振动为简谐振动，即位移为正弦函数，即

$$x = x\sin(\omega t) \tag{6-3}$$

代入式（6-2）得

$$(K - \omega^2 M)x = 0 \tag{6-4}$$

式（6-4）为经典的特征值问题，此方程的特征值为 ω_i^2，其开方 ω_i 就是自振圆频率，自振频率为 $f = \dfrac{\omega_i}{2\pi}$。

特征值 ω_i 对应的特征向量 x_i 为自振频率 $f = \dfrac{\omega_i}{2\pi}$ 对应的振型。

 模态分析实际上就是进行特征值和特征向量的求解，也称为模态提取。模态分析中材料的弹性模量、泊松比及材料密度是必须定义的。

下面通过几个简单的实例介绍一下模态分析的方法和步骤。

6.2   项目分析 1——计算机机箱模态分析

本节主要介绍使用 ANSYS Workbench 的模态分析模块计算计算机机箱的自振频率。

学习目标：

熟练掌握 ANSYS Workbench 模态分析的方法及过程。

模型文件	配套资源\Chapter6\char6-1\ComputerCase.stp
结果文件	配套资源\Chapter6\char6-1\Modal.wbpj

6.2.1 问题描述

图 6-3 所示为某计算机机箱模型，请分析计算机机箱自振频率。

6.2.2 启动 Workbench 并建立分析项目

Step1：在 Windows 系统下启动 ANSYS Workbench，进入主界面。

Step2：双击主界面"工具箱"中的"分析系统"→"模态"命令，即可在"项目原理图"中创建分析项目 A，如图 6-4 所示。

图 6-3 计算机机箱模型   图 6-4 创建分析项目 A

6.2.3 导入几何体

Step1：右击 A3 栏的"几何结构"选项，在弹出的快捷菜单中选择"导入几何模型"→"浏览"命令，如图 6-5 所示，此时会弹出"打开"对话框。

Step2：在"打开"对话框中选择文件路径，导入 ComputerCase.stp 几何体文件，如图 6-6 所示，此时 A3 栏的"几何结构"选项后的 ❓ 图标变为 ✔ 图标，表示实体模型已经导入。

图 6-5 选择"浏览"命令   图 6-6 "打开"对话框

Step3：双击 A3 栏的“几何结构”选项，会进入 DesignModeler 界面，此时模型树中的“导入 1”命令前会显示⚡图标，表示需要生成几何体，但绘图窗格中没有图形显示，如图 6-7 所示。

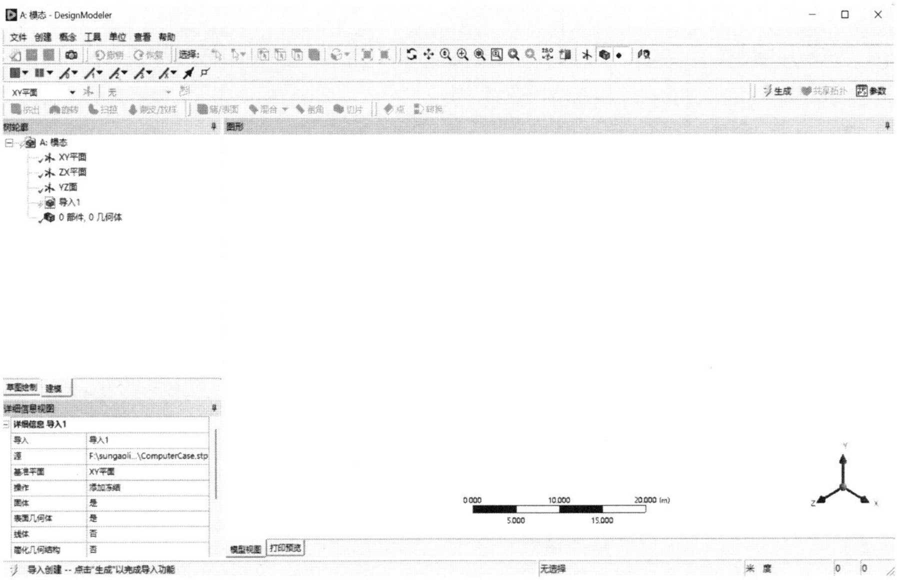

图 6-7　生成几何体前的 DesignModeler 界面

Step4：单击⚡生成按钮，即可显示生成的几何体，如图 6-8 所示，此时可在几何体上进行其他操作，本例无须进行操作。

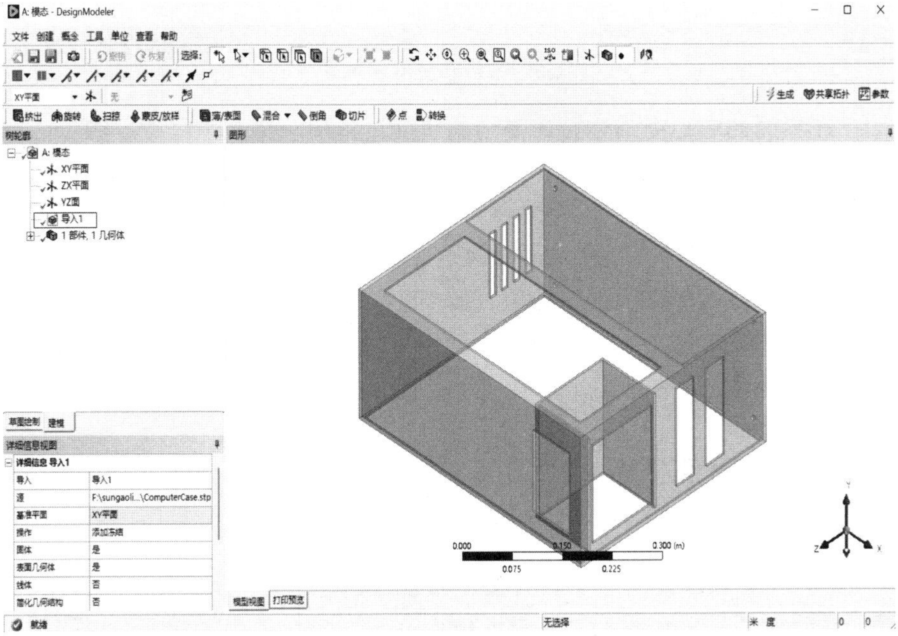

图 6-8　生成几何体后的 DesignModeler 界面

Step5：单击 DesignModeler 界面右上角的 ❌ （关闭）按钮，退出 DesignModeler 界面，返回 Workbench 主界面。

6.2.4 添加材料库

Step1：双击项目 A 中 A2 栏的"工程数据"选项，进入如图 6-9 所示的材料参数设置界面。在该界面下可进行材料参数设置。

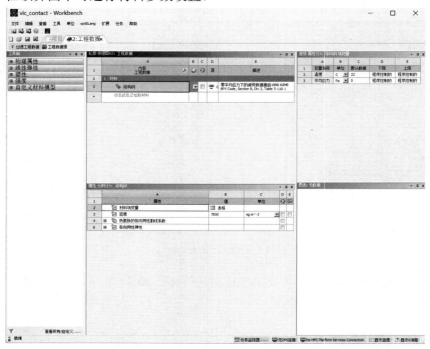

图 6-9 材料参数设置界面 1

Step2：在界面的空白处右击，在弹出的快捷菜单中选择"工程数据源"命令，此时的界面会变为如图 6-10 所示的界面。原界面中的"轮廓 原理图 A2：工程数据"表将消失，会被"工程数据源"及"一般材料表"取代。

Step3：在"工程数据源"表中选择 A4 栏的一般材料选项，然后单击"轮廓 General Material"表中 A8 栏的"结构钢"选项后的 B8 栏的 ➕ （添加）按钮，此时在 C8 栏中会显示 📦 （使用中的）图标，如图 6-11 所示，表示材料添加成功。

Step4：同 Step2，在界面的空白处右击，在弹出的快捷菜单中选择"工程数据源"命令，返回初始界面。

Step5：根据实际工程材料的特性，在"属性 大纲行 3：结构钢"表中可以修改材料的特性，如图 6-12 所示。本例采用的是默认值。

  用户也可以通过材料参数设置界面自行创建新材料并添加到模型库中，这在后面的讲解中会涉及，本例不介绍。

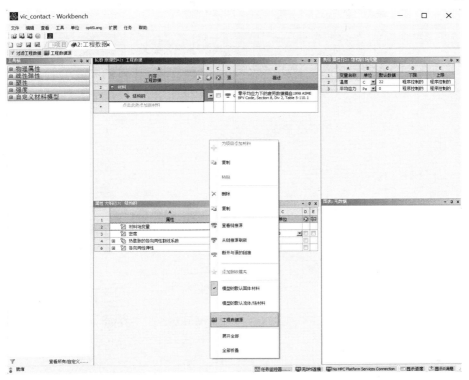

图 6-10　材料参数设置界面 2

图 6-11　添加材料

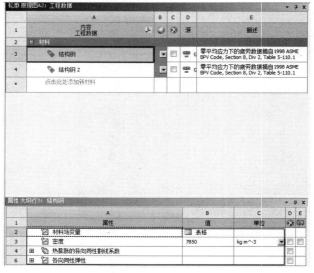

图 6-12　修改材料的特性

Step6：单击工具栏中的 □项目 按钮，返回 Workbench 主界面，完成材料库的添加。

6.2.5　添加模型材料属性

Step1：双击项目 A 中 A4 栏的"模型"选项，进入如图 6-13 所示的 Mechanical 界面。在该界面下可进行网格的划分、分析设置、结果观察等操作。

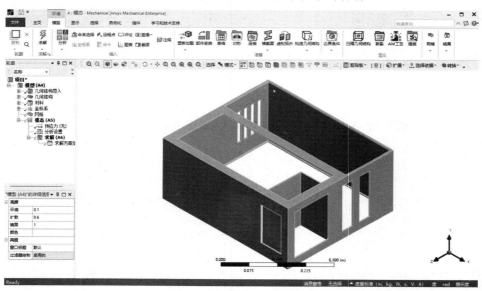

图 6-13　Mechanical 界面

Step2：选择 Mechanical 界面左侧"轮廓"（分析树）中的"几何结构"→"1"命令，此时即可在"'1'的详细信息"面板中给模型添加材料，如图 6-14 所示。

Step3：单击"材料"→"任务"栏后的 ▸ 按钮，此时会出现刚刚设置的材料"结构钢"，选择该选项即可将其添加到模型中。此时分析树中"几何结构"命令前的?图标变为✓图标，如图 6-15 所示，表示材料已经添加成功。

图 6-14　添加材料

图 6-15　添加材料后的分析树

6.2.6　划分网格

Step1：选择 Mechanical 界面左侧"轮廓"（分析树）中的"网格"命令，此时可在"'网格'的详细信息"（参数列表）面板中修改网格参数，在"尺寸调整"→"跨度角中心"栏中选择"精细"选项，其余选项采用默认设置。

Step2：右击"轮廓"（分析树）中的"网格"命令，在弹出的快捷菜单中选择 ⚡ "生成网格"命令，如图 6-16 所示。此时会弹出网格划分进度栏，表示网格正在划分，当网格划分完成后，进度栏会自动消失。最终的网格效果如图 6-17 所示。

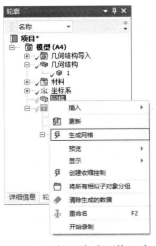

图 6-16　选择"生成网格"命令

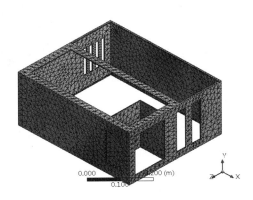

图 6-17　网格效果

6.2.7　施加载荷与约束

Step1：选择 Mechanical 界面左侧"轮廓"（分析树）中的"模态（A5）"命令，此时会出现如图 6-18 所示的"环境"选项卡。

Step2：选择"环境"选项卡中的"结构"→"固定的"命令，此时在分析树中会出现"固定支撑"命令，如图 6-19 所示。

图 6-18　"环境"选项卡

图 6-19　添加"固定支撑"命令

Step3：选择"固定支撑"命令，选择需要施加固定约束的面，单击"'固定支撑'的详细信息"面板中"几何结构"栏的 应用 按钮，即可在选中的面上施加固定约束，如图 6-20 所示。

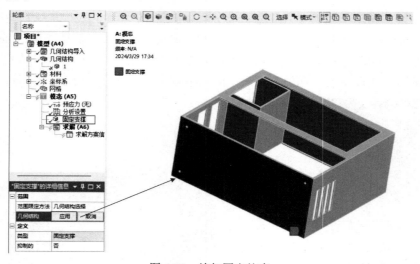

图 6-20　施加固定约束

Step4：右击"轮廓"（分析树）中的"模态（A5）"命令，在弹出的快捷菜单中选择"求解"命令，如图 6-21 所示。此时会弹出进度条，表示正在求解，当求解完成后，进度条会自动消失。

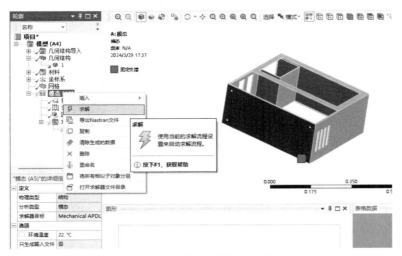

图 6-21　选择"求解"命令

6.2.8　结果后处理

Step1：选择 Mechanical 界面左侧"轮廓"（分析树）中的"求解（A6）"命令，此时会出现如图 6-22 所示的"求解"选项卡。

Step2：选择"求解"选项卡中的"结果"→"变形"→"总计"命令，如图 6-23 所示，此时在分析树中会出现"总变形"命令。

图 6-22　"求解"选项卡

图 6-23　添加"总变形"命令

Step3：右击"轮廓"（分析树）中的"求解（A6）"命令，在弹出的快捷菜单中选择"评估所有结果"命令，如图 6-24 所示。此时会弹出进度条，表示正在求解，当求解完成后，进度条会自动消失。

Step4：选择"轮廓"（分析树）中的"求解（A6）"→"总变形"命令，此时会出现如图 6-25 所示的计算机机箱的一阶变形分析云图。

Step5：图 6-26 为计算机机箱的二阶变形分析云图。

Step6：图 6-27 为计算机机箱的三阶变形分析云图。

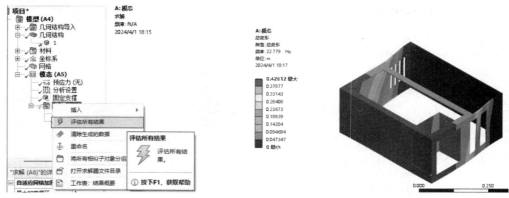

图 6-24　选择"评估所有结果"命令　　　　图 6-25　一阶变形分析云图

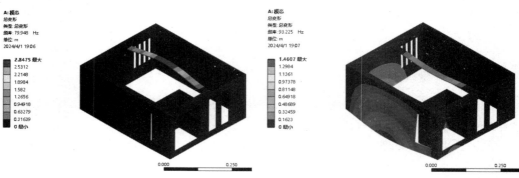

图 6-26　二阶变形分析云图　　　　图 6-27　三阶变形分析云图

Step7：图 6-28 为计算机机箱的四阶变形分析云图。

Step8：图 6-29 为计算机机箱的五阶变形分析云图。

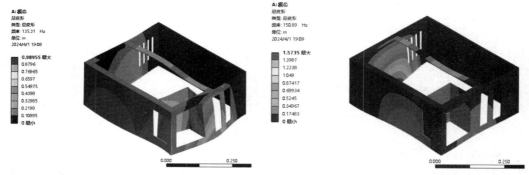

图 6-28　四阶变形分析云图　　　　图 6-29　五阶变形分析云图

Step9：图 6-30 为计算机机箱的六阶变形分析云图。

Step10：图 6-31 为计算机机箱的各阶模态频率。Workbench 模态计算的默认模态数量为 6。

Step11：选择"轮廓"（分析树）中的"模态（A5）"→"分析设置"命令，在"'分析设置'的详细信息"面板的"选项"→"最大模态阶数"栏中可以修改模态数量,如图 6-32 所示。

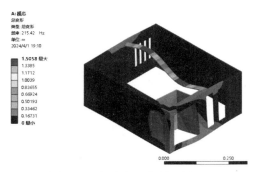

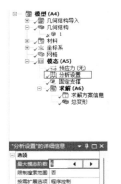

图 6-30 六阶变形分析云图   图 6-31 各阶模态频率   图 6-32 修改模态数量

6.2.9 保存与退出

Step1:单击 Mechanical 界面右上角的 ✖ (关闭) 按钮,退出 Mechanical 界面,返回 Workbench 主界面。此时,主界面的工程项目管理窗格中显示的分析项目均已完成,如图 6-33 所示。

Step2:在 Workbench 主界面单击工具栏中的 💾 (保存) 按钮,保存含有分析结果的文件。

Step3:单击界面右上角的 ✖ (关闭) 按钮,退出 Workbench 主界面,完成项目分析。

图 6-33 工程项目管理
窗格中的分析项目

6.3 项目分析 2——零件有预应力模态分析

本节主要介绍使用 ANSYS Workbench 的模态分析模块计算零件在有预应力下的固有频率。

学习目标:

熟练掌握 ANSYS Workbench 有预应力模态分析的方法及过程。

模型文件	配套资源\Chapter6\char6-2\model.stp
结果文件	配套资源\Chapter6\char6-2\PreStressModal.wbpj

6.3.1 问题描述

图 6-34 所示为某计算模型,请计算零件在有预拉应力下的固有频率。

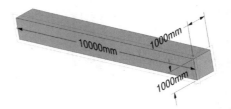

图 6-34　计算模型

6.3.2　启动 Workbench 并建立分析项目

Step1：在 Windows 系统下启动 ANSYS Workbench，进入主界面。

Step2：双击主界面"工具箱"中的"定制系统"→"预应力模态"分析命令，即可在"项目原理图"中同时创建分析项目 A（静态结构）及项目 B（模态），如图 6-35 所示。

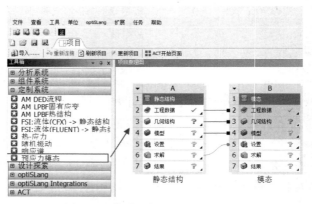

图 6-35　创建分析项目 A 及项目 B

6.3.3　导入几何体

Step1：右击 A3 栏的"几何结构"选项，在弹出的快捷菜单中选择"导入几何模型"→"浏览"命令，如图 6-36 所示，此时会弹出"打开"对话框。

Step2：在"打开"对话框中选择文件路径，导入 model.stp 几何体文件，如图 6-37 所示，此时 A3 栏的"几何结构"选项后的 图标变为 图标，表示实体模型已经导入。

Step3：双击项目 A 中 A3 栏的"几何结构"选项，会进入 DesignModeler 界面。此时模型树中的"导入 1"命令前会显示 图标，表示需要生成几何体，但图形窗口中没有图形显示，如图 6-38 所示。

Step4：单击 生成 按钮，即可显示生成的几何体，如图 6-39 所示，此时可在几何体上进行其他操作，本例无须进行操作。

图 6-36 选择"浏览"命令

图 6-37 "打开"对话框

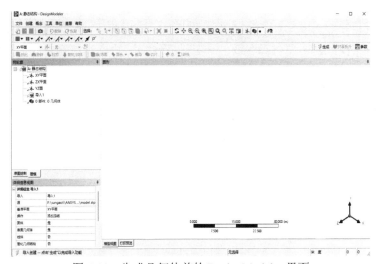

图 6-38 生成几何体前的 DesignModeler 界面

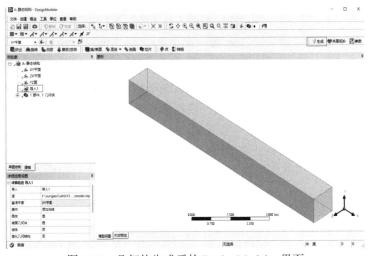

图 6-39 几何体生成后的 DesignModeler 界面

Step5：单击 DesignModeler 界面右上角的 （关闭）按钮，退出 DesignModeler 界面，返回 Workbench 主界面。

6.3.4 添加材料库

Step1：双击项目 A 中 A2 栏的工程数据选项，进入如图 6-40 所示的材料参数设置界面。在该界面下可进行材料参数设置。

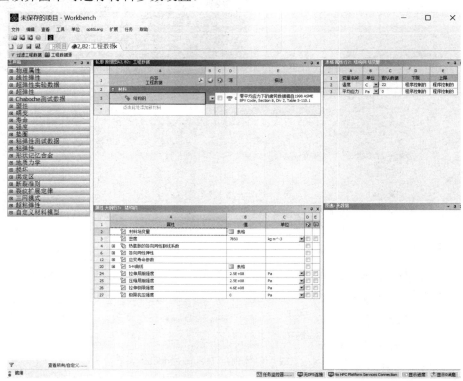

图 6-40　材料参数设置界面 1

Step2：在界面的空白处右击，在弹出的快捷菜单中选择"工程数据源"命令，此时的界面会变为如图 6-41 所示的界面。原界面中的"轮廓 原理图 A2: 工程数据"表将消失，会被"工程数据源"及"轮廓 General Material"表取代。

Step3：在"工程数据源"表中选择 A4 栏的一般材料选项，然后单击"轮廓 General Material"表中 A11 栏的"铝合金"选项后的 B11 栏的 ＋（添加）按钮，此时在 C11 栏中会显示 ◎（使用中的）图标，如图 6-42 所示，表示材料添加成功。

Step4：同 Step2，在界面的空白处右击，在弹出的快捷菜单中选择"工程数据源"命令，返回初始界面。

Step5：根据实际工程材料的特性，在"属性 大纲行 4：铝合金"表中可以修改材料的特性，如图 6-43 所示。本例采用的是默认值。

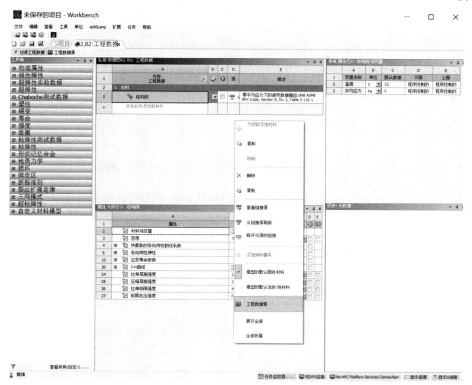

图 6-41　材料参数设置界面 2

提　示　用户也可以通过材料参数设置界面自行创建新材料并添加到模型库中，在后面的讲解中会涉及，本例不介绍。

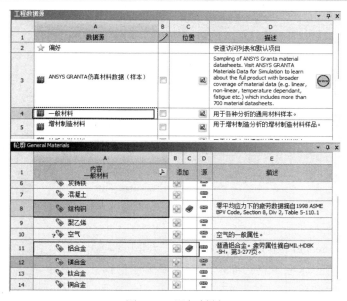

图 6-42　添加材料

		A	B	C	D	E
1		内容 工程数据			源	描述
2	□	材料				
3		◎ 结构钢	▼			零平均应力下的疲劳数据摘自1998 ASME BPV Code, Section 8, Div 2, Table 5-110.1
4		◎ 铝合金	▼			普通铝合金。疲劳属性摘自MIL-HDBK -5H，第3-277页。
*		点击此处添加新材料				

属性 大纲行4: 铝合金

		A	B	C	D	E
1		属性	值	单位		
2		◎ 材料场变量	表格			
3		◎ 密度	2770	kg m^-3		
4		◎ 热膨胀的各向同性割线系数				
6	⊞	◎ 各向同性弹性				
12	⊞	◎ S-N曲线	表格			
16		◎ 拉伸屈服强度	2.8E+08	Pa		
17		◎ 压缩屈服强度	2.8E+08	Pa		
18		◎ 拉伸极限强度	3.1E+08	Pa		
19		◎ 极限抗压强度	0	Pa		

图 6-43　修改材料的特性

Step6：单击工具栏中的 □项目 按钮，返回 Workbench 主界面，完成材料库的添加。

6.3.5　添加模型材料属性

Step1：双击项目 A 中 A4 栏的"模型"选项，进入如图 6-44 所示的 Mechanical 界面。在该界面下可进行网格的划分、分析设置、结果观察等操作。

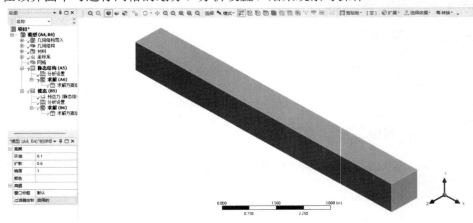

图 6-44　Mechanical 界面

Step2：选择 Mechanical 界面左侧"轮廓"（分析树）中的"几何结构"→"1"命令，此时即可在"'1'的详细信息"面板中给模型添加材料，如图 6-45 所示。

Step3：单击"材料"→"任务"栏后的 ▶ 按钮，会出现刚刚设置的材料"铝合金"，选择该选项即可将其添加到模型中。此时分析树中"几何结构"命令前的?图标变为✓图标，如图 6-46 所示，表示材料已经添加成功。

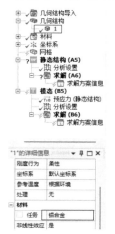

图 6-45　添加材料

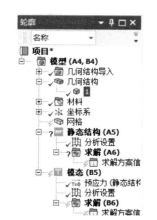

图 6-46　添加材料后的分析树

6.3.6　划分网格

Step1：选择 Mechanical 界面左侧"轮廓"（分析树）中的"网格"命令，此时可在"'网格'的详细信息"面板中修改网格参数，在"单元尺寸"栏中输入 0.1m，其余选项采用默认设置。

Step2：右击"轮廓"（分析树）中的"网格"命令，在弹出的快捷菜单中选择"生成网格"命令，如图 6-47 所示。此时会弹出网格划分进度栏，表示网格正在划分，当网格划分完成后，进度栏会自动消失。最终的网格效果如图 6-48 所示。

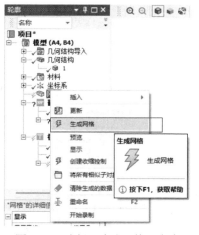

图 6-47　选择"生成网格"命令

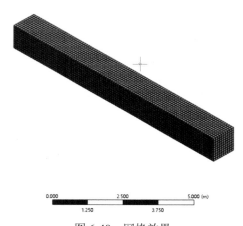

图 6-48　网格效果

6.3.7　施加载荷与约束

Step1：选择 Mechanical 界面左侧"轮廓"（分析树）中的"静态结构（A5）"命令，

此时会出现如图 6-49 所示的"环境"选项卡。

Step2：选择"环境"选项卡中的"结构"→"固定的"命令，此时在分析树中会出现"固定支撑"命令，如图 6-50 所示。

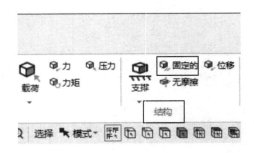

图 6-49　"环境"选项卡　　　　图 6-50　添加"固定支撑"命令

Step3：选择"固定支撑"命令，选择需要施加固定约束的面，单击"'固定支撑'的详细信息"面板中"几何结构"栏的 应用 按钮，即可在选中的面上施加固定约束，如图 6-51 所示。

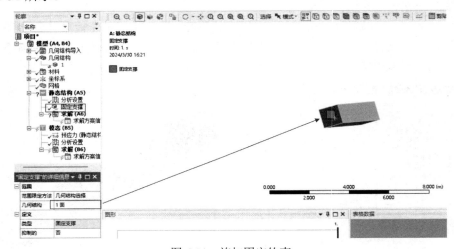

图 6-51　施加固定约束

图 6-52　添加"力"命令

Step4：选择"环境"选项卡中的"载荷"→"力"命令，此时在分析树中会出现"力"命令，如图 6-52 所示。

Step5：选择"力"命令，选择需要施加载荷的面，单击"'力'的详细信息"面板中"几何结构"栏的 应用 按钮，即可在选中的面上施加载荷，如图 6-53 所示。

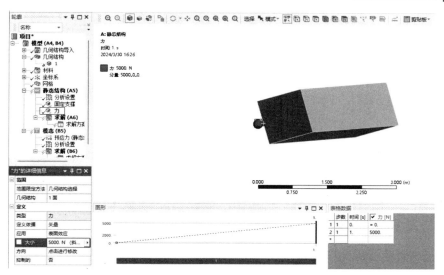

图 6-53　施加面载荷

Step6：右击"轮廓"（分析树）中的"静态结构（A5）"命令，在弹出的快捷菜单中选择"$\blacktriangleright$ 求解"命令，如图 6-54 所示。此时会弹出进度条，表示正在求解，当求解完成后，进度条会自动消失。

6.3.8　模态分析

右击"轮廓"（分析树）中的"模态（B5）"命令，在弹出的快捷菜单中选择"$\blacktriangleright$ 求解"命令，如图 6-55 所示。此时会弹出进度条，表示正在求解，当求解完成后，进度条会自动消失。

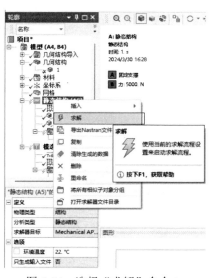

图 6-54　选择"求解"命令 1

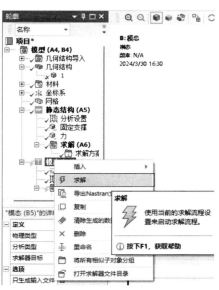

图 6-55　选择"求解"命令 2

注意　计算时间与网格疏密程度和计算机性能等有关。

6.3.9　结果后处理

Step1：选择"求解"选项卡中的"结果"→"变形"→"总计"命令，如图 6-56 所示，此时在分析树中会出现"总变形"命令。

Step2：右击"轮廓"（分析树）中的"求解（B6）"命令，在弹出的快捷菜单中选择"评估所有结果"命令，如图 6-57 所示。此时会弹出进度条，表示正在求解，当求解完成后，进度条会自动消失。

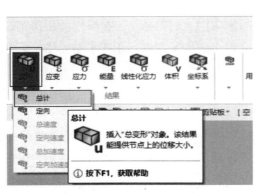

图 6-56　添加"总变形"命令

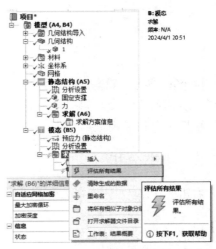

图 6-57　选择"评估所有结果"命令

Step3：选择"轮廓"（分析树）中的"求解（B6）"→"总变形"命令，此时会出现如图 6-58 所示的一阶预压应力振型云图。

Step4：图 6-59 所示为二阶预压应力振型云图。

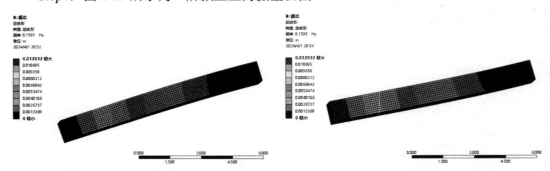

图 6-58　一阶预压应力振型云图　　　　图 6-59　二阶预压应力振型云图

Step5：图 6-60 所示为三阶预压应力振型云图。

Step6：图 6-61 所示为四阶预压应力振型云图。

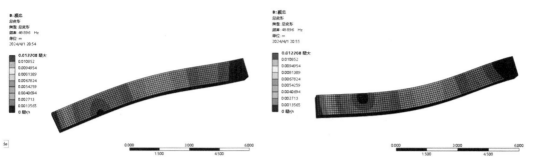

图 6-60　三阶预压应力振型云图　　　　图 6-61　四阶预压应力振型云图

Step7：图 6-62 所示为五阶预压应力振型云图。

Step8：图 6-63 所示为六阶预压应力振型云图。

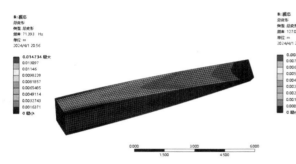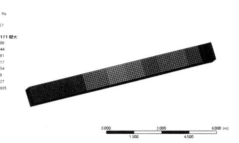

图 6-62　五阶预压应力振型云图　　　　图 6-63　六阶预压应力振型云图

前六阶振型总结如表 6-1 所示。

表 6-1　前六阶振型总结

阶次	位　移	变　化　方　向	阶次	位　移	变　化　方　向
1	0.0120m	Y 和 -Z 轴线呈 45°方向弯曲变形	4	0.0122m	Y 方向弯曲变形
2	0.0120m	Y 和 Z 轴线呈 45°方向弯曲变形	5	0.0147m	X 方向扭转变形
3	0.0122m	Z 方向弯曲变形	6	0.0085m	X 方向压缩变形

Step9：图 6-64 所示为模型的各阶模态频率。Workbench 模态计算的默认模态数量为 6。

图 6-64　各阶模态频率

6.3.10 保存与退出

Step1： 单击 Mechanical 界面右上角的 ▣✕ （关闭）按钮，退出 Mechanical 界面，返回 Workbench 主界面。此时主界面的工程项目管理窗格中显示的分析项目均已完成，如图 6-65 所示。

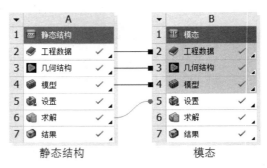

图 6-65　工程项目管理窗格中的分析项目

Step2： 在 Workbench 主界面中单击工具栏中的 ▣ （保存）按钮，保存含有分析结果的文件。

Step3： 单击界面右上角的 ▣✕ （关闭）按钮，退出 Workbench 主界面，完成项目分析。

6.4 项目分析 3——制动鼓模态分析

本节主要介绍 ANSYS Workbench 的模态分析模块，将通过一个制动鼓模态分析案例来帮助读者学习模态分析的操作步骤。

学习目标：
熟练掌握 ANSYS Workbench 模态分析的方法及过程。

模型文件	配套资源\Chapter6\char6-3\zhidonggu.x_t
结果文件	配套资源\Chapter6\char6-3\zhidonggu.x_t.wbpj

6.4.1 问题描述

鼓式制动器是汽车制动系统常用的模块之一，而制动鼓又是鼓式制动器重要的组成部分之一，如图 6-66 所示。制动鼓的模态常作为一个重要的设计指标被提出。在本例中，假设制动鼓材料为铸铁，要求分析其前五阶的模态。

图 6-66　制动鼓模型

6.4.2　添加材料和导入几何体

Step1：在主界面中建立分析项目，项目为模态分析。双击主界面"工具箱"中的"分析系统"→"模态"命令，生成模态分析项目 A，如图 6-67 所示。

Step2：双击项目 A 下面的"模态"，将分析项目名称更改为"制动鼓模态"，如图 6-68 所示。

图 6-67　模态分析项目 A

图 6-68　更改分析项目名称

Step3：双击项目 A 中 A2 栏的"工程数据"选项，进入材料参数设置界面。在该界面下可进行材料参数设置。

Step4：在界面的空白处右击，在弹出的快捷菜单中选择"工程数据源"命令。原界面中的"轮廓"原理图 A2:工程数据表将消失，会被"工程数据源"及"轮廓偏好"表取代。

Step5：在"工程数据源"表中选择 A4 栏的"一般材料"选项，然后单击"轮廓 General Materials"表中 A6 栏的"灰铸铁"选项后的 B6 栏的 ✛（添加）按钮，此时在 C6 栏中会显示 ◈（使用中的）图标，如图 6-69 所示，表示材料添加成功。

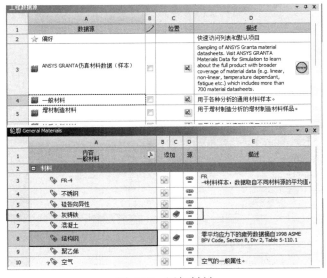

图 6-69　添加材料

Note

Step6：单击工具栏中的 项目 按钮，返回 Workbench 主界面，完成材料库的添加。

Step7：右击 A3 栏的"几何结构"选项，在弹出的快捷菜单中选择"导入几何模型"→"浏览"命令，在弹出的对话框中选择需要导入的 zhidonggu.x_t 几何体文件，如图 6-70 所示。

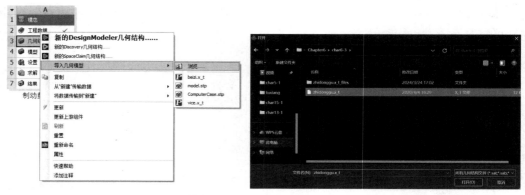

图 6-70　导入几何体文件

6.4.3　赋予材料和划分网格

Step1：双击项目 A 中 A4 栏的"模型"选项，打开 Mechanical 界面。

Step2：单击"轮廓"中"几何结构"命令前的 ⊞ 按钮，选择"Part 1"命令，如图 6-71 所示。

Step3：单击"'Part 1'的详细信息"面板中"任务"栏后的 ▸ 按钮，如图 6-72 所示，选择"灰铸铁"选项。

图 6-71　选择"Part 1"命令

图 6-72　更改材料

Step4：选择"轮廓"中的"网格"命令，如图 6-73 所示，此时会出现"'网格'的详细信息"面板。

Step5：在"'网格'的详细信息"面板的"详细信息"→"单元尺寸"栏中输入 2.e-002mm，如图 6-74 所示。

图 6-73　选择"网格"命令　　　　　　　图 6-74　设置网格参数

Step6：右击"轮廓"中的"网格"命令，在弹出的快捷菜单中选择"生成网格"命令，进行网格划分，如图 6-75 所示。划分完成的网格效果如图 6-76 所示。

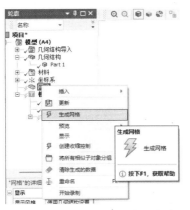

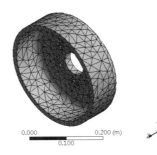

图 6-75　选择"生成网格"命令　　　　　　图 6-76　网格效果

6.4.4　添加约束和载荷

Step1：选择"轮廓"中的"模态（A5）"命令，如图 6-77 所示，此时会出现如图 6-78 所示的"环境"选项卡。

图 6-77　边界条件选项　　　　　　　　　图 6-78　"环境"选项卡

Step2：选择"环境"选项卡中的"结构"→"固定的"命令，如图 6-79 所示。

Step3：按住 Ctrl 键，选择制动鼓的 6 个螺栓孔作为约束面，如图 6-80 所示。在"'固定支撑'的详细信息"面板中单击"几何结构"栏的"应用"按钮，如图 6-81 所示。

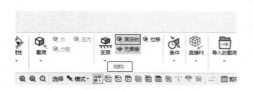

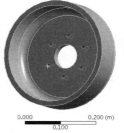

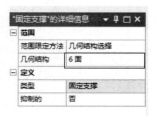

图 6-79　选择"固定的"命令　　　图 6-80　选择约束面　　图 6-81　设置位移约束参数

Step4：选择"轮廓"中的"模态（A5）"→"分析设置"命令，此时会出现"'分析设置'的详细信息"面板，可在此进行分析设置，如图 6-82 所示。

Step5：在"'分析设置'的详细信息"面板的"选项"→"最大模态阶数"栏中输入 5，如图 6-83 所示，并按 Enter 键确认输入。

图 6-82　分析设置　　　　　　　　图 6-83　设置模态阶数

6.4.5　求解

右击"轮廓"中的"求解（A6）"命令，在弹出的快捷菜单中选择"求解"命令，如图 6-84 所示。求解时会出现进度条，当进度条消失且"求解（A6）"命令前出现 图标时，说明求解已经完成，如图 6-85 所示。

图 6-84　选择"求解"命令

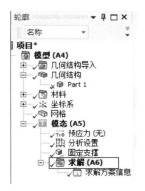

图 6-85　求解完成

6.4.6　结果后处理

Step1：在求解完成后，可以在界面右下角看到计算结果，即前五阶的频率，如图 6-86
所示。

Step2：按住 Shift 键并选中这 5 个频率，然后单击鼠标右键，在弹出的快捷菜单中
选择"创建模型形状结果"命令来创建振型，如图 6-87 所示。

图 6-86　前五阶频率

图 6-87　创建振型

Step3：右击"轮廓"中的"求解（A6）"命令，在弹出的快捷菜单中选择"评估
所有结果"命令来显示求解结果，如图 6-88 所示。

Step4：选择"轮廓"中的"求解（A6）"→"总变形"命令，显示一阶振型结果，
如图 6-89 所示。单击"图形"窗格中的 ▶ 按钮，显示一阶振型动画，如图 6-90 所示。

图 6-88　选择"评估所有结果"命令

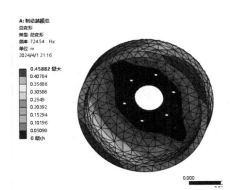

图 6-89　一阶振型结果

Step5：单击"图形"窗格中的 按钮，可将振型动画保存到指定位置，如图 6-91 所示。

图 6-90　显示一阶振型动画　　　　　　　　　图 6-91　保存振型动画

Step6：选择"轮廓"中的"求解（A6）"→"总变形 2"命令，显示二阶振型结果，如图 6-92 所示。

Step7：选择"轮廓"中的"求解"（A6）→"总变形 3"命令，显示三阶振型结果，如图 6-93 所示。

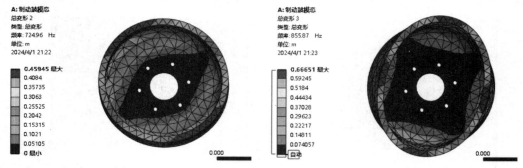

图 6-92　二阶振型结果　　　　　　　　　　　图 6-93　三阶振型结果

Step8：选择"轮廓"中的"求解（A6）"→"总变形 4"命令，显示四阶振型结果，如图 6-94 所示。

Step9：选择"轮廓"中的"求解（A6）"→"总变形 5"命令，显示五阶振型结果，如图 6-95 所示。

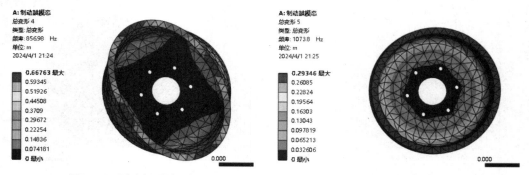

图 6-94　四阶振型结果　　　　　　　　　　　图 6-95　五阶振型结果

有兴趣的读者可以将网格设得更细，如设为 0.01，划分后的细网格效果如图 6-96 所示，并且可以再次计算结果，如图 6-97 所示。

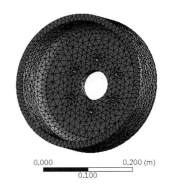

模式	✔	频率 [
1	1.	724.54
2	2.	724.96
3	3.	855.87
4	4.	856.98
5	5.	1073.8

图 6-96　细网格效果　　　　　图 6-97　细网格计算结果

6.4.7　保存与退出

Step1：单击 Mechanical 界面右上角的 ❌ 按钮，退出 Mechanical 界面，返回 Workbench 主界面。此时，主界面的工程项目管理窗格中显示的分析项目均已完成，如图 6-98 所示。

Step2：在 Workbench 主界面中单击工具栏中的 💾 按钮，保存含有分析结果的文件。

Step3：单击主界面右上角的 ❌ 按钮，退出 Workbench 主界面，完成项目分析。

	A
1	🔲 模态
2	🔲 工程数据 ✔
3	🔲 几何结构 ✔
4	🔲 模型 ✔
5	🔲 设置 ✔
6	🔲 求解 ✔
7	🔲 结果 ✔

制动鼓模态

图 6-98　完成的分析项目

6.5　本章小结

本章通过 3 个典型案例详细介绍了 ANSYS Workbench 软件的模态分析模块，包括模态分析的建模方法、网格划分的方法、边界条件的施加等，同时详细介绍了有预应力模态分析的方法及操作步骤。

通过本章的学习，读者应该对模态分析的过程有较详细的了解，包括有预应力的模态分析，同时应该对模态分析的应用场合有基本的了解。

第 7 章

谐响应分析

本章将对 ANSYS Workbench 软件的谐响应分析模块进行详细讲解，并通过几个典型案例来介绍谐响应分析的一般步骤，包括几何建模（外部几何数据的导入）、材料赋予、网格设置与划分、边界条件设定、后处理等操作。

学习目标：

- 熟练掌握 ANSYS Workbench 谐响应分析的过程。
- 了解谐响应分析与结构静力学分析的不同之处。
- 了解谐响应分析的应用场合。

7.1 谐响应分析概述

谐响应分析，也称频率响应分析或扫频分析、谐波响应分析，是一种特殊的时域分析，用于计算结构在正弦激励（激励随时间呈正弦规律变化）作用下的稳态振动，也就是受迫振动分析，可以计算响应幅值、频率等。

7.1.1 谐响应分析简介

对于谐响应分析而言，由于激励是简谐变化的，因此在计算过程中，只考虑稳态受迫振动，不考虑激励开始瞬间的暂态振动。

谐响应分析的应用范围很广，例如，旋转机械的偏心转动力将产生简谐载荷，因此旋转机械（如空气压缩机、发动机、汽轮机等）的支撑位置等经常需要应用谐响应分析来分析它们在各种不同频率和幅值的偏心简谐激励作用下的强度。

图 7-1 所示为 ANSYS Workbench 平台进行谐响应分析的项目流程，依次设置 A2～A7 栏的选项进而完成谐响应分析。

图 7-1 谐响应分析的项目流程

7.1.2 谐响应分析基础

由经典力学理论可知，物体的动力学通用方程为

$$\boldsymbol{M}\boldsymbol{x}'' + \boldsymbol{C}\boldsymbol{x}' + \boldsymbol{K}\boldsymbol{x} = \boldsymbol{F}(t) \tag{7-1}$$

式中，$\boldsymbol{M}$ 是质量矩阵；$\boldsymbol{C}$ 是阻尼矩阵；$\boldsymbol{K}$ 是刚度矩阵；$\boldsymbol{x}$ 是位移矢量；$\boldsymbol{F}(t)$ 是力矢量；$\boldsymbol{x}'$ 是速度矢量；$\boldsymbol{x}''$ 是加速度矢量。

而在谐响应分析中，式（7-1）右侧为

$$\boldsymbol{F}(t) = F_0 \cos(\omega t) \tag{7-2}$$

下面通过几个简单的案例来介绍谐响应分析的方法和步骤。

7.2 项目分析 1——计算机机箱谐响应分析

本节主要介绍使用 ANSYS Workbench 的谐响应分析模块对计算机机箱进行谐响应分析。

学习目标：

熟练掌握 ANSYS Workbench 谐响应分析的方法及过程。

模型文件	无
结果文件	配套资源\Chapter7\char7-1\Harmonic Response.wbpj

7.2.1 问题描述

某计算机机箱模型（见图 6-3）的底面固定，受到 Z 向简谐加速度加载激励，载荷幅值为 30m/s^2，频率范围为 10Hz～200Hz，频率步为 10Hz，请分析计算机机箱在周期性外载荷作用下的响应。

7.2.2 启动 Workbench 并建立分析项目

Step1：在 Windows 系统下启动 ANSYS Workbench，进入主界面。

Step2：如图 7-2 所示，单击工具栏中的📷按钮，在弹出的"打开"对话框中选择"模态"文件，单击"打开"按钮，读入模态分析工程文件。

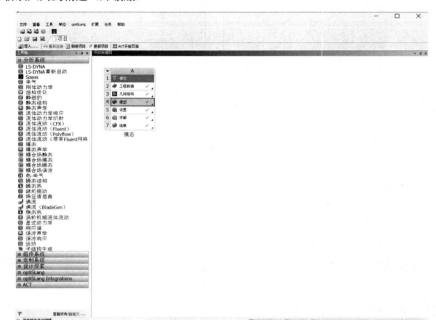

图 7-2 读入模态分析工程文件

Step3：如图 7-3 所示，单击工具栏中的 按钮，在弹出的"另存为"对话框中输入文件名 Harmonic Response.wbpj，单击"保存"按钮，保存工程文件。

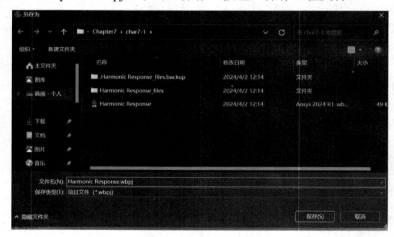

图 7-3 保存工程文件

7.2.3 创建谐响应分析项目

Step1：如图 7-4 所示，将"工具箱"中的"谐波响应"命令直接拖曳到项目 A（模态分析）中 A6 栏的"求解"选项中。

Step2：如图 7-5 所示，此时项目 A 的所有前处理数据已经被导入到项目 B 中。双击项目 B 中 B5 栏的"设置"选项，即可直接进入 Mechanical 界面。

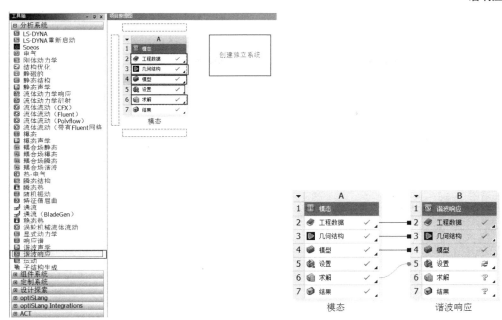

图 7-4　创建谐响应分析项目　　　　　　图 7-5　工程数据共享

7.2.4　施加载荷与约束

Step1：双击项目 B 中 B5 栏的"设置"选项，进入如图 7-6 所示的 Mechanical 界面。在该界面下可进行网格的划分、分析设置、结果观察等操作。

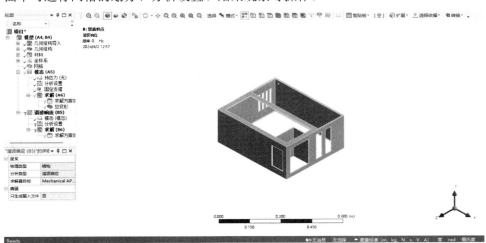

图 7-6　Mechanical 界面

　材料属性已经在模态分析时被赋予，网格划分也已经在模态分析时完成，所以在谐响应分析中不需要再设定。

Step2：如图 7-7 所示，右击"轮廓"（分析树）中的"模态（A5）"命令，在弹出的

Note

快捷菜单中选择"⚡求解"命令。此时会弹出进度条，表示正在求解，当求解完成后，进度条会自动消失。

Step3：如图 7-8 所示，选择"轮廓"（分析树）中的"谐波响应（B5）"→"分析设置"命令，在下面出现的"'分析设置'的详细信息"面板的"选项"中进行如下设置。

在"范围最小"栏中输入 10Hz，在"范围最大"栏中输入 200Hz，在"求解方案间隔"栏中输入 10。

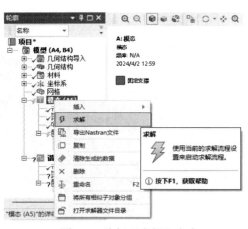

图 7-7　选择"求解"命令　　　　　　　　图 7-8　频率设定

Step4：选择 Mechanical 界面左侧"轮廓"（分析树）中的"谐波响应（B5）"命令，如图 7-9 所示，选择"环境"选项卡中的"惯性"→"加速度"命令，此时在分析树中会出现"加速度"命令。

Step5：如图 7-10 所示，选择"加速度"命令，默认会将计算机机箱选中，在"'加速度'的详细信息"面板的"定义"→"定义依据"栏中选择"分量"选项，然后在"Z 分量"栏中输入−30m/s²，完成加速度的设置。

图 7-9　添加"加速度"命令　　　　　　　图 7-10　设置加速度

Step6：右击"轮廓"（分析树）中的"求解（B6）"命令，在弹出的快捷菜单中选择
"求解"命令，如图 7-11 所示。此时会弹出进度条，表示正在求解，当求解完成后，
进度条会自动消失。

7.2.5　结果后处理

Step1：选择 Mechanical 界面左侧"轮廓"（分析树）中的"求解（B6）"命令，此时会
出现如图 7-12 所示的"求解"选项卡。

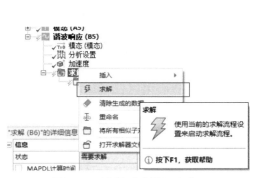

图 7-11　选择"求解"命令　　　　　图 7-12　"求解"选项卡

Step2：选择"求解"选项卡中的"结果"→"变形"→"总计"命令，如图 7-13
所示，此时在分析树中会出现"总变形"命令。

Step3：选择"求解"选项卡中的"总变形"命令，在"'总变形'的详细信息"面
板的"定义"→"通过"栏中选择"设置"选项，并在"设置数量"栏中输入 1，如
图 7-14 所示。

图 7-13　添加"总变形"命令　　　　　图 7-14　设置频率

Step4：右击"轮廓"（分析树）中的"求解（B6）"命令，在弹出的快捷菜单中选择"⚡求解"命令，如图 7-15 所示。此时会弹出进度条，表示正在求解，当求解完成后，进度条会自动消失。

Step5：选择"轮廓"（分析树）中的"求解（B6）"→"总变形"命令，此时会出现如图 7-16 所示的一阶模态总变形分析云图。

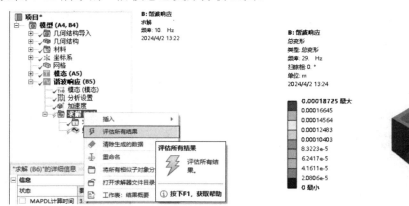

图 7-15　选择"求解"命令　　　　图 7-16　一阶模态总变形分析云图

Step6：图 7-17 所示为计算机机箱各阶响应频率。

Step7：通过设置不同频率并观察各个频率下的总位移响应可知，当频率为 86Hz 时，位移响应值最大，其位移响应云图如图 7-18 所示。

Step8：选择"求解"选项卡中的"图表"→"频率响应"→"变形"命令，如图 7-19 所示，此时在分析树中会出现"频率响应"命令。

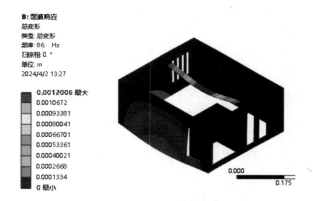

图 7-17　各阶响应频率　　　　　图 7-18　频率为 86Hz 时的位移响应云图

Step9：如图 7-20 所示，在出现的"'频率响应'的详细信息"面板的"几何结构"栏中选择计算机机箱的上表面，并单击"应用"按钮。然后选择"求解"选项卡中的⚡ 评估所有结果 命令，进行求解。

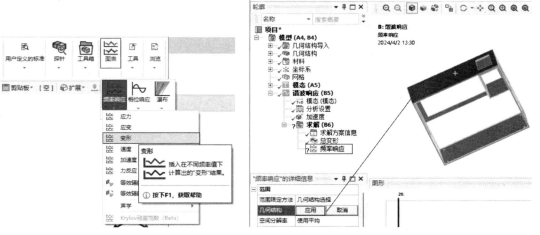

图 7-19　添加"频率响应"命令　　　　　　图 7-20　设置位移响应面

Step10： 图 7-21 所示为计算机机箱上表面的谐响应分析结果。

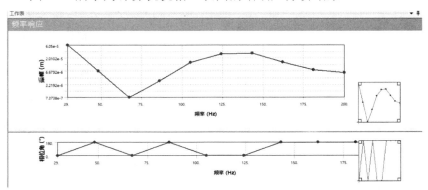

图 7-21　谐响应分析结果

7.2.6　保存与退出

Step1： 单击 Mechanical 界面右上角的　✕　（关闭）按钮，退出 Mechanical 界面，返回 Workbench 主界面。此时，主界面的工程项目管理窗格中显示的分析项目均已完成，如图 7-22 所示。

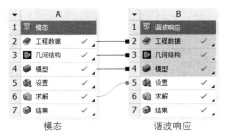

图 7-22　工程项目管理窗格中的分析项目

Note

Step2：在 Workbench 主界面中单击工具栏中的 （保存）按钮，保存含有分析结果的文件。

Step3：单击界面右上角的 ❌（关闭）按钮，退出 Workbench 主界面，完成项目分析。

7.3 项目分析 2——齿轮箱谐响应分析

本节主要介绍使用 ANSYS Workbench 的谐响应分析模块对齿轮箱进行谐响应分析。

学习目标：

熟练掌握 ANSYS Workbench 含有接触的谐响应分析的方法和过程。

模型文件	配套资源\Chapter7\char7-2\chilunxiang_asm.stp
结果文件	配套资源\Chapter7\char7-2\chilunxiang_modal.wbpj

7.3.1 问题描述

图 7-23 所示为某齿轮箱模型，该齿轮箱底部的 4 个螺栓孔固定，当大齿轮的孔位置受到 400N·m 转矩、小齿轮的孔位置受到 200N·m 转矩作用时（两转矩方向相反），请分析齿轮箱的响应情况。

图 7-23 齿轮箱模型

7.3.2 启动 Workbench 并建立分析项目

Step1：在 Windows 系统下启动 ANSYS Workbench，进入主界面。

Step2：双击主界面"工具箱"中的"组件系统"→"几何结构"命令，即可在工程项目管理窗格中创建分析项目 A。如图 7-24 所示，右击项目 A 中 A2 栏的"几何结构"选项，在弹出的快捷菜单中选择"导入几何模型"→"浏览"命令。

图 7-24 选择"浏览"命令

Step3：在弹出的如图 7-25 所示的"打开"对话框中进行如下设置。

① 在文件类型栏中选择（STEP）格式文件类型，即*.stp。

② 选择 chilunxiang_asm.stp 几何体文件，并单击"打开"按钮。

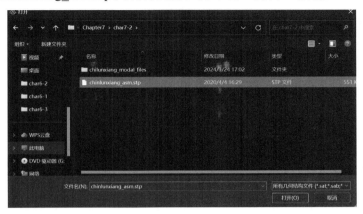

图 7-25　"打开"对话框

Step4：如图 7-26 所示，双击项目 A 中 A2 栏的"几何结构"选项，此时会弹出 DesignModeler 界面，将单位设置为毫米。

图 7-26　生成几何体前的 DesignModeler 界面

Step5：单击常用命令栏中的"生成"按钮，如图 7-27 所示，此时导入的几何体文件将被加载。

Note

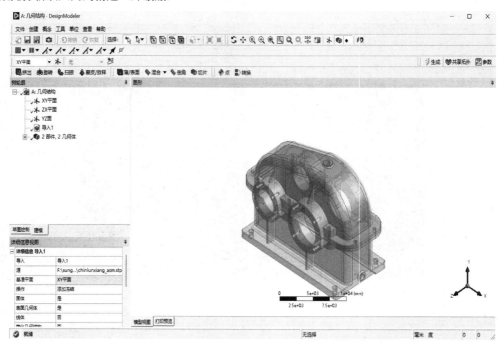

图 7-27 生成几何体后的 DesignModeler 界面

Step6：单击界面右上角的 [×] 按钮，关闭 DesignModeler 界面。

7.3.3 创建模态分析项目

Step1：如图 7-28 所示，将"工具箱"中的"模态分析"命令直接拖曳到项目 A 中 A2 栏的"几何结构"选项中。

Step2：如图 7-29 所示，此时项目 A 的几何数据与项目 B 共享。

图 7-28 创建模态分析项目 A   图 7-29 几何数据共享

7.3.4 材料选择

Step1：双击项目 B 中 B2 栏的"工程数据"选项，弹出如图 7-30 所示的材料库，在工具栏中单击 [▦] 按钮，此时弹出材料数据选择库。

Step2：在材料数据选择库中选择如图 7-31 所示的"灰铸铁"材料，此时会在 C6 栏中出现 ⬤ 图标，表示此材料被选中，返回 Workbench 主界面。

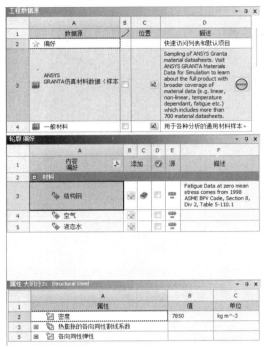
图 7-30　材料库

图 7-31　选择材料

7.3.5　施加载荷与约束

Step1：双击项目 B 中 B4 栏的"模型"选项，进入如图 7-32 所示的 Mechanical 界面。在该界面下可进行网格的划分、分析设置、结果观察等操作。

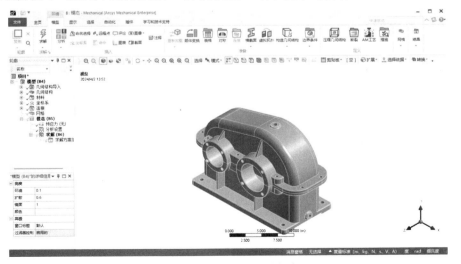
图 7-32　Mechanical 界面

Step2：如图 7-33 所示，选择"轮廓"（分析树）中的"模型（B4）"→"几何结构"命令，在下面出现的"'多个选择'的详细信息"面板的"材料"→"任务"栏中选择"灰铸铁"选项。

Step3：如图 7-34 所示，选择"轮廓"（分析树）中的"模型（B4）"→"连接"→"接触"→"接触区域"命令，在下面出现的"'接触区域'的详细信息"面板的"定义"→"类型"栏中选择"绑定"选项。

图 7-33　选择材料

图 7-34　设置接触参数

Step4：如图 7-35 所示，选择"轮廓"（分析树）中的"模型（B4）"→"网格"命令，设置网格参数。

Step5：如图 7-36 所示，右击"网格"命令，在弹出的快捷菜单中选择"生成网格"命令，划分网格。

图 7-35　设置网格参数

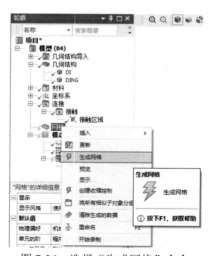

图 7-36　选择"生成网格"命令

Step6：划分完成的网格模型如图 7-37 所示。

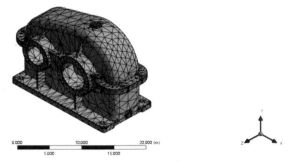

图 7-37　网格模型

Step7：单击零件底部的 4 个通孔，添加固定约束，如图 7-38 所示。

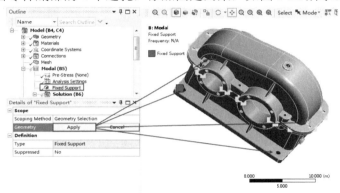

图 7-38　添加固定约束

7.3.6　模态求解

右击"模态（B5）"命令，在弹出的快捷菜单中选择"求解"命令，进行模态求解，如图 7-39 所示。此时默认的阶数为 6 阶。

图 7-39　选择"求解"命令

7.3.7　结果后处理（1）

Step1：如图 7-40 所示，右击"求解（B6）"命令，在弹出的快捷菜单中选择"插入"

Note

→"变形"→"总计"命令，添加"总变形"命令。

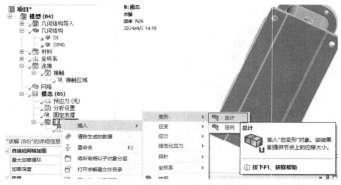

图 7-40　添加"总变形"命令

Step2：如图 7-41 所示，右击"求解（B6）"命令，在弹出的快捷菜单中选择 [评估所有结果]命令，计算位移。

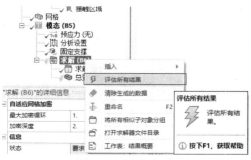

图 7-41　计算位移

Step3：如图 7-42 所示，在计算完成后，选择"总变形"命令，此时在绘图窗格中显示位移响应云图，在下面的"'总变形'的详细信息"面板的"模式"栏中输入 1，表示显示的是一阶模态的位移响应云图。

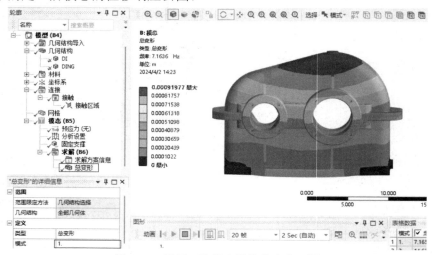

图 7-42　显示一阶模态的位移响应云图

Step4：单击界面右上角的 ▣✕▣ 按钮，关闭 Mechanical 界面。

7.3.8　创建谐响应分析项目

Step1：如图 7-43 所示，将"工具箱"中的"谐波响应"命令直接拖曳到项目 B（模态分析）中 B6 栏的"求解"选项中。

Step2：如图 7-44 所示，项目 B 的所有前处理数据已经被导入项目 C 中，此时如果双击项目 C 中 C5 栏的"设置"选项，可直接进入 Mechanical 界面。

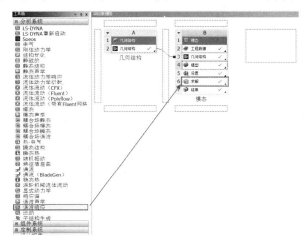

图 7-43　创建谐响应分析项目

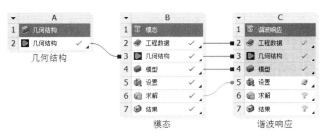

图 7-44　项目数据共享

7.3.9　施加载荷与约束

Step1：双击项目 C 中 C5 栏的"设置"选项，进入如图 7-45 所示的 Mechanical 界面。在该界面下可进行网格的划分、分析设置、结果观察等操作。

Step2：如图 7-46 所示，右击"轮廓"（分析树）中的"模态（B5）"命令，在弹出的快捷菜单中选择"⚡求解"命令。此时会弹出进度条，表示正在求解，当求解完成后，进度条会自动消失。

Step3：如图 7-47 所示，选择"轮廓"（分析树）中的"谐波响应（C5）"→"分析设置"命令，在下面出现的"'分析设置'的详细信息"面板的"选项"中进行如下设置。

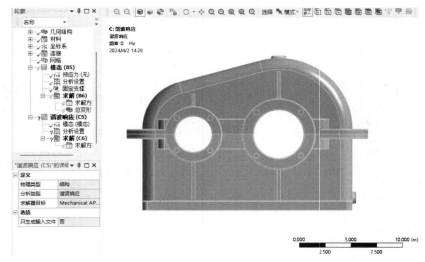

图 7-45　Mechanical 界面

图 7-46　选择"求解"命令

图 7-47　设置频率参数

在"范围最小"栏中输入 0Hz，在"范围最大"栏中输入 200Hz，在"求解方案间隔"栏中输入 10。

图 7-48　添加"力矩"命令

Step4：选择 Mechanical 界面左侧"轮廓"（分析树）中的"谐响应（C5）"命令，然后选择"环境"选项卡中的"结构"→"力矩"命令，此时在分析树中会出现"力矩"命令，如图 7-48 所示。

Step5：如图 7-49 所示，选择"力矩"命令，默认会将齿轮箱选中，在"'力矩'的详细信息"面板的"范围"→"几何结构"栏中选择大齿轮位置的内侧面，在"大小"栏中输入 400N·m，完成力矩的设置。

Step6：如图 7-50 所示，以同样的方式设置另一个轴承的力矩大小，其值为 200N·m，方向与上一步相反，完成力矩的设置。

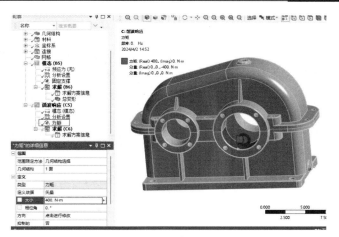

图 7-49　设置力矩参数 1

图 7-50　设置力矩参数 2

7.3.10　谐响应计算

如图 7-51 所示，右击"谐波响应（C5）"命令，在弹出的快捷菜单中选择" 求解"命令，进行求解。

7.3.11　结果后处理（2）

Step1：右击"轮廓"（分析树）中的"求解（C6）"命令，在弹出的快捷菜单中选择"插入"→"变形"→"总计"命令，如图 7-52 所示，在后处理器中添加"总变形"命令。

Step2：图 7-53 所示为位移响应云图。

Step3：如图 7-54 所示，选择节点，然后在"求解"选项卡中选择"图表"→"频

图 7-51　求解

211

率响应"→"变形"命令，此时在分析树中会出现"频率响应"命令。

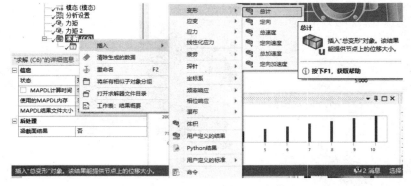

图 7-52 添加"总变形"命令

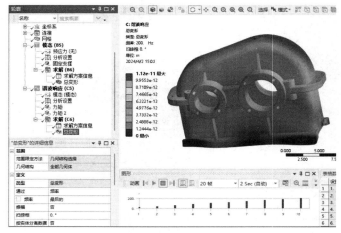

图 7-53 位移响应云图

Step4：右击"轮廓"中的"频率响应"命令，在弹出的快捷菜单中选择"评估所有结果"命令，如图 7-55 所示。

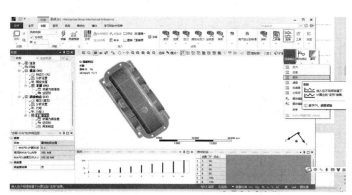

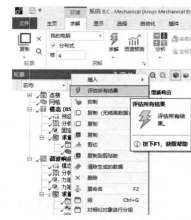

图 7-54 添加"频率响应"命令　　　　图 7-55 选择"评估所有结果"命令

Step5：选择"轮廓"（分析树）中的"求解（C6）"→"频率响应"命令，此时会出现如图 7-56 所示的节点随频率变化的曲线。

Step6：图 7-57 所示为齿轮箱各阶响应频率及相角。

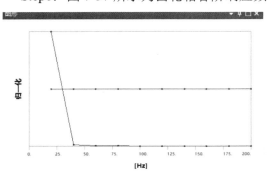

	频率 [	☑ 振幅 [m/m]	☑ 相位角 [°]
1	20.	6.1715e-013	0.
2	40.	9.591e-015	0.
3	60.	3.7019e-015	0.
4	80.	1.9932e-015	0.
5	100.	1.2512e-015	0.
6	120.	8.5996e-016	0.
7	140.	6.2794e-016	0.
8	160.	4.7887e-016	0.
9	180.	3.7734e-016	0.
10	200.	3.0506e-016	0.

图 7-56　节点随频率变化的曲线　　　　图 7-57　各阶响应频率及相角

7.3.12　保存与退出

Step1：单击 Mechanical 界面右上角的 ✖（关闭）按钮，退出 Mechanical 界面，返回 Workbench 主界面。此时，主界面的工程项目管理窗格中显示的分析项目均已完成，如图 7-58 所示。

Step2：在 Workbench 主界面中单击工具栏中的 💾（保存）按钮，保存文件名为 chilunxiang_modal.wbpj。

Step3：单击界面右上角的 ✖（关闭）按钮，退出 Workbench 主界面，完成项目分析。

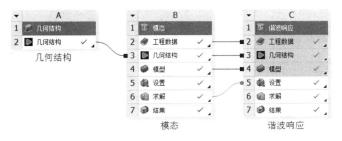

图 7-58　工程项目管理窗格中的分析项目

7.4　项目分析 3——丝杆谐响应分析

本节主要介绍使用 ANSYS Workbench 的谐响应分析模块对丝杆进行谐响应分析。

学习目标：

熟练掌握 ANSYS Workbench 谐响应分析的方法及过程。

模型文件	配套资源\Chapter7\char7-3\sigan.x_t
结果文件	配套资源\Chapter7\char7-3\sigan.x_t.wbpj

7.4.1 问题描述

电动机通过联轴器连接丝杆将旋转运动改变为直线运动。同时，丝杆不断地旋转会产生一个周期性的力，而此变载荷的存在使丝杆的变形和应力等状态都与静载荷大不相同，因此很有分析的必要。丝杆模型如图 7-59 所示。

图 7-59　丝杆模型

7.4.2 添加材料和导入几何体

Step1：在主界面中创建谐响应分析（谐波响应）项目。双击"工具箱"中的"分析系统"→"谐波响应"命令，创建谐响应分析项目 A，如图 7-60 所示。

Step2：双击项目 A 下面的"谐波响应"，将分析项目名称更改为"丝杆"，如图 7-61 所示。

图 7-60　创建谐响应分析项目 A

图 7-61　更改分析项目名称

Step3：双击项目 A 中 A2 栏的工程数据选项，进入材料参数设置界面，在该界面下可进行材料参数设置。

Step4：在界面的空白处右击，在弹出的快捷菜单中选择"工程数据源"命令。原界面中的"轮廓 原理图 A2：工程数据"表将消失，会被"工程数据源"及"轮廓 General Material"表取代。

Step5：在"工程数据源"表中选择 A4 栏的"一般材料"选项，然后单击"轮廓 General Material"表中 A4 栏的"不锈钢"选项后的 B4 栏的 ⊕（添加）按钮，此时在 C4 栏中会显示 ◈（使用中的）图标，表示材料添加成功。

Step6：同 Step4，在界面的空白处右击，在弹出的快捷菜单中选择"工程数据源"命令，返回初始界面。

Step7：单击工具栏中的 ☐项目 按钮，返回 Workbench 主界面，完成材料库的添加。

Step8：右击项目 A 中 A3 栏的"几何结构"选项，在弹出的快捷菜单中选择"导入几何模型"→"浏览"命令，在弹出的"打开"对话框中选择需要导入的 sigan.x_t 几何体文件，如图 7-62 所示。这时可以发现丝杆谐响应分析项目中 A3 栏的"模型"选项后面的 🐸 图标变成了 ✓ 图标，说明丝杆模型数据已经被传入丝杆谐响应分析项目中。

图 7-62　导入几何体文件

7.4.3　赋予材料和划分网格

Step1：双击丝杆谐响应分析项目中 A4 栏的"模型"选项，打开 Mechanical 界面。

Step2：单击"轮廓"中"几何结构"命令前的 ⊞ 按钮，选择"Part 1"命令，如图 7-63 所示。

Step3：单击"'Part 1'的详细信息"面板中"任务"栏后的 ⋅ 按钮，选择"不锈钢"选项，如图 7-64 所示。

图 7-63　选择 Solid　　　　　　　　图 7-64　更改材料

Step4：选择"轮廓"中的"网格"命令，此时会出现"'网格'的详细信息"面板。在面板中单击"详细信息"前的 ⊞ 按钮，在"单元尺寸"栏中输入 0.002，如图 7-65 所示。

Step5：右击"轮廓"中的"网格"命令，在弹出的快捷菜单中选择"生成网格"命令，进行网格划分，如图 7-66 所示。划分完成的网格效果如图 7-67 所示。

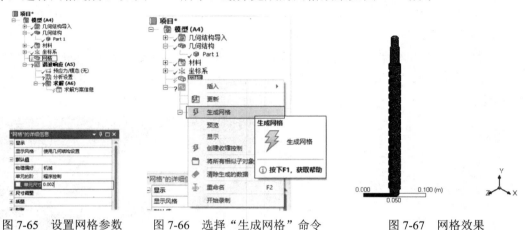

图 7-65　设置网格参数　　　图 7-66　选择"生成网格"命令　　　图 7-67　网格效果

7.4.4　添加约束和载荷

Step1：选择"轮廓"中的"谐波响应（A5）"命令，如图 7-68 所示，此时会出现如图 7-69 所示的"环境"选项卡。

Step2：选择"环境"选项卡中的"结构"→"固定的"命令，如图 7-70 所示。

Step3：按住 Ctrl 键，选择丝杆的两个端面作为约束面，如图 7-71 所示。在"'固定支撑'的详细信息"面板中单击"几何结构"栏的"应用"按钮，确认约束，如图 7-72 所示。

图 7-68　选择"谐响应（A5）"命令

图 7-69　"环境"选项卡

图 7-70　选择"固定的"命令

图 7-71　选择约束面

Step4：选择"环境"选项卡中的"结构"→"载荷"→"轴承载荷"命令，如图 7-73 所示。

Step5：选择丝杆两端的圆柱面作为加载位置，如图 7-74 所示。在"'轴承载荷'的详细信息"面板的"定义依据"栏中选择"分量"选项，如图 7-75 所示。在"几何结构"栏中确保丝杆的两端圆柱面被选中，并在"X 分量"栏中输入 1000N，如图 7-76 所示。

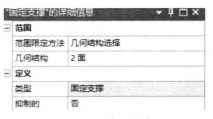

图 7-72　确认约束

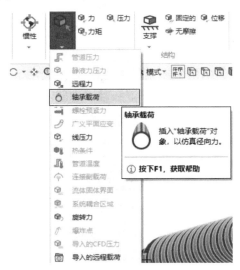

图 7-73　选择"轴承载荷"命令

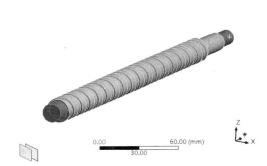

图 7-74　选择加载位置

图 7-75　选择载荷方向

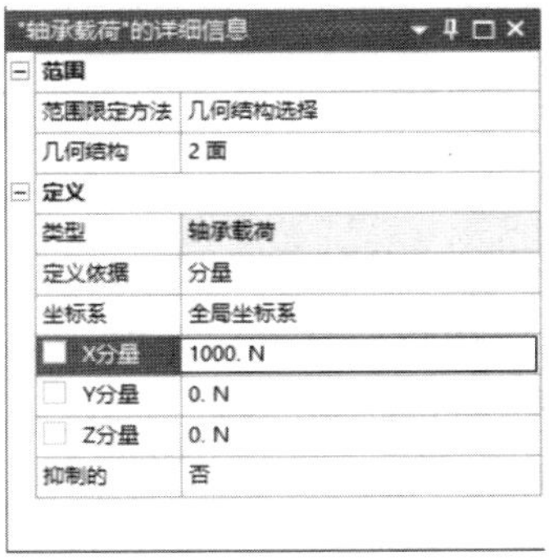

图 7-76　设置力载荷参数

Step6：选择"轮廓"中的"分析设置"命令，如图 7-77 所示。在出现的"'分析设置'的详细信息"面板的"选项"→"范围最大"栏中输入 1000Hz，如图 7-78 所示。

图 7-77　选择"分析设置"命令　　　　　　图 7-78　输入最大频率

7.4.5　谐响应求解

右击"轮廓"中的"求解（A6）"命令，在弹出的快捷菜单中选择"求解"命令，进行求解，如图 7-79 所示。在求解时会出现进度条，当进度条消失且"求解（A6）"命令前出现 ✓ 图标时，说明谐响应求解已经完成，如图 7-80 所示。

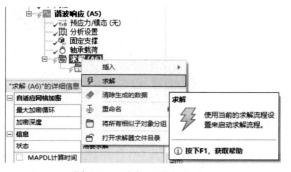

图 7-79　选择"求解"命令　　　　　　图 7-80　谐响应求解完成

7.4.6　谐响应后处理

Step1：选择"求解"选项卡中的"图表"命令，如图 7-81 所示。然后选择"频率响应"→"变形"命令，如图 7-82 所示。此时会出现"'频率响应'的详细信息"面板，如图 7-83 所示。

图 7-81　选择"图表"命令

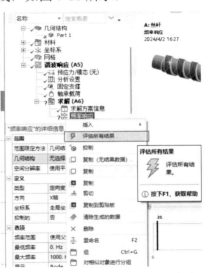

图 7-82　选择"变形"命令　　　　　　图 7-83　"'频率响应'的详细信息"面板

选择需要显示变形的面，如丝杆的螺纹面，如图 7-84 所示。

右击"轮廓"中的"频率响应"命令，在弹出的快捷菜单中选择"评估所有结果"命令，如图 7-85 所示。此时会出现变形频响函数曲线，如图 7-86 所示。

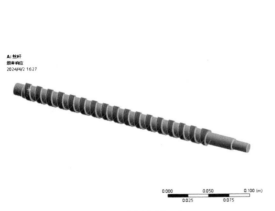

图 7-84　选择螺纹面　　　　　　　　图 7-85　选择"评估所有结果"命令

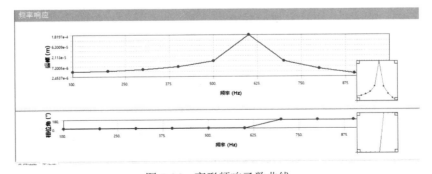

图 7-86　变形频响函数曲线

Step2：右击"轮廓"中的"求解（A6）"命令，在弹出的快捷菜单中选择"插入"→"变形"→"总计"命令，添加"总变形"命令，如图 7-87 所示。

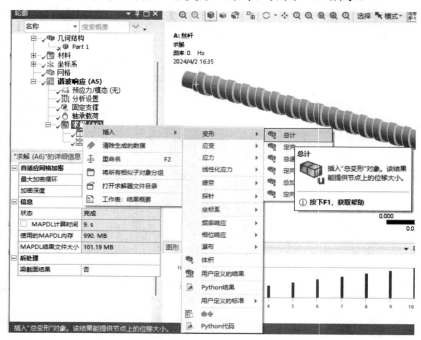

图 7-87　添加"总变形"命令

Step3：右击"轮廓"栏中的"求解（A6）"命令，在弹出的快捷菜单中选择"插入"→"应变"→"等效（Von-Mises）"命令，添加"等效应变"命令，如图 7-88 所示。

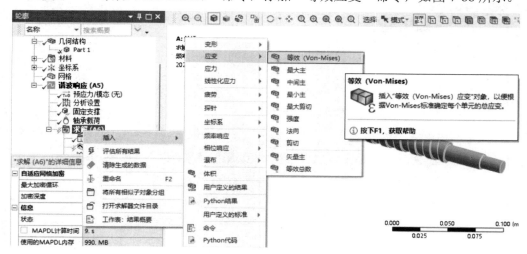

图 7-88　添加"等效应力"命令

Step4：选择"轮廓"中的"总变形"命令，如图 7-89 所示。在出现的"'总变形'的详细信息"面板的"定义"→"频率"栏中输入 500Hz，如图 7-90 所示。

图 7-89　选择"总变形"命令

图 7-90　输入频率

Step5：选择"轮廓"中的"等效应力"命令，如图 7-91 所示。在出现的"'等效应力'的详细信息"面板的"定义"→"频率"栏中输入 500Hz。

Step6：右击"轮廓"的"求解（A6）"命令，在弹出的快捷菜单中选择"评估所有结果"命令，如图 7-92 所示。

图 7-91　选择"等效应力"命令

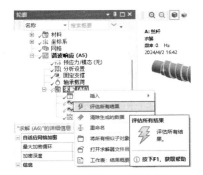

图 7-92　选择"评估所有结果"命令

Step7：选择"轮廓"中的"求解（A6）"→"总变形"命令，显示变形结果，如图 7-93 所示。

Step8：选择"轮廓"中的"求解（A6）"→"等效应力"命令，显示应力结果，如图 7-94 所示。

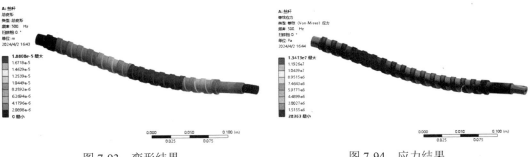

图 7-93　变形结果　　　　　　　　　　　　图 7-94　应力结果

有兴趣的读者可以按照 Step4 的操作，输入不同的频率来求解，并对比它们的不同之处。

7.4.7 保存与退出

Note

图 7-95 完成的分析项目

Step1：单击 Mechanical 界面右上角的 按钮，退出 Mechanical 界面，返回 Workbench 主界面。此时主界面的工程项目管理窗格中显示的分析项目均已完成，如图 7-95 所示。

Step2：在 Workbench 主界面中单击工具栏中的 ⊞ 按钮，保存含有分析结果的文件。

Step3：单击主界面右上角的 ✕ 按钮，退出 Workbench 主界面，完成项目分析。

7.5 本章小结

本章通过 3 个典型案例详细介绍了 ANSYS Workbench 软件的谐响应分析模块，包括谐响应分析的建模方法、网格划分的方法、边界条件的施加等，同时详细介绍了含有接触的谐响应分析的方法及操作步骤。

通过本章的学习，读者应该对谐响应分析的过程有较详细的了解，同时能够绘制关键节点的频响函数曲线。

第 8 章

响应谱分析

本章将对 ANSYS Workbench 软件的响应谱分析模块进行详细讲解，并通过几个典型案例来介绍响应谱分析的一般步骤，包括几何建模（外部几何数据的导入）、材料赋予、网格设置与划分、边界条件设定、后处理等操作。

学习目标：

- 熟练掌握 ANSYS Workbench 响应谱分析的过程。
- 了解响应谱分析与结构静力学分析的不同之处。
- 了解响应谱分析的应用场合。

8.1 响应谱分析概述

响应谱分析是一种频域分析，其输入载荷为振动载荷的频谱（如地震响应谱等）。常用的频谱为加速度谱，也可以用速度谱和位移谱等。响应谱分析从频域的角度计算结构的峰值响应。

载荷频谱被定义为响应幅值与频率的关系曲线。响应谱分析用于计算结构各阶振型在给定的载荷频谱下的最大响应，这一最大响应是响应系数和振型的乘积，这些振型的最大响应组合在一起就给出了结构的总体响应。因此，响应谱分析需要计算结构的固有频率和振型，并且必须在模态分析之后进行。

响应谱分析的类型分为单点响应谱和多点响应谱。

（1）单点响应谱，即作用在所有固定的节点上的单一响应谱。

（2）多点响应谱，即作用在不同固定节点上的不同的响应谱。

响应谱分析一般应用于需要进行地震分析的建筑物、核反应塔等，也可以用于受到震动的空中电子设备等。

在进行响应谱分析时，常涉及以下几个概念。

（1）参与因子：用于衡量模态振型在激励方向上对变形的影响程度（进而影响应力），是振型和激励方向的函数。对于结构的每一阶模态 i，程序都需要计算该模态在激励方向上的参与因子 γ_i。参与因子的计算公式为

$$\gamma_i = \boldsymbol{x}_i^{\mathrm{T}} \boldsymbol{MD} \tag{8-1}$$

式中，$\boldsymbol{x}_i$ 为第 i 阶模态按照 $\boldsymbol{x}_i^{\mathrm{T}} \boldsymbol{Mx}_i = 1$ 归一化的振型位移向量；$\boldsymbol{M}$ 为质量矩阵；$\boldsymbol{D}$ 为描述激励方向的向量。

（2）模态因子：与振型相乘的一个比例因子，根据二者的乘积可以得到模态的最大响应。

（3）模态有效质量：模态 i 的有效质量为

$$\boldsymbol{M}_{ei} = \frac{\gamma_i^2}{\boldsymbol{x}_i^{\mathrm{T}} \boldsymbol{Mx}_i} \tag{8-2}$$

由于模态位移满足 $\boldsymbol{x}_i^{\mathrm{T}} \boldsymbol{Mx}_i = 1$ 归一化条件，则

$$\boldsymbol{M}_{ei} = \gamma_i^2 \tag{8-3}$$

（4）模态组合：在得到每个模态在给定频谱下的最大响应后，将这些响应以某种方式进行组合就可以得到系统总响应。

ANSYS Workbench 提供了 3 种模态组合算法：SRSS、CQC 和 ROSE。SRSS 组合的结果通常比其他两个算法组合的结果要保守。

8.2　项目分析 1——塔架响应谱分析

本节主要介绍使用 ANSYS Workbench 的响应谱分析模块计算塔架在给定加速度频谱下的响应。

学习目标：

熟练掌握 ANSYS Workbench 响应谱分析的方法及过程。

模型文件	配套资源\Chapter8\char8-1\BeamResponseSpectrum.agdb
结果文件	配套资源\Chapter8\char8-1\BeamResponseSpectrum.wbpj

8.2.1　问题描述

图 8-1 所示为某塔架模型，请分析塔架在给定加速度频谱下的响应情况。

8.2.2　启动 Workbench 并建立分析项目

Step1：在 Windows 系统下启动 ANSYS Workbench，进入主界面。

Step2：双击主界面"工具箱"中的"组件系统"→"几何结构"命令，即可在"项目原理图"中创建分析项目 A，如图 8-2 所示。

图 8-1　塔架模型

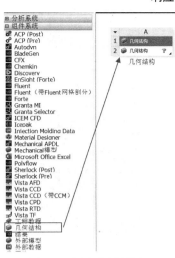

图 8-2　创建分析项目 A

8.2.3　导入几何体

Step1：右击项目 A 中 A2 栏的"几何结构"选项，在弹出的快捷菜单中选择"导入几何模型"→"浏览"命令，如图 8-3 所示，此时会弹出"打开"对话框。

图 8-3　选择"浏览"命令

Step2：在"打开"对话框中选择文件路径，导入 BeamResponseSpectrum.agdb 几何体文件，如图 8-4 所示。此时 A2 栏的"几何结构"选项后的 ❓ 图标变为 ✔ 图标，表示实体模型已经导入。

Step3：双击项目 A 中 A2 栏的"几何结构"选项，会进入 DesignModeler 界面，在 DesignModeler 界面的绘图窗格中会显示几何模型，如图 8-5 所示。

Step4：单击工具栏上的 🖫 按钮保存文件，会弹出如图 8-6 所示的"另存为"对话框，输入"文件名"为 BeamResponseSpectrum.wbpj，单击"保存"按钮。

Step5：返回 DesignModeler 界面并单击界面右上角的 ❌ （关闭）按钮，退出 DesignModeler 界面，返回 Workbench 主界面。

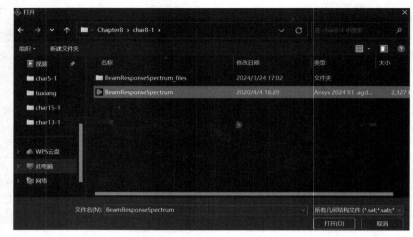

图 8-4　"打开"对话框

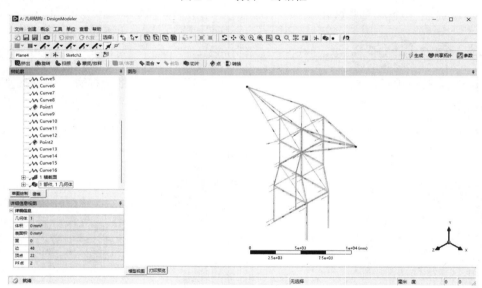

图 8-5　DesignModeler 界面

图 8-6　"另存为"对话框

8.2.4　模态分析

Step1：双击主界面"工具箱"中的"分析系统"→"模态"分析命令，即可在"项目原理图"中创建分析项目 B（模态），如图 8-7 所示。

Step2：如图 8-8 所示，选择项目 A 中 A2 栏的"几何结构"选项，并将其直接拖曳到项目 B 中 B3 栏的"几何结构"选项中，此时在 B3 栏中会出现一个提示符"共享 A2"，表示 B3 栏的"几何结构"数据与 A2 栏的"几何结构"数据实现共享。

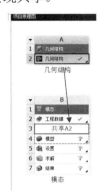

图 8-7　创建模态分析项目 B　　　　　　　　图 8-8　几何数据共享

8.2.5　添加材料库

双击项目 B 中 B2 栏的"工程数据"选项，进入如图 8-9 所示的材料参数设置界面。在该界面下可进行材料参数设置。

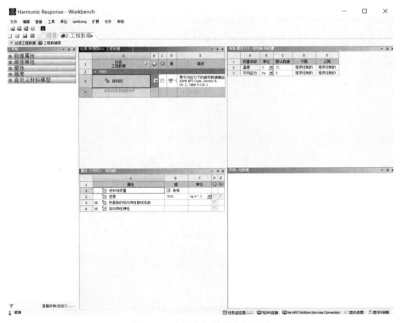

图 8-9　材料参数设置界面

本分析项目选择的材料为"结构钢"，此材料为 ANSYS Workbench 默认被选中的材料，故这里不需要重新设置。

8.2.6　划分网格

Step1：双击项目 B 中 B4 栏的"模型"选项，此时会出现 Mechanical 界面，如图 8-10 所示。

图 8-10　Mechanical 界面

Step2：选择 Mechanical 界面左侧"轮廓"中的"网格"命令，此时可在"'网格'的详细信息"面板中修改网格参数，如图 8-11 所示，在"详细信息"→"单元尺寸"栏中输入 5.e-002m，其余采用默认设置。

图 8-11　修改网格参数

Step3：右击"轮廓"（分析树）中的"网格"命令，在弹出的快捷菜单中选择"
生成网格"命令，如图 8-12 所示。此时会弹出网格划分进度栏，表示正在划分网格，当
网格划分完成后，进度栏会自动消失。最终的网格效果如图 8-13 所示。

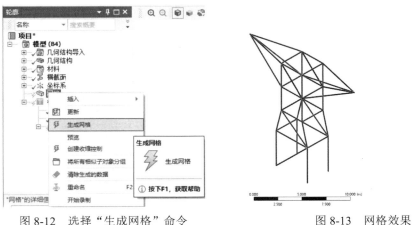

图 8-12　选择"生成网格"命令　　　　　图 8-13　网格效果

8.2.7　施加约束

Step1：选择 Mechanical 界面左侧"轮廓"（分析树）中的"模态（B5）"命令，此
时会出现如图 8-14 所示的"环境"选项卡。

Step2：选择"环境"选项卡中的"结构"→"固定的"命令，此时在分析树中会出
现"固定支撑"命令，如图 8-15 所示。

图 8-14　"环境"选项卡　　　　　图 8-15　添加"固定支撑"命令

Step3：单击工具栏中的 （选择点）按钮，然后单击工具栏中 按钮的 ，使其
变成 （框选择）按钮，选择"固定支撑"命令，选择塔架下端的 4 个节点，单击"'固
定支撑'的详细信息"面板中"几何结构"栏的 应用 按钮，即可在选中的面上施加固
定约束，如图 8-16 所示。

Step4：右击"轮廓"（分析树）中的"模态（B5）"命令，在弹出的快捷菜单中选择

"⚡求解"命令，如图 8-17 所示。此时会弹出进度条，表示正在求解，当求解完成后，进度条会自动消失。

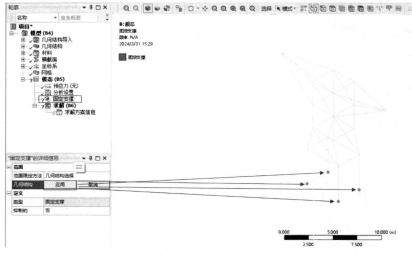

图 8-16　施加固定约束

图 8-17　选择"求解"命令

8.2.8　结果后处理（1）

Step1：选择 Mechanical 界面左侧"轮廓"（分析树）中的"求解（B6）"命令，此时会出现如图 8-18 所示的"求解"选项卡。

Step2：选择"求解"选项卡中的"结果"→"变形"→"总计"命令，如图 8-19 所示，此时在分析树中会出现"总变形"命令。

Step3：右击"轮廓"（分析树）中的"求解（B6）"命令，在弹出的快捷菜单中选择"⚡求解"命令，如图 8-20 所示。此时会弹出进度条，表示正在求解，当求解完成后，进度条会自动消失。

Step4：选择"轮廓"（分析树）中的"求解（B6）"→"总变形"命令，此时会出现如图 8-21 所示的一阶模态总变形分析云图。

图 8-18　"求解"选项卡

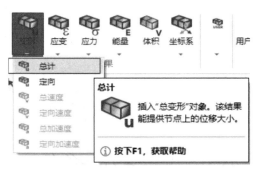

图 8-19　添加"总变形"命令

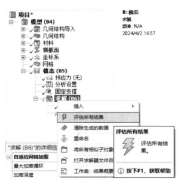

图 8-20　选择"求解"命令

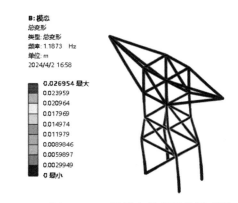

图 8-21　一阶模态总变形分析云图

Step5：图 8-22 所示为塔架的各阶模态频率。

Step6：ANSYS Workbench 默认的模态阶数为六阶，选择"轮廓"（分析树）中的"模态（B5）"→"分析设置"命令，在出现的"'分析设置'的详细信息"面板的"选项"→"最大模态阶数"栏中可以修改模态数量，如图 8-23 所示。

图 8-22　各阶模态频率

图 8-23　修改模态数量

Step7：单击 Mechanical 界面右上角的 ▬✕▬（关闭）按钮，退出 Mechanical 界面，返回 Workbench 主界面。

8.2.9　响应谱分析

Note

Step1：返回 Workbench 主界面，选择"工具箱"中的"分析系统"→"响应谱"分析命令，将其直接拖曳到项目 B 中 B6 栏的"求解"选项中，如图 8-24 所示。

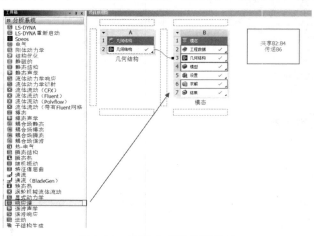

图 8-24　创建响应谱分析项目

Step2：如图 8-25 所示，项目 B 与项目 C 实现了数据共享，此时在项目 C 中 C5 栏的"设置"选项后会出现 图标。

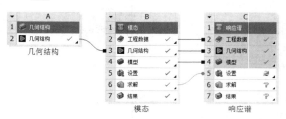

图 8-25　数据共享

Step3：如图 8-26 所示，双击项目 C 中 C5 栏的"设置"选项，进入 Mechanical 界面。

图 8-26　Mechanical 界面

Step4：如图 8-27 所示，右击"轮廓"（分析树）中的"模态（B5）"命令，在弹出的快捷菜单中选择"⚡求解"命令，进行模态计算。

图 8-27   选择"求解"命令

8.2.10   添加加速度谱

Step1：选择 Mechanical 界面左侧"轮廓"（分析树）中的"响应谱（C5）"命令，此时会出现如图 8-28 所示的"环境"选项卡。

Step2：选择"环境"选项卡中的"响应谱分析"→"RS 加速度"命令，如图 8-29 所示，此时在分析树中会出现"RS 加速度"命令。

图 8-28   "环境"选项卡   图 8-29   添加"RS 加速度"命令

Step3：如图 8-30 所示，选择 Mechanical 界面左侧"轮廓"（分析树）中的"响应谱（C5）"→"RS 加速度"命令，在出现的"'RS 加速度'的详细信息"面板中进行如下设置。

① 在"范围"→"边界条件"栏中选择"所有支持"选项。

② 在"定义"→"加载数据"栏中选择"表格数据"选项，然后在右侧的"表格数据"表格中填入如表 8-1 所示的数据。

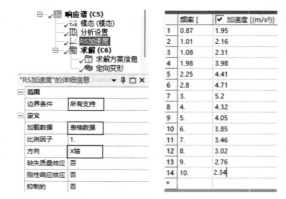

图 8-30　设置加速度谱激励

表 8-1　频率及加速度值表

	频率/Hz	加速度/(m·s⁻²)		频率/Hz	加速度/(m·s⁻²)
1	0.897	1.95	8	4	4.32
2	1.01	2.16	9	5	4.05
3	1.08	2.31	10	6	3.85
4	1.98	3.98	11	7	3.46
5	2.25	4.41	12	8	3.02
6	2.8	4.71	13	9	2.76
7	3	8.2	14	10	2.34

③ 在"范围"→"方向"栏中选择"X 轴"选项。

Step4：右击"轮廓"（分析树）中的"响应谱（C5）"命令，在弹出的快捷菜单中选择"⚡求解"命令，如图 8-31 所示。此时会弹出进度条，表示正在求解，当求解完成后，进度条会自动消失。

图 8-31　选择"求解"命令

8.2.11　结果后处理（2）

Step1：选择 Mechanical 界面左侧"轮廓"（分析树）中的"求解（C6）"命令，此时会出现如图 8-32 所示的"求解"选项卡。

Step2：选择"求解"选项卡中的"结果"→"变形"→"定向"命令，如图 8-33 所示，此时在分析树中会出现"定向变形"命令。

图 8-32　"求解"选项卡　　　　　图 8-33　添加"定向变形"命令

Step3：右击"轮廓"（分析树）中的"求解（C6）"命令，在弹出的快捷菜单中选择"评估所有结果"命令，如图 8-34 所示。此时会弹出进度条，表示正在求解，当求解完成后，进度条会自动消失。

Step4：选择"轮廓"（分析树）中的"求解（C6）"→"定向变形"命令，此时会出现如图 8-35 所示的变形分析云图。

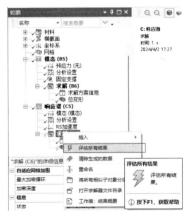

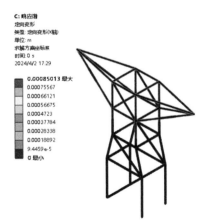

图 8-34　选择"评估所有结果"命令　　　　图 8-35　变形分析云图

Note

8.2.12　保存与退出

Step1：单击 Mechanical 界面右上角的 [×]（关闭）按钮，退出 Mechanical 界面，返回 Workbench 主界面。此时，主界面的工程项目管理窗格中显示的分析项目均已完成，如图 8-36 所示。

图 8-36　工程项目管理窗格中的分析项目

Step2：在 Workbench 主界面中单击工具栏中的 [💾]（保存）按钮，保存含有分析结果的文件。

Step3：单击界面右上角的 [×]（关闭）按钮，退出 Workbench 主界面，完成项目分析。

8.3　项目分析 2——计算机机箱响应谱分析

本节主要介绍使用 ANSYS Workbench 的响应谱分析模块分析计算机机箱在受到 Z 方向简谐加速度激励时的响应情况。

学习目标：

熟练掌握 ANSYS Workbench 响应谱分析的方法及过程。

模型文件	无
结果文件	配套资源\Chapter8\char8-2\Computer_Spectrum.wbpj

8.3.1　问题描述

图 8-37 所示为某计算机机箱模型，请分析计算机机箱在受到 Z 方向简谐加速度激励时的响应情况，载荷幅值为 0.02g，频率为 10Hz～150Hz，每 10Hz 为一个载荷频率点。

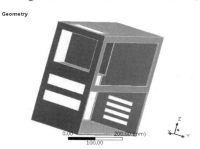

图 8-37　计算机机箱模型

8.3.2　启动 Workbench 并建立分析项目

Step1：在 Windows 系统下启动 ANSYS Workbench，进入主界面。

Step2：单击工具栏中的 按钮，在弹出的"打开"对话框中找到计算机机箱模态分析文件，即 Modal.wbpj 文件，单击"打开"按钮，如图 8-38 所示。

Step3：单击工具栏中的 按钮，将文件另存为 Computer_Spectrum.wbpj，并单击"确定"按钮。

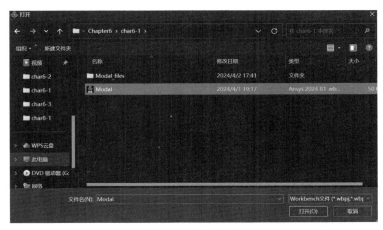

图 8-38　打开文件

8.3.3　响应谱分析

Step1：如图 8-39 所示，选择"工具箱"中的"分析系统"→"响应谱"分析命令，将其直接拖曳到项目 A 中 A6 栏的"求解"选项中。

Step2：如图 8-40 所示，项目 A 与项目 B 直接实现了数据共享，此时在项目 B 中 B5 栏的"设置"选项后会出现 图标。

图 8-39　创建响应谱分析项目

图 8-40　数据共享

Step3：如图 8-41 所示，双击项目 B 中 B5 栏的"设置"选项，进入 Mechanical 界面。

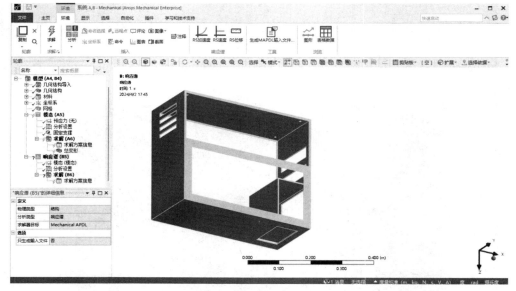

图 8-41　Mechanical 界面

Step4：如图 8-42 所示，右击"轮廓"（分析树）中的"模态（A5）"命令，在弹出的快捷菜单中选择"⚡求解"命令。

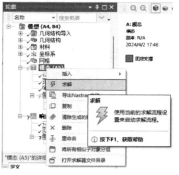

图 8-42　选择"求解"命令

8.3.4　添加加速度谱

Step1：选择 Mechanical 界面左侧"轮廓"（分析树）中的"响应谱（B5）"命令，此时会出现如图 8-43 所示的"环境"选项卡。

Step2：选择"环境"选项卡中的"响应谱分析"→"RS 加速度"命令，如图 8-44 所示，此时在分析树中会出现"RS 加速度"命令。

Step3：如图 8-45 所示，选择 Mechanical 界面左侧"轮廓"（分析树）中的"响应谱

（B5）"→"RS 加速度"命令，在出现的"'RS 加速度'的详细信息"面板中进行如下设置。

图 8-43   "环境"选项卡

图 8-44   添加"RS   加速度"命令

① 在"范围"→"边界条件"栏中选择"所有支持"选项。

② 在"定义"→"加载数据"栏中选择"表格数据"选项，然后在右侧的"表格数据"表格中的"频率[Hz]"列输入 10～150，在"加速度[(m/s^2)]"列输入 196.12。

③ 在"范围"→"方向"栏中选择"Z 轴"选项。

Step4：右击"轮廓"（分析树）中的"响应谱（B5）"命令，在弹出的快捷菜单中选择"求解"命令，如图 8-46 所示。此时会弹出进度条，表示正在求解，当求解完成后，进度条会自动消失。

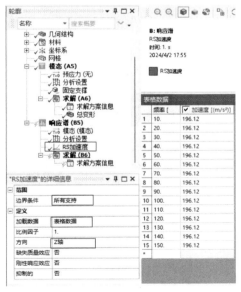

图 8-45   "RS   加速度"面板

图 8-46   选择"求解"命令

8.3.5　结果后处理

Note

Step1：选择 Mechanical 界面左侧"轮廓"（分析树）中的"求解（B6）"命令，此时会出现如图 8-47 所示的"求解"选项卡。

Step2：选择"求解"选项卡中的"结果"→"变形"→"定向"命令，如图 8-48 所示，此时在分析树中会出现"定向变形"命令。

图 8-47　"求解"选项卡　　　　　　图 8-48　添加"定向变形"命令

Step3：右击"轮廓"（分析树）中的"求解（B6）"命令，在弹出的快捷菜单中选择"评估所有结果"命令，如图 8-49 所示。此时会弹出进度条，表示正在求解，当求解完成后，进度条会自动消失。

Step4：选择"轮廓"（分析树）中的"求解（B6）"→"定向变形"命令，此时会出现如图 8-50 所示的 X 方向变形分析云图。

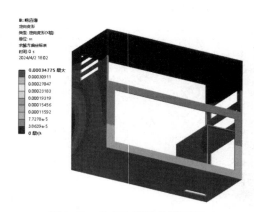

图 8-49　选择"评估所有结果"命令　　　　图 8-50　X 方向变形分析云图

Step5：如图 8-51 所示，可以通过修改"方向"栏的选项来设置不同方向的变形分析云图。

Step6：图 8-52 所示为 Z 方向变形分析云图。

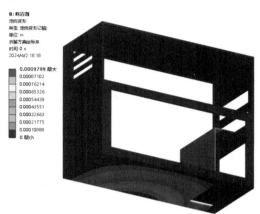

图 8-51　设置不同方向的变形分析云图　　　　图 8-52　Z 方向变形分析云图

8.3.6　保存与退出

Step1：单击 Mechanical 界面右上角的 ✕（关闭）按钮，退出 Mechanical 界面，返回 Workbench 主界面。此时，主界面的工程项目管理窗格中显示的分析项目均已完成，如图 8-53 所示。

图 8-53　工程项目管理窗格中的分析项目

Step2：在 Workbench 主界面中单击工具栏中的 📄（保存）按钮。

Step3：单击界面右上角的 ✕（关闭）按钮，退出 Workbench 主界面，完成项目分析。

8.4　本章小结

本章通过两个典型案例详细介绍了 ANSYS Workbench 软件的响应谱分析模块，包括模态分析的建模方法、网格划分的方法、边界条件的施加等。通过本章的学习，读者应该对响应谱分析的过程有较详细的了解。

第 9 章

瞬态动力学分析

本章将对 ANSYS Workbench 软件的瞬态动力学分析模块进行详细讲解，并通过几个典型案例来介绍瞬态动力学分析的一般步骤，包括几何建模（外部几何数据的导入）、材料赋予、网格设置与划分、边界条件设定、后处理等操作。

学习目标：

- 熟练掌握 ANSYS Workbench 瞬态动力学分析的过程。
- 了解瞬态动力学分析与其他分析的不同之处。
- 了解瞬态动力学分析的应用场合。

9.1 瞬态动力学分析概述

瞬态动力学分析是一种时域分析，是分析结构在随时间变化的载荷作用下产生动力响应的技术。其输入的数据是时间函数的载荷，而输出的结果是随时间变化的位移或其他输出量。

瞬态动力学分析的应用范围很广，适用于汽车车门、缓冲器、悬挂系统等承受各种冲击载荷的结构。

9.1.1 瞬态动力学分析简介

瞬态动力学分析分为线性瞬态动力学分析和非线性瞬态动力学分析两种类型。

线性瞬态动力学分析是指模型中不包括任何非线性特征，适用于线性材料、小位移、小应变及刚度不变的结构的瞬态动力学分析。

非线性瞬态动力学分析是指分析过程中可以考虑各种非线性行为，如材料非线性、大变形、大位移、接触碰撞等的瞬态动力学分析。

9.1.2 瞬态动力学分析方程

瞬态动力学分析的一般方程为

$$Mx'' + Cx' + Kx = F(t) \tag{9-1}$$

$$\gamma_i = x_i^{\mathrm{T}} MD \tag{9-2}$$

$$x_i^{\mathrm{T}} Mx_i = 1 \tag{9-3}$$

$$M_{ei} = \gamma_i^2 = \frac{\gamma_i^2}{x_i^{\mathrm{T}} Mx_i} \tag{9-4}$$

式中，M 是质量矩阵；C 是阻尼矩阵；K 是刚度矩阵；x 是位移矢量；$F(t)$ 是力矢量；x' 是速度矢量；x'' 是加速度矢量。

ANSYS Workbench 有两种方法求解上述方程，即隐式求解法和显式求解法。

隐式求解法：

- ANSYS 使用 Newmark 时间积分法，也称为开式求解法或修正求解法。
- 积分时间步可以较大，但方程求解时间较长（存在收敛问题）。
- 除时间步必须很小以外，对大多数问题都是有效的。
- 当前时间点的位移由包括时间点的方程推导出来。

显式求解法：

- ANSYS-LS/DYNA 方法，也称为闭式求解法或预测求解法。
- 积分时间步必须很小，但求解速度很快（没有收敛问题）。
- 可用于波的传播、冲击载荷和高度非线性问题。
- 当前时间点的位移由包括时间点的方程推导出来。
- 积分时间步的大小仅受精度条件控制，无稳定性问题。

9.2 项目分析 1——实体梁瞬态动力学分析

本节主要介绍使用 ANSYS Workbench 的瞬态动力学分析模块分析实体梁模型在 100N 瞬态力作用下的位移响应。

学习目标：

熟练掌握 ANSYS Workbench 建模方法及瞬态动力学分析的方法及过程。

模型文件	无
结果文件	配套资源\Chapter9\char9-1\Beam_Transient.wbpj

9.2.1　问题描述

图 9-1 所示为某实体梁模型，请分析实体梁模型在-Y 方向作用 150N 瞬态力下的位移响应情况。

9.2.2　启动 Workbench 并建立分析项目

Step1：在 Windows 系统下启动 ANSYS Workbench，进入主界面。

Step2：双击主界面"工具箱"中的"组件系统"→"几何结构"命令，即可在"项目原理图"中创建分析项目 A，如图 9-2 所示。

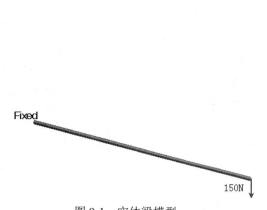

图 9-1　实体梁模型

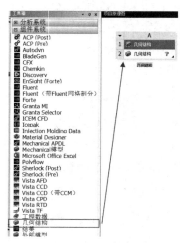

图 9-2　创建分析项目 A

9.2.3　创建几何体

Step1：右击 A2 栏的"几何结构"选项，在弹出的快捷菜单中选择"新的 DesignModeler 几何结构"命令，如图 9-3 所示，此时会弹出 DesignModeler 界面。

图 9-3　选择"新的 DesignModeler 几何结构"命令

Step2：在 DesignModeler 界面中将单位设置为毫米，如图 9-4 所示。

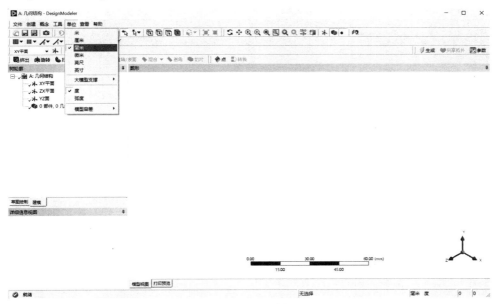

图 9-4   设置单位

Step3：选择"树轮廓"中的"XY 平面"命令，然后在工具栏中单击 按钮，如图 9-5 所示，此时 XY 平面自动旋转至与屏幕平行。

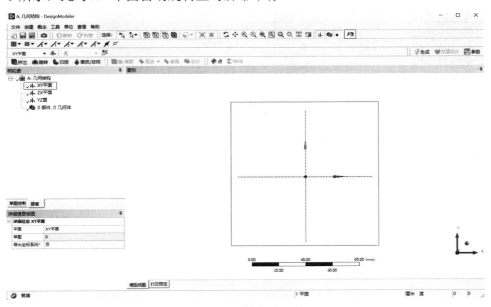

图 9-5   旋转草绘平面

Step4：如图 9-6 所示，单击"草图绘制"按钮，切换到草绘模块，选择"绘制"→"矩形"命令，绘制矩形。

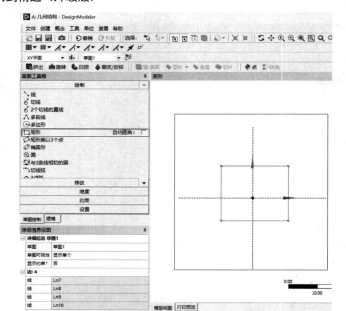

图 9-6　草绘图形

Step5：选择"维度"→"通用"命令，如图 9-7 所示，对几何尺寸进行标注。

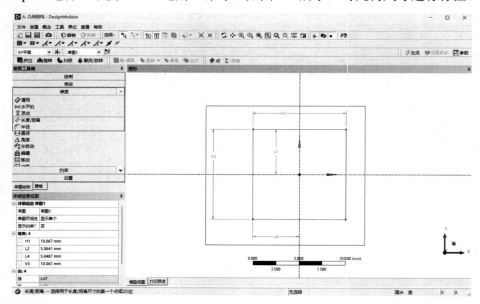

图 9-7　标注几何尺寸

Step6：选择"维度"→"通用"命令，如图 9-8 所示，修改几何尺寸，具体尺寸如下。

H1 为 10mm，L2 为 5mm，L4 为 5mm，V3 为 10mm。

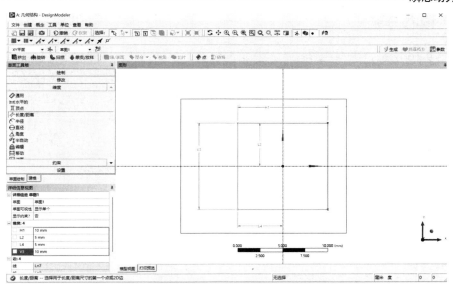

图 9-8　修改几何尺寸

Step7：单击常用命令栏中的 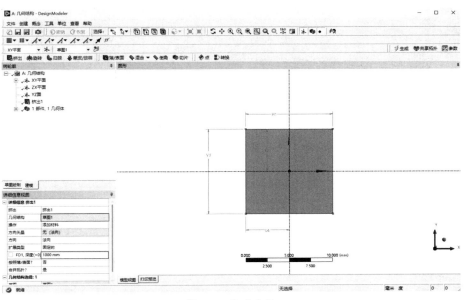 按钮，生成实体，如图 9-9 所示。在"详细信息视图"面板中进行如下设置。

① 确保在"几何结构"栏中"草图 1"被选中。

② 在"扩展类型"→"FD1,深度(>0)"栏中输入 1000 毫米，单击常用命令栏中的"生成"按钮，生成实体。

图 9-9　生成实体

Step8：单击 DesignModeler 界面右上角的 ✕ （关闭）按钮，退出 DesignModeler 界面，返回 Workbench 主界面。

9.2.4　模态分析

如图 9-10 所示，选择主界面"工具箱"中的"分析系统"→"模态"分析命令，然后将鼠标指针移到项目 A 中 A2 栏的"几何结构"选项中，此时在项目 A 的右侧出现一个项目 B，项目 A 与项目 B 的几何结构数据实现共享。

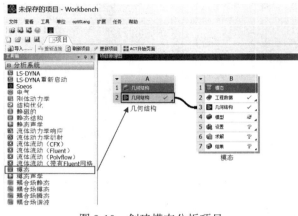

图 9-10　创建模态分析项目

9.2.5　创建材料

Step1：双击项目 B 中 B2 栏的"工程数据"选项，进入如图 9-11 所示的材料参数设置界面。在该界面下可进行材料参数设置。

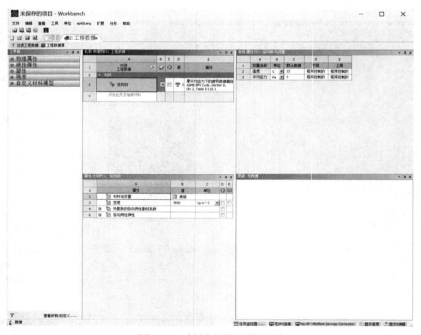

图 9-11　材料参数设置界面

Step2：如图 9-12 所示，在"轮廓原理图 B2:工程数据"表的 A3 栏中输入新材料名称，如"新材料"。

Step3：如图 9-13 所示，将"工具箱"中的"物理属性"→"密度"命令直接拖曳到"属性 大纲行 4：新材料"表中的 A（属性）栏中。

图 9-12　输入新材料名称

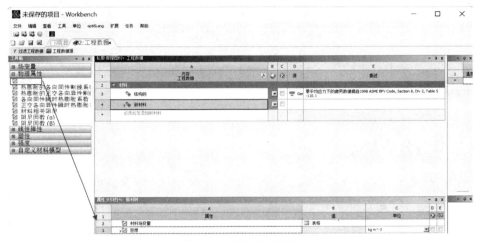

图 9-13　添加密度属性

在 B2（值）栏中显示为黄色，表示需要输入数据。

Step4：如图 9-14 所示，将"工具箱"中的"线性弹性"→"各向同性弹性"命令直接拖曳到"属性 大纲行 4：新材料"表的 A（属性）栏中。

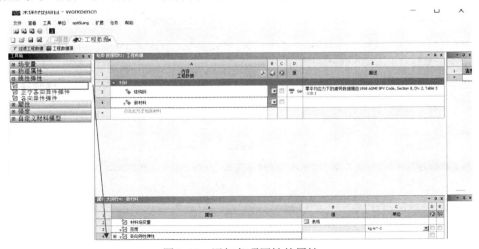

图 9-14　添加各项同性的属性

Step5：如图 9-15 所示，在"属性 大纲行 4：新材料"表的 B3 栏中输入 7830，单位为默认值；在 B6 栏中输入 2.068E+11，单位为默认值；在 B7 栏中输入 0.33，单位为默认值。

图 9-15　输入数值

Step6：在完成新材料的创建后，单击工具栏中的 项目 按钮，返回 Workbench 主界面。

9.2.6　模态分析前处理

Step1：双击项目 B 中 B4 栏的"模型"选项，此时会出现 Mechanical 界面，如图 9-16 所示。

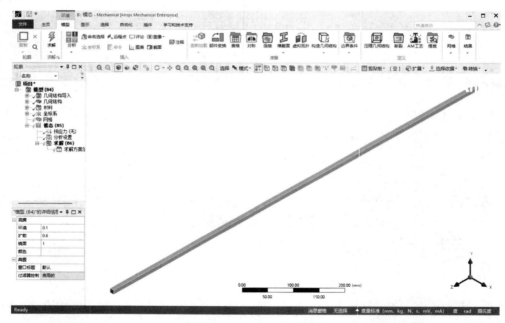

图 9-16　Mechanical 界面

Step2：选择 Mechanical 界面左侧"轮廓"（分析树）中的"几何结构"→"固体"命令，此时可在"'固体'的详细信息"面板中设置材料属性，如图 9-17 所示，将新添加的材料"新材料"赋给几何体。

Step3：选择 Mechanical 界面左侧"轮廓"（分析树）中的"网格"命令，此时可在"'网格'的详细信息"面板中修改网格参数，如图 9-18 所示，在"详细信息"→"单元尺寸"栏中输入 5.e-003mm，其余选项采用默认设置。

图 9-17　设置材料属性　　　　图 9-18　修改网格参数

Step4：右击"轮廓"（分析树）中的"网格"命令，在弹出的快捷菜单中选择"生成网格"命令，如图 9-19 所示。此时会弹出网格划分进度栏，表示网格正在划分，当网格划分完成后，进度栏会自动消失。最终的网格效果如图 9-20 所示。

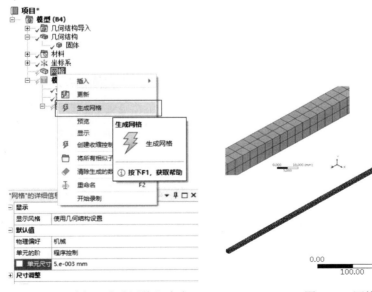
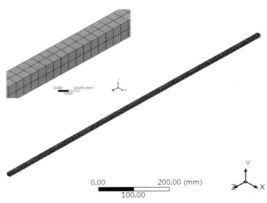

图 9-19　选择"生成网格"命令　　　　图 9-20　网格效果

9.2.7 施加约束

Step1：选择 Mechanical 界面左侧"轮廓"（分析树）中的"模态（B5）"命令，此时会出现如图 9-21 所示的"环境"选项卡。

Step2：选择"环境"选项卡中的"结构"→"固定的"命令，此时在分析树中会出现"固定支撑"命令，如图 9-22 所示。

图 9-21　"环境"选项卡　　　　　　　　　图 9-22　添加"固定支撑"命令

Step3：单击工具栏中的 （选择面）按钮，然后单击工具栏中 按钮中的，使其变成 （框选择）按钮。选择"固定支撑"命令，选择实体单元的一端（位于 Z 轴最大值的一端），在"'固定支撑'的详细信息"面板的"几何结构"栏中确保出现 1 面，表明端面被选中，即可在选中的面上施加固定约束，如图 9-23 所示。

Step4：右击"轮廓"（分析树）中的"模态（B5）"命令，在弹出的快捷菜单中选择" 求解"命令，如图 9-24 所示。此时会弹出进度条，表示正在求解，当求解完成后，进度条会自动消失。

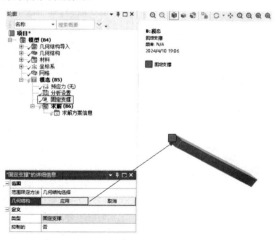

图 9-23　施加固定约束　　　　　　　　　图 9-24　选择"求解"命令

9.2.8 结果后处理（1）

Step1：选择 Mechanical 界面左侧"轮廓"（分析树）中的"求解（B6）"命令，此时会出现如图 9-25 所示的"求解"选项卡。

Step2：选择"求解"选项卡中的"结果"→"变形"→"总计"命令，如图 9-26 所示，此时在分析树中会出现"总变形"命令。

图 9-25　"求解"选项卡

图 9-26　添加"总变形"命令

Step3：右击"轮廓"（分析树）中的"求解（B6）"命令，在弹出的快捷菜单中选择"评估所有结果"命令，如图 9-27 所示。此时会弹出进度条，表示正在求解，当求解完成后，进度条会自动消失。

Step4：选择"轮廓"（分析树）中的"求解（B6）"→"总变形"命令，此时会出现如图 9-28 所示的一阶模态总变形分析云图。

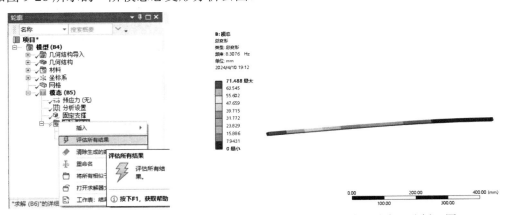

图 9-27　选择"评估所有结果"命令

图 9-28　一阶模态总变形分析云图

Step5：图 9-29 所示为实体梁的各阶模态频率。

Step6：ANSYS Workbench 默认的模态阶数为六阶，选择"轮廓"（分析树）中的"模态（B5）"→"分析设置"命令，在出现的"'分析设置'的详细信息"面板的"选项"→"最大模态阶数"栏中可以修改模态数量，如图9-30所示。

图9-29　各阶模态频率　　　　　　图9-30　修改模态数量

Step7：单击Mechanical界面右上角的 ✕（关闭）按钮，退出Mechanical界面，返回Workbench主界面。

9.2.9　瞬态动力学分析

Step1：如图9-31所示，返回Workbench主界面，选择"工具箱"中的"分析系统"→"瞬态结构"命令，将其直接拖曳到项目B中B6栏的"求解"选项中。

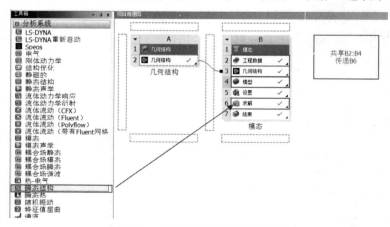

图9-31　创建瞬态动力学分析项目

Step2：如图9-32所示，项目B与项目C直接实现了数据共享，此时在项目C中C5栏的"设置"选项后会出现 🔁 图标。

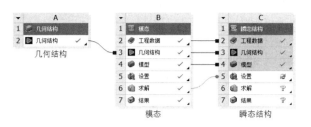

图 9-32　数据共享

Step3：如图 9-33 所示，双击项目 C 中 C5 栏的"设置"选项，进入 Mechanical 界面。

图 9-33　Mechanical 界面

Step4：如图 9-34 所示，右击"轮廓"（分析树）中的"（B5）模态"命令，在弹出的快捷菜单中选择"　求解"命令，进行模态计算。

图 9-34　选择"求解"命令

9.2.10 添加动态力载荷

Step1：选择 Mechanical 界面左侧"轮廓"（分析树）中的"瞬态（C5）"命令，此时会出现如图 9-35 所示的"环境"选项卡。

Step2：选择"环境"选项卡中的"结构"→"力"命令，如图 9-36 所示，此时在分析树中会出现"力"命令。

图 9-35 "环境"选项卡

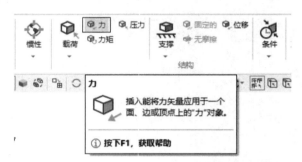

图 9-36 添加"力"命令

Step3：选择 Mechanical 界面左侧"轮廓"（分析树）中的"瞬态（C5）"→"力"命令，在出现的"'力'的详细信息"面板中进行如下设置，如图 9-37 所示。

① 在"范围"→"几何结构"栏中选择实体梁模型的另一端（Z 值为 0 的一端）。

② 在"定义"→"定义依据"栏中选择"分量"选项，然后在"Y 分量"栏中输入−150N；保持"X 分量"和"Z 分量"栏的值为 0N。

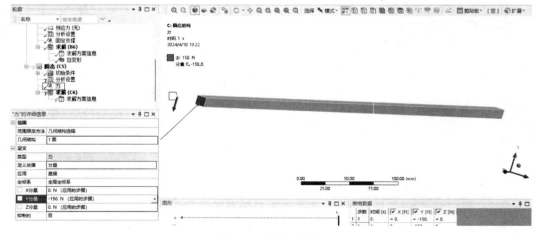

图 9-37 设置力属性

Step4：如图 9-38 所示，在"轮廓"（分析树）中选择"瞬态（C5）"→"分析设置"命令，在出现的"'分析设置'的详细信息"面板中进行如下设置。

① 在"步骤数量"栏中输入 2，表示计算共有两个分析步。

② 在"当前步数"栏中输入 1，表示当前分析为步骤 1。

③ 在"步骤结束时间"栏中输入 0.1s，表示这个分析步持续时间为 0.1s。

④ 在"时步"栏中输入 1.e−002s，表示时间步为 0.01s。

Step5：同样，如图 9-39 所示，在"当前步数"栏中输入 2，在"步骤结束时间"栏中输入 7.5s。

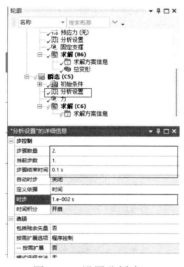

图 9-38　设置分析步 1　　　　　　　　　图 9-39　设置分析步 2

Step6：如图 9-40 所示，选择"力"命令，会弹出一个"表格数据"表格，在该表格中输入如表 9-1 所示的数值。

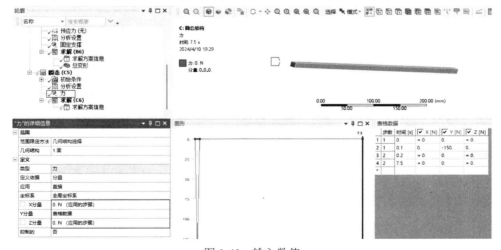

图 9-40　输入数值

Note

表 9-1 载荷时间表

序号	步数	时间/s	X/N	Y/N	Z/N
1	1	0	0	0	0
2	1	0.1	0	−150	0
3	2	0.2	0	0	0
4	2	7.5	0	0	0

Step7：如图 9-41 所示，选择"瞬态（C5）"→"分析设置"命令，在出现的"'分析设置'的详细信息"面板中进行如下设置。

① 在"阻尼控制"→"数值阻尼"栏中选择"手动"选项。

② 在"数值阻尼值"栏中将阻尼比改成 0.5。

Step8：如图 9-42 所示，右击"瞬态（C5）"命令，在弹出的快捷菜单中选择"求解"命令，此时会弹出进度条，表示正在求解，当求解完成后，进度条会自动消失。

图 9-41 设置阻尼比

图 9-42 计算求解

9.2.11 结果后处理（2）

Step1：选择 Mechanical 界面左侧"轮廓"（分析树）中的"求解（C6）"命令，此时会出现如图 9-43 所示的"求解"选项卡。

Step2：选择"求解"选项卡中的"结果"→"变形"→"总计"命令，如图 9-44 所示，此时在分析树中会出现"总变形"命令。

Step3：右击"轮廓"（分析树）中的"求解（C6）"命令，在弹出的快捷菜单中选择"求解"命令，如图 9-45 所示。此时会弹出进度条，表示正在求解，当求解完成后，进度条会自动消失。

Step4：选择"轮廓"（分析树）中的"求解（C6）"→"总变形"命令，此时会出现如图 9-46 所示的变形分析云图。

图 9-43　"求解"选项卡

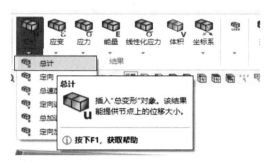

图 9-44　添加"总变形"命令

图 9-45　选择"求解"命令

图 9-46　变形分析云图

Step5：图 9-47 所示为位移随时间变化的响应曲线。

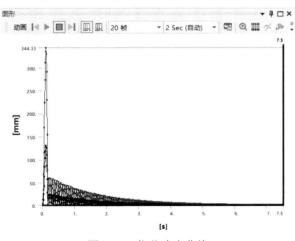

图 9-47　位移响应曲线

9.2.12　保存与退出

Step1：单击 Mechanical 界面右上角的 ▣✕（关闭）按钮，退出 Mechanical 界面，返回 Workbench 主界面。此时，主界面的工程项目管理窗格中显示的分析项目均已完成，如图 9-48 所示。

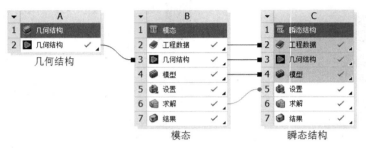

图 9-48　工程项目管理窗格中的分析项目

Step2：在 Workbench 主界面中单击工具栏中的 ▦（保存）按钮，保存文件名为 Beam_Transient.wbpj。

Step3：单击界面右上角的 ▣✕（关闭）按钮，退出 Workbench 主界面，完成项目分析。

9.3 项目分析 2——弹簧瞬态动力学分析

本节主要介绍使用 ANSYS Workbench 的瞬态动力学分析模块分析弹簧模型在 1200N 瞬态力作用下的位移响应。

学习目标：

熟练掌握 ANSYS Workbench 瞬态动力学分析的方法及过程。

模型文件	配套资源\Chapter9\char9-2\extension_spring.x_t
结果文件	配套资源\Chapter9\char9-2\Spring_Transient.wbpj

9.3.1　问题描述

图 9-49 所示为某弹簧模型，请分析弹簧模型在-X 方向作用 1200N 瞬态力下的位移响应情况。

9.3.2　启动 Workbench 并建立分析项目

Step1：在 Windows 系统下启动 ANSYS Workbench，进入主界面。

Step2：双击主界面"工具箱"中的"组件系统"→"几何结构"命令，即可在"项目原理图"中创建分析项目 A，如图 9-50 所示。

图 9-49　弹簧模型　　　　　　　　图 9-50　创建分析项目 A

9.3.3　创建几何体

Step1：右击 A2 栏的"几何结构"选项，在弹出的快捷菜单中选择"导入几何模型"→"浏览"命令，如图 9-51 所示，此时会弹出"打开"对话框。

图 9-51　选择"浏览"命令

Step2：如图 9-52 所示，在"打开"对话框中选择文件路径，选择 extension_spring.x_t 几何体文件，并单击"打开"按钮。

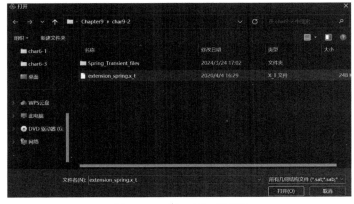

图 9-52　"打开"对话框

Step3：如图 9-53 所示，双击项目 A 中 A2 栏的"几何结构"选项，此时会弹出 DesignModeler 界面，可设置单位为毫米，单击常用命令栏中的 🗲 生成 按钮，生成弹簧几何体。

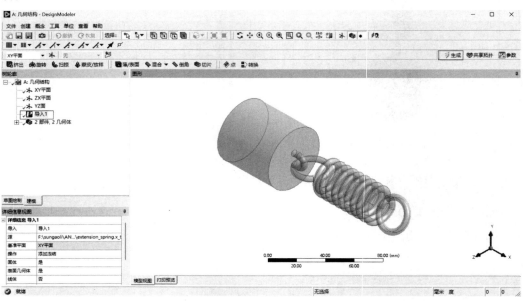

图 9-53　生成弹簧几何体

Step4：单击 DesignModeler 界面右上角的 ✖ （关闭）按钮，退出 DesignModeler 界面，返回 Workbench 主界面。

9.3.4　模态分析

如图 9-54 所示，选择主界面"工具箱"中的"分析系统"→"模态"分析命令，然后将其拖曳到项目 A 中 A2 栏的"几何结构"选项中，此时在项目 A 的右侧会出现一个项目 B，并且项目 A 与项目 B 的几何结构数据实现共享。

图 9-54　创建模态分析项目

9.3.5　模态分析前处理

Step1：双击项目 B 中 B4 栏的"模型"选项，此时会出现 Mechanical 界面，如图 9-55 所示。

图 9-55　Mechanical 界面

Step2：如图 9-56 所示，选择 Mechanical 界面左侧"轮廓"（分析树）中的"连接"→"接触"→"无摩擦"命令，在出现的详细信息面板中进行如下设置。

在"定义"→"类型"栏中选择接触类型为"绑定"。

Step3：选择 Mechanical 界面左侧"轮廓"（分析树）中的"网格"命令，此时可在"'网格'的详细信息"面板中修改网格参数，如图 9-57 所示，在"尺寸调整"→"分辨率"栏中设置为 6，其余选项采用默认设置。

图 9-56　设置接触类型

图 9-57　修改网格参数

Note

Step4：右击"轮廓"（分析树）中的"网格"命令，在弹出的快捷菜单中选择"⚡生成网格"命令，如图9-58所示。此时会弹出进度条，表示网格正在划分，当网格划分完成后，进度条会自动消失。最终的网格效果如图9-59所示。

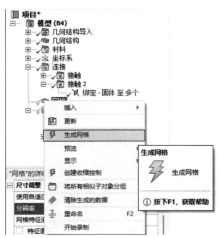

图9-58　选择"生成网格"命令　　　　　图9-59　网格效果

9.3.6　施加约束

Step1：选择 Mechanical 界面左侧"轮廓"（分析树）中的"模态（B5）"命令，此时会出现如图9-60所示的"环境"选项卡。

Step2：选择"环境"选项卡中的"结构"→"固定的"命令，此时在分析树中会出现"固定支撑"命令，如图9-61所示。

图9-60　"环境"选项卡　　　　　图9-61　添加"固定支撑"命令

Step3：单击工具栏中的 ▣（选择面）按钮，然后单击工具栏中 ▾ 按钮的▾，使其变成 ▾（框选择）按钮。选择"固定支撑"命令，选择实体单元的一端（位于 X 轴最大值的一端），确保"'固定支撑'的详细信息"面板的"几何结构"栏中出现2面，表明上述两个面被选中，此时可在选中的面上施加固定约束，如图9-62所示。

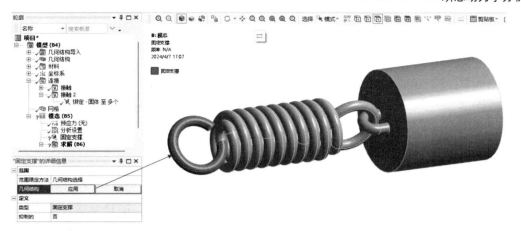

图 9-62　施加固定约束

Step4：右击"轮廓"（分析树）中的"模态（B5）"命令，在弹出的快捷菜单中选择"　　求解"命令，如图 9-63 所示。此时会弹出进度条，表示正在求解，当求解完成后，进度条会自动消失。

图 9-63　选择"求解"命令

9.3.7　结果后处理（1）

Step1：选择 Mechanical 界面左侧"轮廓"（分析树）中的"求解（B6）"命令，此时会出现如图 9-64 所示的"求解"选项卡。

Step2：选择"求解"选项卡中的"结果"→"变形"→"总计"命令，如图 9-65 所示，此时在分析树中会出现"总变形"命令。

图 9-64　"求解"选项卡　　　　　　　　　　　图 9-65　添加"总变形"命令

Step3：右击"轮廓"（分析树）中的"求解（B6）"命令，在弹出的快捷菜单中选择"评估所有结果"命令，如图 9-66 所示。此时会弹出进度条，表示正在求解，当求解完成后，进度条会自动消失。

Step4：选择"轮廓"（分析树）中的"求解（B6）"→"总变形"命令，此时会出现如图 9-67 所示的一阶模态总变形分析云图。

图 9-66　选择"评估所有结果"命令　　　　图 9-67　一阶模态总变形分析云图

Step5：图 9-68 所示为弹簧的各阶模态频率。

Step6：ANSYS Workbench 默认的模态阶数为六阶。选择"轮廓"（分析树）中的"模态（B5）"→"分析设置"命令，在出现的"'分析设置'的详细信息"面板的"选项"→"最大模态阶数"栏中可以修改模态数量，如图 9-69 所示。

Step7：单击 Mechanical 界面右上角的 ██（关闭）按钮，退出 Mechanical 界面，返回 Workbench 主界面。

图 9-68 各阶模态频率　　　　　　　　　　图 9-69 修改模态数量

9.3.8 瞬态动力学分析

Step1：如图 9-70 所示，返回 Workbench 主界面，选择"工具箱"中的"分析系统"→"瞬态结构"命令，将其直接拖曳到项目 B 中 B6 栏的"求解"选项中。

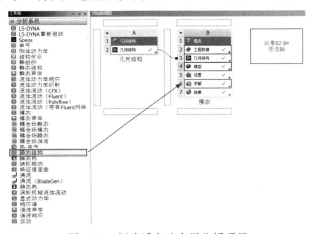

图 9-70 创建瞬态动力学分析项目

Step2：如图 9-71 所示，项目 B 与项目 C 实现了数据共享，此时在项目 C 中 C5 栏的"设置"选项后会出现 图标。

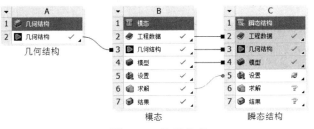

图 9-71 数据共享

Step3：如图 9-72 所示，双击项目 C 中 C5 栏的"设置"选项，进入 Mechanical 界面。

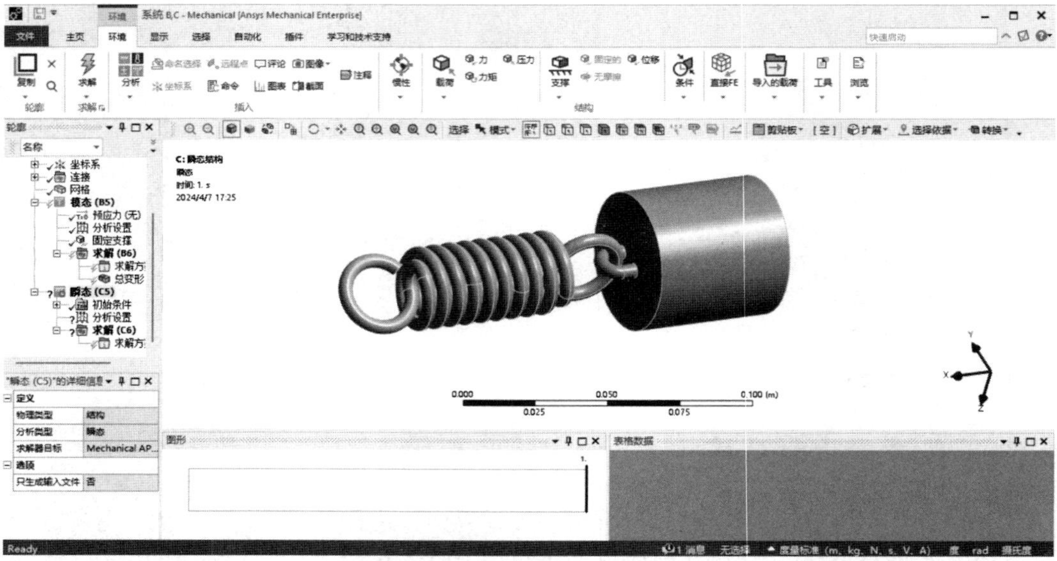

图 9-72　Mechanical 界面

Step4：如图 9-73 所示，右击"轮廓"（分析树）中的"模态（B5）"命令，在弹出的快捷菜单中选择" 求解"命令，进行模态计算。

图 9-73　选择"求解"命令

9.3.9　添加动态力载荷

Step1：选择 Mechanical 界面左侧"轮廓"（分析树）中的"瞬态（C5）"命令，此时会出现如图 9-74 所示的"环境"选项卡。

Step2：选择"环境"选项卡中的"结构"→"力"命令，如图 9-75 所示，此时在分析树中会出现"力"命令。

Step3：如图 9-76 所示，选择 Mechanical 界面左侧"轮廓"（分析树）中的"瞬态"（C5）→"力"命令，在出现的"'力'的详细信息"面板中进行如下设置。

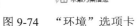

图 9-74 "环境"选项卡

图 9-75 添加 Force 命令

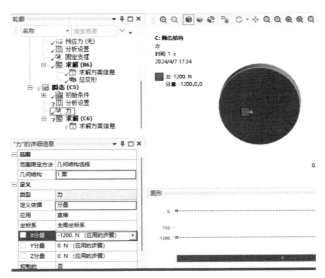

图 9-76 设置力属性

① 在"范围"→"几何结构"栏中选择圆柱底端。

② 在"定义"→"定义依据"栏中选择"分量"选项，然后在"X 分量"栏中输入 −1200N；保持"Y 分量"和"Z 分量"栏的值为 0N。

Step4：在"轮廓"（分析树）中选择"瞬态（C5）"→"分析设置"命令，如图 9-77 所示，在出现的"'分析设置'的详细信息"面板中进行如下设置。

① 在"步骤数量"栏中输入 2，表示计算共有两个分析步。

② 在"当前步数"栏中输入 1，表示当前分析为步骤 1。

③ 在"步骤结束时间"栏中输入 0.1s，表示这个分析步持续时间为 0.1s。

④ 在"时步"栏中输入 1.e−002s，表示时间步为 0.01s。

Step5：同样，如图 9-78 所示，在"当前步数"栏中输入 2，在"步骤结束时间"栏中输入 10s，其余选项的设置与图 9-77 相同。

图 9-77　设置分析步 1　　　　　　图 9-78　设置分析步 2

Step6：如图 9-79 所示，选择"力"命令，会弹出一个"表格数据"表格，在该表格中输入如表 9-2 所示的数值。

表 9-2　载荷时间表

序号	步数	时间/s	X/N	Y/N	Z/N
1	1	0	0	0	0
2	1	0.1	−1200	0	0
3	2	0.15	0	0	0
4	2	10	0	0	0

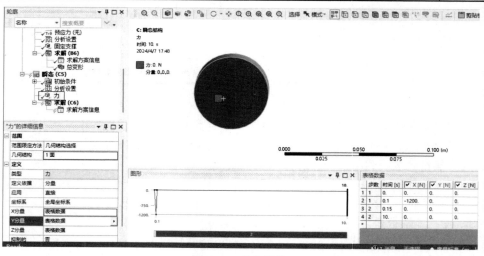

图 9-79　输入数值

Step7：如图 9-80 所示，选择"瞬态（C5）"→"分析设置"命令，在出现的"'分析设置'的详细信息"面板中进行如下设置。

① 在"阻尼控制"→"数值阻尼"栏中选择"手动"选项。

② 在"数值阻尼值"栏中将阻尼比改成 0.005。

Step8：如图 9-81 所示，右击"瞬态（C5）"命令，在弹出的快捷菜单中选择"求解"命令，此时会弹出进度条，表示正在求解，当求解完成后，进度条会自动消失。

图 9-80　设置阻尼比

图 9-81　求解

9.3.10　结果后处理（2）

Step1：选择 Mechanical 界面左侧"轮廓"（分析树）中的"求解（C6）"命令，此时会出现如图 9-82 所示的"求解"选项卡。

Step2：选择"求解"选项卡中的"结果"→"变形"→"总计"命令，如图 9-83 所示，此时在分析树中会出现"总变形"命令。

图 9-82　"求解"选项卡

图 9-83　添加"总变形"命令

Step3：右击"轮廓"（分析树）中的"求解（C6）"命令，在弹出的快捷菜单中选择"评估所有结果"命令，如图 9-84 所示。此时会弹出进度条，表示正在求解，当求解

完成后，进度条会自动消失。

Step4：选择"轮廓"（分析树）中的"求解（C6）"→"定向变形"命令，此时会出现如图 9-85 所示的变形分析云图。

图 9-84　选择"评估所有结果"命令　　　　　图 9-85　变形分析云图

Step5：图 9-86 所示为位移随时间变化的响应曲线。

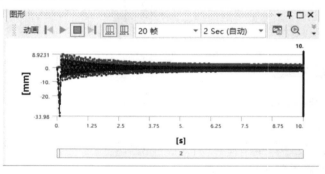

图 9-86　位移响应曲线

9.3.11　保存与退出

Step1：单击 Mechanical 界面右上角的 ❌（关闭）按钮，退出 Mechanical 界面，返回 Workbench 主界面。此时主界面的工程项目管理窗格中显示的分析项目均已完成，如图 9-87 所示。

图 9-87　工程项目管理窗格中的分析项目

Step2：在 Workbench 主界面中单击工具栏中的 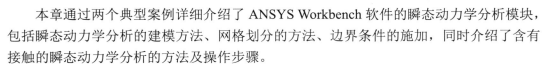（保存）按钮，保存文件名为
Spring_Transient.wbpj。

Step3：单击界面右上角的 ████（关闭）按钮，退出 Workbench 主界面，完成项目
分析。

9.4　本章小结

　　本章通过两个典型案例详细介绍了 ANSYS Workbench 软件的瞬态动力学分析模块，
包括瞬态动力学分析的建模方法、网格划分的方法、边界条件的施加，同时介绍了含有
接触的瞬态动力学分析的方法及操作步骤。

　　通过本章的学习，读者应该对瞬态动力学分析的过程有较详细的了解。

第10章

随机振动分析

本章将对 ANSYS Workbench 软件的随机振动分析模块进行详细讲解，并通过几个典型案例来介绍随机振动分析的一般步骤，包括几何建模（外部几何数据的导入）、材料赋予、网格设置与划分、边界条件设定、后处理等操作。

学习目标：

- 熟练掌握 ANSYS Workbench 随机振动分析的过程。
- 了解随机振动分析与其他分析的不同之处。
- 了解随机振动分析的应用场合。

10.1　随机振动分析概述

随机振动分析是一种基于概率统计学理论的谱分析技术。例如，火箭在发射时结构承受的载荷谱，其每次发射所产生的载荷谱不同，但统计规律相同。

随机振动分析的目的是应用基于概率统计学理论的功率谱密度分析，分析载荷作用过程中的统计规律。

功率谱密度（PSD）是激励和响应的方差随频率的变化。

- PSD 曲线围成的面积是响应的方差。
- PSD 的单位是方差/Hz，如加速度功率谱的单位是 g2/Hz 等。
- PSD 可以是位移、速度、加速度、力或压力。

随机振动的输入量为结构的自然频率和振型、功率谱密度曲线。

随机振动的输出量为1σ、2σ、3σ位移和应力（用于疲劳分析）。其中，1σ位移表示概率为 68.3%时的分布云图；2σ位移表示概率为 95.951%时的分布云图；3σ位移表示概率为 99.737%时的分布云图。

10.2 项目分析 1——实体梁随机振动分析

本节主要介绍使用 ANSYS Workbench 的随机振动分析模块分析实体梁模型的随机振动响应。

学习目标：

熟练掌握 ANSYS Workbench 随机振动分析的方法及过程。

模型文件	配套资源\Chapter10\char10-1\Beam_Random_Vibration.agdb
结果文件	配套资源\Chapter10\char10-1\Beam_Random_Vibration.wbpj

10.2.1 问题描述

图 10-1 所示为某实体梁模型，请分析实体梁模型在加速度激励下的位移响应情况。

10.2.2 启动 Workbench 并建立分析项目

Step1：在 Windows 系统下启动 ANSYS Workbench，进入主界面。

Step2：双击主界面"工具箱"中的"组件系统"→"几何结构"命令，即可在"项目原理图"中创建分析项目 A，如图 10-2 所示。

图 10-1　实体梁模型

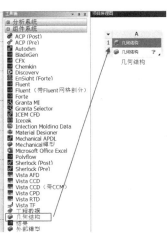

图 10-2　创建分析项目 A

10.2.3 创建几何体

Step1：右击 A2 栏的"几何结构"选项，在弹出的快捷菜单中选择"新的 DesignModeler 几何结构"命令，如图 10-3 所示，此时会启动 DesignModeler 界面。

图 10-3　选择"新的 DesignModeler 几何结构"命令

Step2：在启动 DesignModeler 界面后，将单位设置为毫米，如图 10-4 所示。

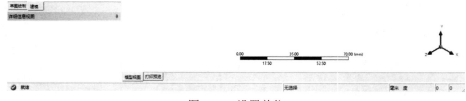

图 10-4　设置单位

　　Step3：选择"树轮廓"中的"XY 平面"命令，然后在工具栏中单击 按钮，如图 10-5 所示，此时 XY 平面自动旋转至与屏幕平行。

　　Step4：单击"草图绘制"按钮，如图 10-6 所示，切换到草绘模块，选择"绘制" → "矩形"命令，绘制矩形。

　　Step5：选择"维度" → "通用"命令，如图 10-7 所示，对几何尺寸进行标注。

　　Step6：选择"维度" → "通用"命令，如图 10-8 所示，修改几何尺寸，具体尺寸如下。

　　H1 为 10mm，L2 为 5mm，L4 为 5mm，V3 为 10mm。

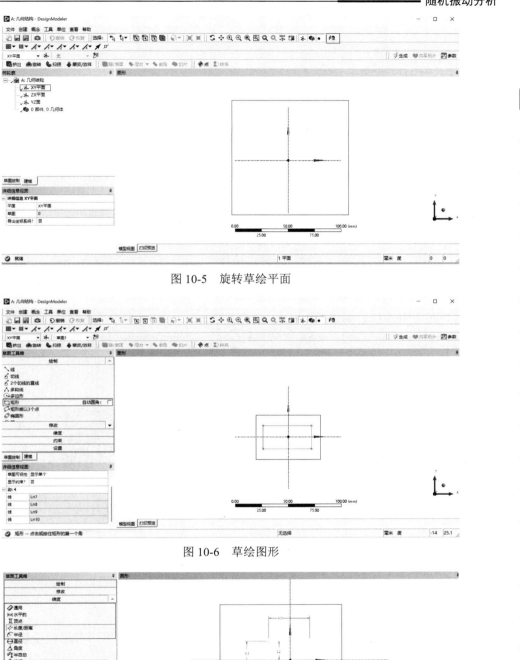

图 10-5　旋转草绘平面

图 10-6　草绘图形

图 10-7　标注几何尺寸

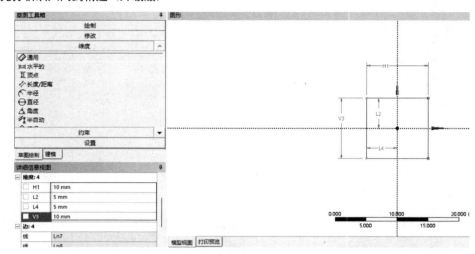

图 10-8　修改几何尺寸

Step7：单击常用命令栏中的 🔲挤出 按钮，生成实体，如图 10-9 所示，在"详细信息视图"面板中进行如下设置。

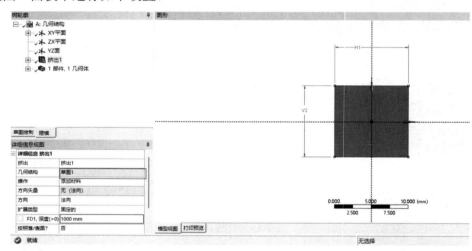

图 10-9　生成实体

① 在"几何结构"栏中确保"草图 1"（草绘）被选中。

② 在"扩展类型"的"FD1,深度(>0)"栏中输入 1000mm，单击常用命令栏中的"生成"按钮，生成实体。

Step8：单击 DesignModeler 界面右上角的 ❎ （关闭）按钮，退出 DesignModeler 界面，返回 Workbench 主界面。

10.2.4　模态分析

选择主界面"工具箱"中的"分析系统"→"模态"分析命令，如图 10-10 所示，然后将其移到项目 A 中 A2 栏的"几何结构"选项中，此时在项目 A 的右侧出现一个项目 B，并且项目 A 与项目 B 的几何结构数据实现共享。

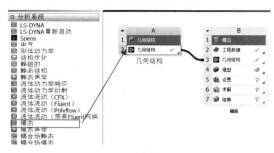

图 10-10　创建模态分析项目

10.2.5　创建材料

Step1：双击项目 B 中 B2 栏的"工程数据"选项，进入如图 10-11 所示的材料参数设置界面。在该界面下可进行材料参数设置。

图 10-11　材料参数设置界面

Step2：如图 10-12 所示，在"轮廓原理图 B2:工程数据"表的 A4 栏中输入新材料名称，如"新材料"。

Step3：如图 10-13 所示，将"工具箱"中的"物理属性"→"密度"命令直接拖曳到"属性 大纲行 4：新材料"表的 A3（属性）栏中。

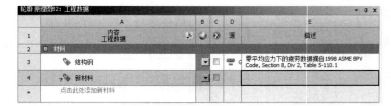

图 10-12　材料名称

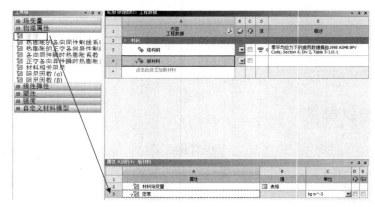

图 10-13　添加密度属性

注意　在 B3（值）栏中显示为黄色，表示需要输入数据。

Step4：如图 10-14 所示，将"工具箱"中的"线性弹性"→"各向同性弹性"命令直接拖曳到"属性 大纲行 4：新材料"表的 A4（属性）栏中。

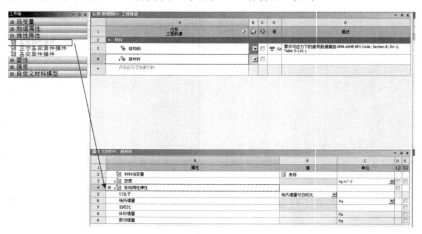

图 10-14　添加各向同性弹性

Step5：如图 10-15 所示，在"属性 大纲行 4：新材料"表的 B3 栏中输入 7830，单位为默认值；在 B6 栏中输入 2.068E+11，单位为默认值；在 B7 栏中输入 0.33，单位为默认值。

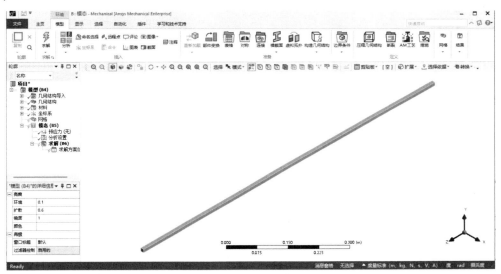

图 10-15　输入数值

Step6：在完成新材料的创建后，单击工具栏中的　□项目　按钮，返回 Workbench 主界面。

10.2.6　模态分析前处理

Step1：双击项目 B 中 B4 栏的"模型"选项，此时会出现 Mechanical 界面，如图 10-16 所示。

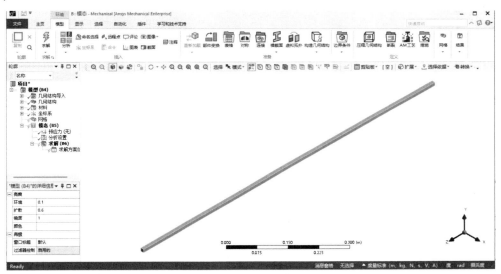

图 10-16　Mechanical 界面

Step2：选择 Mechanical 界面左侧"轮廓"（分析树）中的"几何结构"→"固体"命令，此时可在"'固体'的详细信息"（参数列表）面板中设置材料属性，如图 10-17 所示，将新添加的材料"新材料"赋予几何体。

Step3：选择 Mechanical 界面左侧"轮廓"（分析树）中的"网格"命令，此时可在"'网格'的详细信息"面板中修改网格参数，如图 10-18 所示，在"'网格'的详细信息"→"单元尺寸"栏中输入 5.e-003m，其余选项采用默认设置。

Step4：右击"轮廓"（分析树）中的"网格"命令，在弹出的快捷菜单中选择"生成网格"命令，如图 10-19 所示。此时会弹出网格划分进度栏，表示网格正在划分，当网格划分完成后，进度栏会自动消失。最终的网格效果如图 10-20 所示。

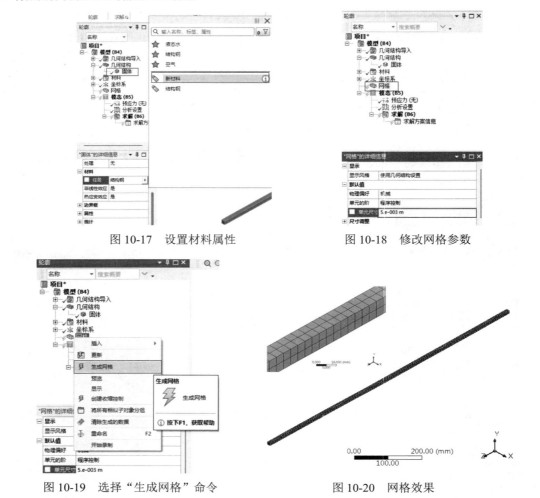

图 10-17 设置材料属性   图 10-18 修改网格参数

图 10-19 选择"生成网格"命令   图 10-20 网格效果

10.2.7 施加约束

Step1：选择 Mechanical 界面左侧"轮廓"（分析树）中的"模态（B5）"命令，此时会出现如图 10-21 所示的"环境"选项卡。

Step2：选择"环境"选项卡中的"结构"→"固定的"命令，此时在分析树中会出现"固定支撑"命令，如图 10-22 所示。

Step3：单击工具栏中的 ⬚（选择面）按钮，然后单击工具栏中 ⬚ 按钮中的 ，使其变成 ⬚（框选择）按钮。选择"固定支撑"命令，选择实体单元的一端（位于 Z 轴最大值的一端），在"'固定支撑'的详细信息"面板的"几何结构"栏中确保出现 2 面，表明端面被选中，即可在选中的面上施加固定约束，如图 10-23 所示。

Step4：右击"轮廓"（分析树）中的"模态（B5）"命令，在弹出的快捷菜单中选择" ⚡求解"命令，此时会弹出进度条，表示正在求解，当求解完成后，进度条会自动消失，如图 10-24 所示。

Note

图 10-21 "环境"选项卡

图 10-22 添加"固定支撑"命令

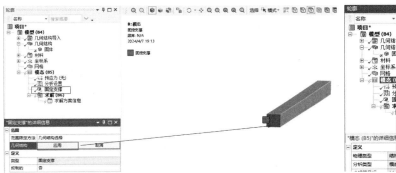

图 10-23 施加固定约束

图 10-24 求解

10.2.8 结果后处理（1）

Step1：选择 Mechanical 界面左侧"轮廓"（分析树）中的"求解（B6）"命令，此时会出现如图 10-25 所示的"求解"选项卡。

Step2：选择"求解"选项卡中的"结果"→"变形"→"总计"命令，如图 10-26 所示，此时在分析树中会出现"总变形"命令。

图 10-25 "求解"选项卡

图 10-26 添加"总变形"命令

Step3：右击"轮廓"（分析树）中的"求解（B6）"命令，在弹出的快捷菜单中选择
"⚡评估所有结果"命令，如图 10-27 所示。此时会弹出进度条，表示正在求解，当求解
完成后，进度条会自动消失。

Step4：选择"轮廓"（分析树）中的"求解（B6）"→"总变形"命令，此时会出现
如图 10-28 所示的一阶模态总变形分析云图。

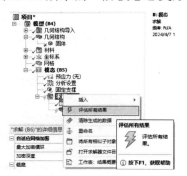

图 10-27　选择"评估所有结果"命令　　　　图 10-28　一阶模态总变形分析云图

Step5：图 10-29 所示为实体梁的各阶模态频率。

Step6：ANSYS Workbench 默认的模态阶数为六阶。选择"轮廓"（分析树）中的
"模态（B5）"→"分析设置"命令，在出现的详细信息面板的"选项"→"最大模态
阶数"栏中可以修改模态数量，如图 10-30 所示。

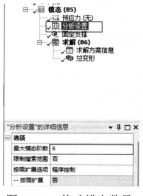

图 10-29　各阶模态频率　　　　　　　图 10-30　修改模态数量

Step7：单击 Mechanical 界面右上角的 ❎（关闭）按钮，退出 Mechanical 界面，
返回 Workbench 主界面。

10.2.9　随机振动分析

Step1：如图 10-31 所示，返回 Workbench 主界面，选择"工具箱"中的"分析系统"
→"随机振动"命令，将其直接拖曳到项目 B 中 B6 栏的"求解"选项中。

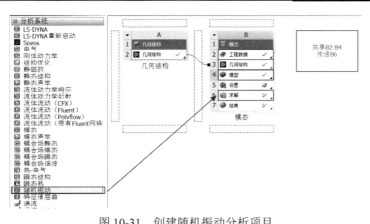

图 10-31　创建随机振动分析项目

Step2：如图 10-32 所示，项目 B 与项目 C 实现了数据共享，此时在项目 C 中 C5 栏的"设置"选项后会出现 图标。

图 10-32　数据共享

Step3：双击项目 C 中 C5 栏的"设置"选项，进入 Mechanical 界面，如图 10-33 所示。

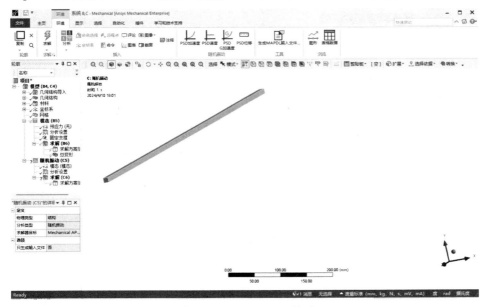

图 10-33　Mechanical 界面

Note

Step4：如图 10-34 所示，右击"轮廓"（分析树）中的"模态（B5）"命令，在弹出的快捷菜单中选择"求解"命令，进行模态计算。

图 10-34　选择"求解"命令

10.2.10　添加加速度谱

Step1：选择 Mechanical 界面左侧"轮廓"（分析树）中的"随机振动（C5）"命令，此时会出现如图 10-35 所示的"环境"选项卡。

Step2：选择"环境"选项卡中的"随机振动"→"PSD 加速度"命令，如图 10-36 所示，此时在分析树中会出现"PSD 加速度"命令。

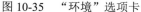

图 10-35　"环境"选项卡

图 10-36　添加"PSD 加速度"命令

Step3：选择 Mechanical 界面左侧"轮廓"（分析树）中的"随机振动"（C5）→"PSD 加速度"命令，在出现的"'PSD 加速度'的详细信息"面板中进行如下设置，如图 10-37 所示。

① 在"范围"→"边界条件"栏中选择"固定支撑"选项。

② 在"定义"→"加载数据"栏中选择"表格数据"选项，然后在右侧的"表格数据"表格中填入如表 10-1 所示的数据。

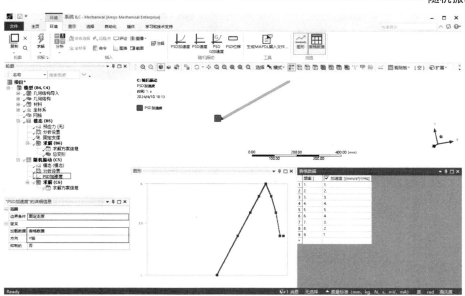

图 10-37　设置加速度谱激励

表 10-1　加速度值表

序号	频率/Hz	加速度/(mm·s⁻²)	序号	频率/Hz	加速度/(mm·s⁻²)
1	1	1	6	6	4.
2	2	2	7	7	3
3	3	3	8	8	2.
4	4	4	9	9	1
5	5	5			

Step4：右击"轮廓"（分析树）中的"随机振动（C5）"命令，在弹出的快捷菜单中选择"　求解"命令，此时会弹出进度条，表示正在求解，当求解完成后，进度条会自动消失，如图 10-38 所示。

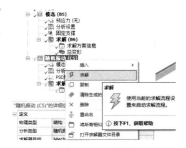

图 10-38　求解

10.2.11　结果后处理（2）

Step1：选择 Mechanical 界面左侧"轮廓"（分析树）中的"求解（C6）"命令，此时会出现如图 10-39 所示的"求解"选项卡。

Step2：选择"求解"选项卡中的"结果"→"变形"→"定向"命令，如图 10-40 所示，此时在分析树中会出现"定向变形"命令。

Step3：如图 10-41 所示，右击"求解（C6）"命令，在弹出的快捷菜单中选择"评估所有结果"命令，此时开始进行后处理计算。

Step4：图 10-42 所示为塔架随机振动的变形分析云图。

图 10-39　"求解"选项卡

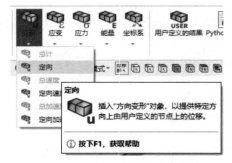

图 10-40　添加"定向变形"命令

图 10-41　选择"评估所有结果"命令

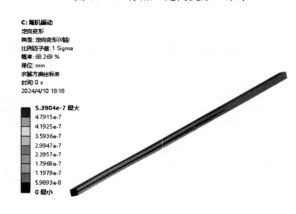

图 10-42　变形分析云图

10.2.12　保存与退出

Step1：单击 Mechanical 界面右上角的 ✕ （关闭）按钮，退出 Mechanical 界面，返回 Workbench 主界面。此时，主界面的工程项目管理窗格中显示的分析项目均已完成，如图 10-43 所示。

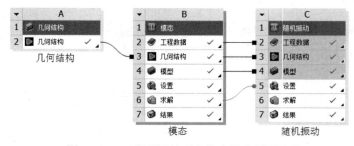

图 10-43　工程项目管理窗格中的分析项目

Step2：在 Workbench 主界面中单击工具栏中的 🖫 （保存）按钮，保存含有分析结果的文件。

Step3：单击界面右上角的 ⊠ （关闭）按钮，退出 Workbench 主界面，完成项目分析。

10.3 项目分析 2——弹簧随机振动分析

本节主要介绍使用 ANSYS Workbench 的随机振动分析模块分析带接触设置实体的随机振动响应。

学习目标：

熟练掌握 ANSYS Workbench 带接触设置的随机振动分析的方法及过程。

模型文件	配套资源\Chapter10\char10-2\extension_spring.x_t
结果文件	配套资源\Chapter10\char10-2\Spring_Random_Vibration.wbpj

10.3.1 问题描述

图 10-44 所示为某弹簧模型，请分析弹簧模型在砝码作用 1000N 瞬态力下的位移响应情况。

10.3.2 启动 Workbench 并建立分析项目

Step1：在 Windows 系统下启动 ANSYS Workbench，进入主界面。

Step2：双击主界面"工具箱"中的"组件系统"→"几何结构"命令，即可在"项目原理图"中创建分析项目 A，如图 10-45 所示。

图 10-44 弹簧模型

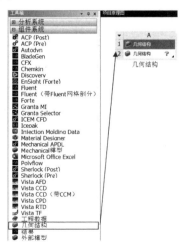

图 10-45 创建分析项目 A

10.3.3　创建几何体

Step1：右击 A2 栏的"几何结构"选项，在弹出的快捷菜单中选择"导入几何模型"→"浏览"命令，如图 10-46 所示，此时会弹出"打开"对话框。

图 10-46　选择"浏览"命令

Step2：如图 10-47 所示，选择文件路径，选择 extension_spring.x_t 几何体文件，并单击"打开"按钮。

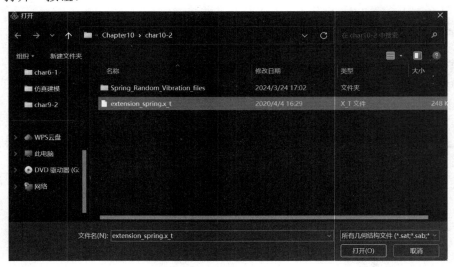

图 10-47　"打开"对话框

Step3：双击项目 A 中 A2 栏的"几何结构"选项，会弹出 DesignModeler 界面，设置单位为毫米，然后单击常用命令栏中的 ⚡生成 按钮，生成弹簧几何体，如图 10-48 所示。

Step4：单击 DesignModeler 界面右上角的 ✖ （关闭）按钮，退出 DesignModeler 界面，返回 Workbench 主界面。

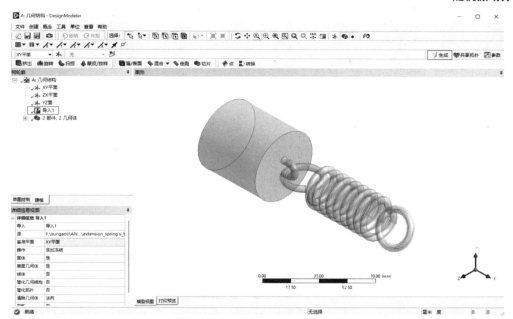

图 10-48　生成弹簧几何体

10.3.4　模态分析

如图 10-49 所示，选择主界面"工具箱"中的"分析系统"→"模态"分析命令，然后将其移动到项目 A 中 A2 栏的"几何结构"选项中，此时在项目 A 的右侧出现一个项目 B，并且项目 A 与项目 B 的几何结构数据实现共享。

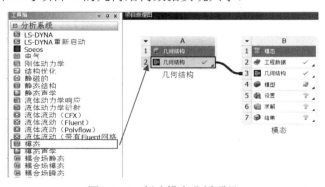

图 10-49　创建模态分析项目

10.3.5　模态分析前处理

Step1：双击项目 B 中 B4 栏的"模型"选项，此时会出现 Mechanical 界面，如图 10-50 所示。

Step2：如图 10-51 所示，选择 Mechanical 界面左侧"轮廓"（分析树）中的"连接"→"接触"→"接触区域"命令，在出现的详细信息面板中进行如下设置。

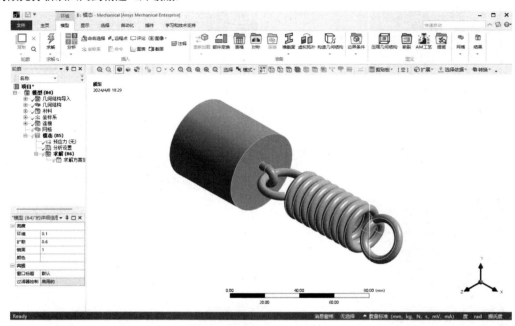

图 10-50　Mechanical 界面

在"定义"→"类型"栏中选择接触类型为"绑定"。

Step3：选择 Mechanical 界面左侧"轮廓"（分析树）中的"网格"命令，此时可在出现的详细信息面板中修改网格参数，如图 10-52 所示，在"尺寸调整"→"分辨率"栏中选择 6，其余选项采用默认设置。

图 10-51　设置接触类型

图 10-52　修改网格参数

Step4：右击"轮廓"（分析树）中的"网格"命令，在弹出的快捷菜单中选择"生成网格"命令，如图 10-53 所示。此时会弹出网格划分进度栏，表示网格正在划分，当网格划分完成后，进度栏会自动消失。最终的网格效果如图 10-54 所示。

图 10-53 选择"生成网格"命令　　　图 10-54 网格效果

10.3.6 施加约束

Step1：选择 Mechanical 界面左侧"轮廓"（分析树）中的"模态（B5）"命令，此时会出现如图 10-55 所示的"环境"选项卡。

Step2：选择"环境"选项卡中的"结构"→"固定的"命令，此时在分析树中会出现"固定支撑"命令，如图 10-56 所示。

图 10-55 "环境"选项卡　　　　图 10-56 添加"固定支撑"命令

Step3：单击工具栏中的 （选择面）按钮，然后单击工具栏中 按钮中的，使其变成 （框选择）按钮。选择"固定支撑"命令，选择实体单元的一端（位于 X 轴最大值的一端），在"'固定支撑'的详细信息"面板的"几何结构"栏中确保出现 2 面，表明上述两个面被选中，此时可在选中的面上施加固定约束，如图 10-57 所示。

Step4：右击"轮廓"（分析树）中的"模态（B5）"命令，在弹出的快捷菜单中选择" 求解"命令，如图 10-58 所示。此时会弹出进度条，表示正在求解，当求解完成后，进度条会自动消失。

Note

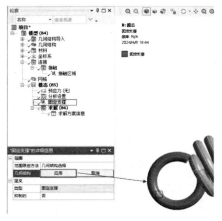

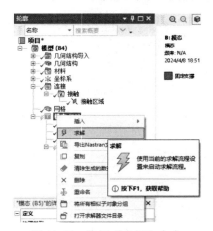

图 10-57　施加固定约束　　　　　　　图 10-58　选择"求解"命令

10.3.7　结果后处理（1）

Step1：选择 Mechanical 界面左侧"轮廓"（分析树）中的"求解（B6）"命令，此时会出现如图 10-59 所示的"求解"选项卡。

Step2：选择"求解"选项卡中的"结果"→"变形"→"总计"命令，如图 10-60 所示，此时在分析树中会出现"总变形"命令。

图 10-59　"求解"选项卡　　　　　　　图 10-60　添加"总变形"命令

Step3：右击"轮廓"（分析树）中的"求解（B6）"命令，在弹出的快捷菜单中选择"⚡评估所有结果"命令，如图 10-61 所示。此时会弹出进度条，表示正在求解，当求解完成后，进度条会自动消失。

Step4：选择"轮廓"（分析树）中的"求解（B6）"→"总变形"命令，此时会出现如图 10-62 所示的一阶模态总变形分析云图。

Step5：图 10-63 所示为弹簧的各阶模态频率。

Step6：ANSYS Workbench 默认的模态阶数为六阶。选择"轮廓"（分析树）中的"模态（B5）"→"分析设置"命令，在出现的"'分析设置'的详细信息"面板的"选项"→"最大模态阶数"栏中可以修改模态数量，如图 10-64 所示。

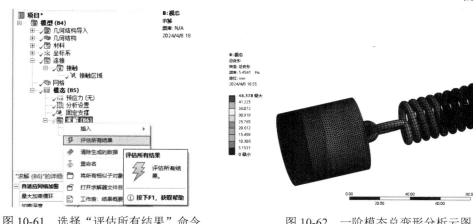

图 10-61 选择"评估所有结果"命令　　　图 10-62 一阶模态总变形分析云图

图 10-63 各阶模态频率

图 10-64 修改模态数量

Step7：单击 Mechanical 界面右上角的 ✖ （关闭）按钮，退出 Mechanical 界面，返回 Workbench 主界面。

10.3.8 随机振动分析

Step1：如图 10-65 所示，返回 Workbench 主界面，选择"工具箱"中的"分析系统"→"随机振动"命令，将其直接拖曳到项目 B 中 B6 栏的"求解"选项中。

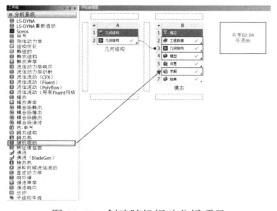

图 10-65 创建随机振动分析项目

Step2：如图 10-66 所示，项目 B 与项目 C 实现了数据共享，此时在项目 C 中 C5 栏的"设置"选项后会出现 图标。

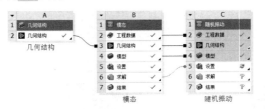

图 10-66　数据共享

Step3：双击项目 C 中 C5 栏的"设置"选项，进入 Mechanical 界面，如图 10-67 所示。

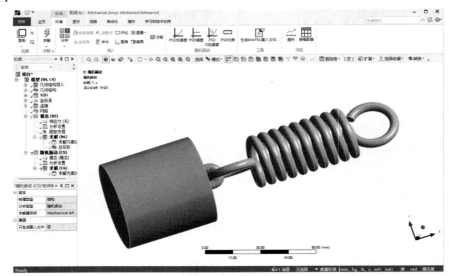

图 10-67　Mechanical 界面

Step4：如图 10-68 所示，右击"轮廓"（分析树）中的"求解（B6）"命令，在弹出的快捷菜单中选择"求解"命令，进行求解计算。

图 10-68　选择"求解"命令

10.3.9 添加动态力载荷

Step1：选择 Mechanical 界面左侧"轮廓"（分析树）中的"随机振动（C5）"命令，此时会出现如图 10-69 所示的"环境"选项卡。

Step2：选择"环境"选项卡中的"随机振动（C5）"→"PSD 加速度"命令，如图 10-70 所示，此时在分析树中会出现"PSD 加速度"命令。

图 10-69　"环境"选项卡　　　　图 10-70　添加"PSD 加速度"命令

Step3：如图 10-71 所示，选择 Mechanical 界面左侧"轮廓"（分析树）中的"随机振动（C5）"→"PSD 加速度"命令，在出现的详细信息面板中进行如下设置。

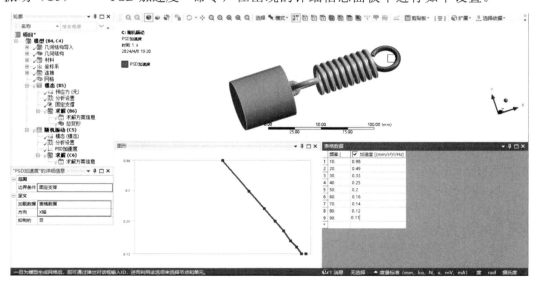

图 10-71　设置激励参数

① 在"范围"→"边界条件"栏中选择"固定支撑"选项。

② 在"加载数据"栏中选择"表格数据"选项，然后将表 10-2 中的数值输入到右侧的表格中。

③ 在"方向"栏中选择"X 轴"选项。

表 10-2　加速度值表

序号	频率/Hz	加速度/[(mm·s⁻²)·Hz⁻¹]	序号	频率/Hz	加速度/[(mm·s⁻²)·Hz⁻¹]
1	10	0.98	6	60	0.16
2	20	0.49	7	70	0.14
3	30	0.33	8	80	0.12
4	40	0.25	9	90	0.11
5	50	0.20			

Step4：如图 10-72 所示，右击"随机振动（C5）"命令，在弹出的快捷菜单中选择"⚡求解"命令，此时会弹出进度条，表示正在求解，当求解完成后，进度条会自动消失。

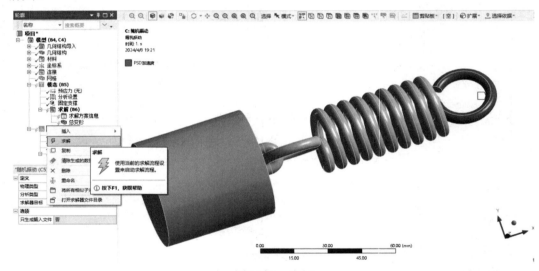

图 10-72　求解

10.3.10　结果后处理（2）

Step1：选择 Mechanical 界面左侧"轮廓"（分析树）中的"求解（C6）"命令，此时会出现如图 10-73 所示的"求解"选项卡。

Step2：选择"求解"选项卡中的"结果"→"变形"→"定向"命令，如图 10-74 所示，此时在分析树中会出现"定向变形"命令。

Step3：如图 10-75 所示，右击"求解（C6）"命令，在弹出的快捷菜单中选择"评估所有结果"命令，此时开始进行后处理计算。

图 10-73 "求解"选项卡   图 10-74 添加"定向变形"命令

Step4：图 10-76 所示为模型随机振动的 1σ 变形分析云图。

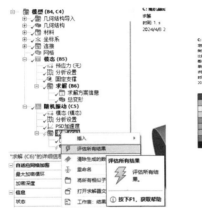

图 10-75 选择"评估所有结果"命令   图 10-76 1σ 变形分析云图

Step5：图 10-77 所示为模型随机振动的 2σ 变形分析云图。

图 10-77 2σ 变形分析云图

10.3.11 保存与退出

Step1：单击 Mechanical 界面右上角的 ❌（关闭）按钮，退出 Mechanical 界面，返回 Workbench 主界面。此时主界面的工程项目管理窗格中显示的分析项目均已完成，如图 10-78 所示。

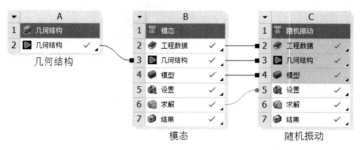

图 10-78　工程项目管理窗格中的分析项目

Step2：在 Workbench 主界面中单击工具栏中的 🖬（保存）按钮，保存文件名为 Spring_Random_Vibration.wbpj。

Step3：单击界面右上角的 ❌（关闭）按钮，退出 Workbench 主界面，完成项目分析。

10.4　本章小结

本章通过两个典型案例详细介绍了 ANSYS Workbench 软件的随机振动分析模块，包括随机振动分析的建模方法、网格划分的方法、边界条件的施加等。

通过本章的学习，读者应该对随机振动分析的过程有较详细的了解。

第 3 部分

第 11 章

显式动力学分析

本章将对 ANSYS Workbench 软件的显式动力学分析模块进行详细讲解，并通过两个典型案例来介绍显式动力学分析的一般步骤，包括几何建模（外部几何数据的导入）、材料赋予、网格设置与划分、边界条件设定、后处理等操作。

学习目标：

- ■ 熟练掌握 ANSYS Workbench 显式动力学分析的过程。
- ■ 了解显式动力学分析与其他分析的不同之处。
- ■ 了解显式动力学分析的应用场合。

11.1　显式动力学分析概述

当数值仿真问题涉及瞬态、大应变、大变形、材料的破坏、材料的完全失效或者伴随复杂接触的结构问题时，通过 ANSYS 显式动力学分析求解可以满足客户的需求。

ANSYS 显式动力学分析涉及以下 3 种求解器：ANSYS Explicit STR、ANSYS Autodyn 及 ANSYS LS-DYNA。

11.1.1　ANSYS Explicit STR

基于 ANSYS Autodyn 分析程序的稳定、成熟的拉格朗日（结构）求解器的 ANSYS Explicit STR 软件已经被完全集成到统一的 ANSYS Workbench 环境中。在 ANSYS Workbench 平台环境中，可以方便、无缝地完成多物理场分析，包括电磁、热、结构和计算流体动力学（CFD）的分析。

ANSYS Explicit STR 扩展了功能强大的 ANSYS Mechanical 系列软件分析问题的范

围，这些问题往往涉及复杂的载荷工况、复杂的接触方式。例如，抗冲击设计、跌落试验（电子和消费产品）；低速-高速的碰撞问题分析（从运动器件分析到航空航天应用）；高度非线性塑性变形分析（制造加工）；复杂材料失效分析（国防和安全应用）；破坏接触，如胶粘或焊接（电子和汽车工业）。

11.1.2　ANSYS Autodyn

ANSYS Autodyn 软件是一个功能强大的，用来解决固体、流体、气体及相互作用的高度非线性动力学问题的显式分析模块。该软件不仅计算稳健、使用方便，而且提供了很多高级功能。

与其他显式动力学分析软件相比，ANSYS Autodyn 软件具有易学、易用、直观、方便、交互式图形界面的特性。

采用 ANSYS Autodyn 进行仿真分析可以大大降低工作量，提高工作效率和降低劳动成本。通过自定义接触和流固耦合界面，以及默认的参数可以大大节省求解时间，降低工作量。

ANSYS Autodyn 提供了如下求解技术。

- 有限元法，用于计算结构动力学（FE）。
- 有限体积法，用于快速瞬态计算流体动力学（CFD）。
- 无网格粒子法，用于高速、大变形和碎裂的求解（SPH）。
- 多求解器耦合，用于多种物理现象耦合情况下的求解。
- 丰富的材料模型，包括材料本构响应和热力学计算。
- 串行计算和共享内存式和分布式并行计算。
  ANSYS Workbench 平台提供了一个有效的仿真驱动产品开发环境。
- CAD 双向驱动。
- 显式动力学分析网格的自动生成。
- 自动接触面探测。
- 参数驱动优化。
- 仿真计算报告的全面生成。
- 通过 ANSYS DesignModeler 实现几何建模、修复和清理等功能。

11.1.3　ANSYS LS-DYNA

ANSYS LS-DYNA 软件为功能成熟、输入要求复杂的程序提供方便、实用的接口技术，用来连接有多年应用实践的显式动力学求解器。该软件在 1996 年一经推出，就帮助众多行业的客户解决了诸多复杂的设计问题。

在经典的 ANSYS 参数化设计语言（APDL）环境中，ANSYS Mechanical 软件的用户早已可以进行显式动力学求解。

目前，用户可以采用 ANSYS Workbench 中强大和完善的 CAD 双向驱动工具、几何清理工具、自动划分工具与丰富的网格划分工具来完成 ANSYS LS-DYNA 分析中初始条件、边界条件的快速定义。

ANSYS LS-DYNA 软件充分利用 ANSYS Workbench 的功能特点生成用于 ANSYS LS-DYNA 求解计算的关键字输入文件（.k）。另外，安装程序中包括 LS-PrePost，用于提供对显式动力学仿真结果进行专业后处理的功能。

11.2　项目分析 1——钢钉受力显式动力学分析

本节主要介绍使用 ANSYS Workbench 的显式动力学分析模块分析钢钉在 10 000N 的力作用下穿入钢板的位移、应变云图。

学习目标：

熟练掌握 ANSYS Workbench 显式动力学分析的方法及过程。

模型文件	配套资源\Chapter11\char11-1\asmdingmu.sat
结果文件	配套资源\Chapter11\char11-1\Ding_Explicit.wbpj

11.2.1　问题描述

图 11-1 所示为某钢钉模型，请分析钢钉在 10 000N 的力作用下穿入钢板的位移及应变云图。

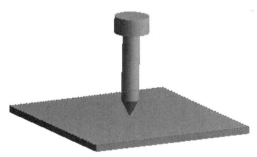

图 11-1　钢钉模型

11.2.2　启动 Creo Parametric 3.0

Step1：在 Windows 系统下选择"开始"→"所有程序"→"PTC Creo"→"Creo Parametric 3.0"命令，启动 Creo Parametric 3.0，进入主界面。

Step2：如图 11-2 所示，单击工具栏中的 按钮，在弹出的"文件打开"对话框中进行如下操作。

① 在"文件打开"对话框的"类型"下拉列表中选择 ACIS 文件（*.sat）格式。

② 在"模型"文件夹中选择 asmdingmu.sat 文件，单击"导入"按钮。

图 11-2　导入几何文件

以上过程用于演示使用 Creo（Pro/e）软件打开几何文件的步骤，读者可以直接略去此步骤。

Step3：如图 11-3 所示，在弹出的对话框中进行"模型"设置，这里采用默认值，单击"确定"按钮。

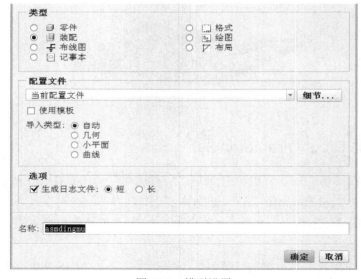

图 11-3　模型设置

Step4：此时，几何模型文件会显示在 Creo 界面中，如图 11-4 所示。

根据几何模型文件的大小，文件的导入时间会有所不同。

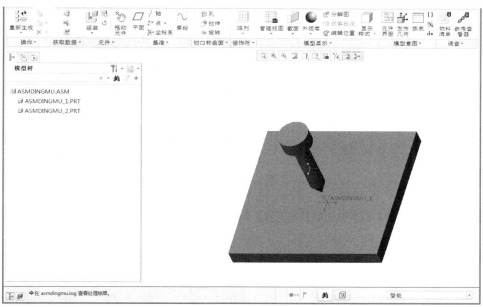

图 11-4　Creo 界面

Step5：如图 11-5 所示，单击工具栏中的 🖫 按钮，在弹出的"保存对象"对话框中单击"确定"按钮，默认文件名称为 ASMDINGMU.ASM。

图 11-5　保存文件

Step6：启动 ANSYS Workbench 软件，如图 11-6 所示。

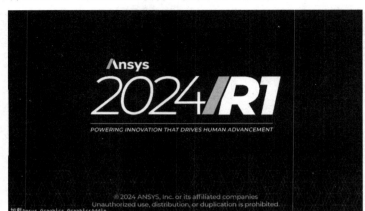

图 11-6　启动 ANSYS Workbench 软件

11.2.3　启动 Workbench 并建立分析项目

Step1：在 ANSYS Workbench 启动后，会自动创建分析项目 A，如图 11-7 所示。

图 11-7　创建分析项目 A

Step2：如图 11-8 所示，双击项目 A 中 A2 栏的"几何结构"选项，启动 DesignModeler 平台，设置单位为毫米。

Step3：如图 11-9 所示，单击常用命令栏中的"生成"按钮，在绘图窗格中会显示几何图形。

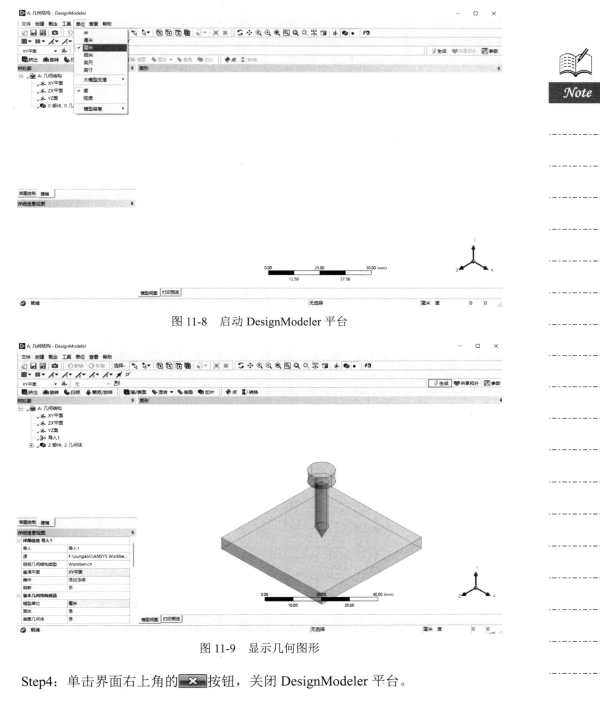

图 11-8　启动 DesignModeler 平台

图 11-9　显示几何图形

Step4：单击界面右上角的 [×] 按钮，关闭 DesignModeler 平台。

11.2.4　显式动力学分析

Step1：如图 11-10 所示，将工具箱中的"显式动力学"分析命令直接拖曳到项目 A 中 A2 栏的"几何结构"选项中。

Step2：此时创建了显式动力学分析项目 B（显示动力学），如图 11-11 所示。

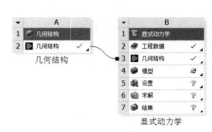

图 11-10　创建显式动力学分析项目 B　　　图 11-11　显式动力学分析项目 B

11.2.5　材料选择

Step1：双击项目 B 中 B2 栏的"工程数据"选项，在弹出的材料参数设置界面的工具栏中单击 按钮，然后在"工程数据源"表中选择"显式材料"选项，并单击"轮廓 Explicit Materials"（显示分析材料列表）表中 CART BRASS 和 STEEL 4340 两种材料后面的 ⬛ 按钮，选中两种材料，如图 11-12 所示。

如果材料被选中，则在相应的材料名称后面会出现 ⬛ 图标。

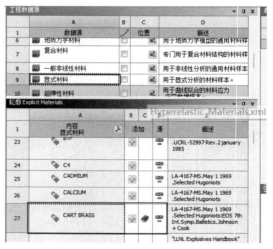

图 11-12　选择材料

Step2：单击工具栏中的 □项目 按钮，退出材料参数设置界面。

11.2.6　材料赋予

Step1：双击项目 B 中 B4 栏的"模型"选项，进入如图 11-13 所示的 Mechanical 界面。在该界面下可进行材料赋予、网格划分、模型计算与后处理等工作。

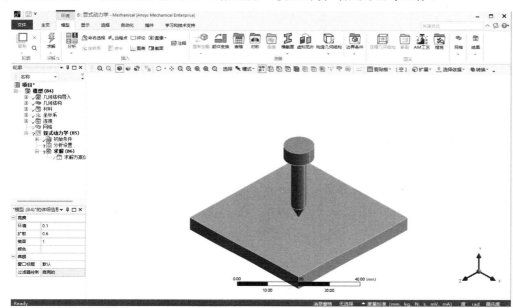

图 11-13　Mechanical 界面

Step2：如图 11-14 所示，选择"轮廓"（分析树）中的"模型（B4）"→"几何结构"→"Part 1"命令，在"'Part 1'的详细信息"面板的"材料"→"任务"栏中选择 STEEL 4340 材料。

Step3：如图 11-15 所示，按上述步骤将 CART BRASS 材料赋予"Part 2"。

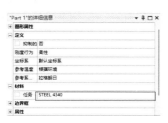

图 11-14　材料赋予 1　　　　　　图 11-15　材料赋予 2

11.2.7　分析前处理

Step1：如图 11-16 所示，两个几何体已经被程序自动设置好连接。本例采用默认值即可。

Step2：如图 11-17 所示，右击"网格"命令，在弹出的快捷菜单中选择"插入"→"尺寸调整"命令。

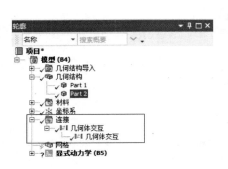

图 11-16　"轮廓"（分析树）

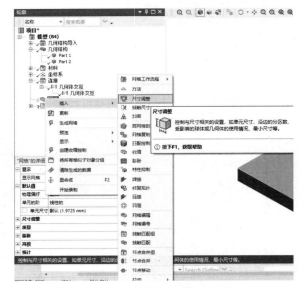

图 11-17　选择"尺寸调整"命令

Step3：选择"轮廓"（分析树）中的"几何体尺寸调整"命令使其加亮，在"'几何体尺寸调整'-尺寸调整的详细信息"面板中进行如图 11-18 所示的设置。

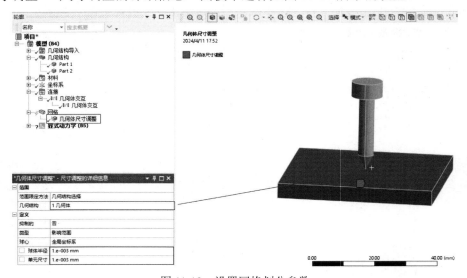

图 11-18　设置网格划分参数

① 在"范围"→"几何结构"栏中确定图形中下面的方板被选中。

② 在"定义"→"类型"栏中选择"影响范围"选项。

③ 在"球心"栏中选择"全局坐标系"选项。

④ 在"球体半径"栏中输入数值 1.e−003mm。

⑤ 在"单元尺寸"栏中输入数值 1.e−003mm，完成网格划分参数设置。

Step4：右击"轮廓"（分析树）中的"网格"命令，在弹出的快捷菜单中选择"⚡生成网格"命令，如图 11-19 所示。此时会弹出网格划分进度栏，表示网格正在划分，当网格划分完成后，进度栏会自动消失。最终的网格效果如图 11-20 所示。

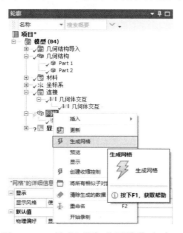

图 11-19　选择"生成网格"命令

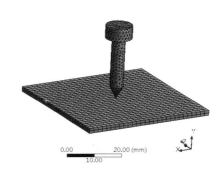

图 11-20　网格效果

11.2.8　施加载荷与约束

Step1：选择 Mechanical 界面左侧"轮廓"（分析树）中的"显式动力学"（B5）命令，此时会出现如图 11-21 所示的"环境"选项卡。

Step2：选择"环境"选项卡中的"结构"→"力"命令，此时在分析树中会出现"力"命令，如图 11-22 所示。

图 11-21　"环境"选项卡

图 11-22　添加"力"命令

Note

Step3：单击工具栏中的 （选择面）按钮，然后选择钢钉最上端（位于 Y 轴最大值的一端），在"'力'的详细信息"面板的"几何结构"栏中确保出现 1 面，表明钉子的上端面被选中，在"大小"栏中输入-10000N，如图 11-23 所示。

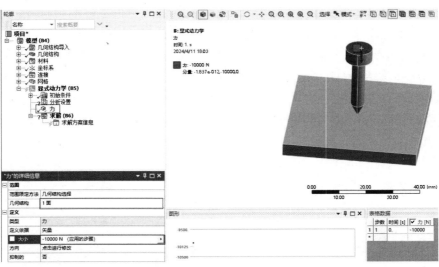

图 11-23 施加面载荷

Step4：选择"显式动力学"（B5）→"分析设置"命令，在出现的"'分析设置'的详细信息"面板的"结束时间"栏中输入 1.5e-003s，如图 11-24 所示。

Step5：选择 Mechanical 界面左侧"轮廓"（分析树）中的"显式动力学"（B5）命令，在出现的"环境"选项卡中选择"结构"→"固定的"命令，如图 11-25 所示。

图 11-24 设定时间

图 11-25 添加"固定支撑"命令

Step6：单击工具栏中的 （选择面）按钮，然后选择长方体的 4 个侧面，操作如图 11-26 所示。

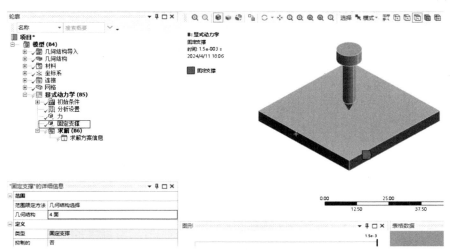

图 11-26　设置约束

Step7：右击"轮廓"（分析树）中的"显式动力学（B5）"命令，在弹出的快捷菜单中选择"⚡求解"命令，此时会弹出进度条，表示正在求解，当求解完成后，进度条会自动消失，如图 11-27 所示。

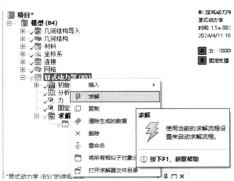

图 11-27　求解

11.2.9　结果后处理

Step1：选择 Mechanical 界面左侧"轮廓"（分析树）中的"求解（B6）"命令，此时会出现如图 11-28 所示的"求解"选项卡。

Step2：选择"求解"选项卡中的"结果"→"变形"→"总计"命令，如图 11-29 所示，此时在分析树中会出现"总变形"命令。

Step3：右击"轮廓"（分析树）中的"总变形"命令，在弹出的快捷菜单中选择"⚡评估所有结果"命令，如图 11-30 所示。此时会弹出进度条，表示正在求解，当求解完成后，进度条会自动消失。

Step4：选择"轮廓"（分析树）中的"求解（B6）"→"总变形"命令，此时会出现如图 11-31 所示的总变形分析云图。

图 11-28   "求解"选项卡

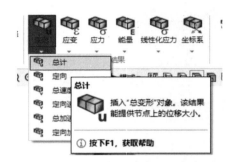

图 11-29   添加"总变形"命令

图 11-30   选择"评估所有结果"命令 1

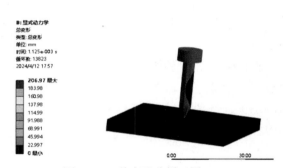

图 11-31   总变形分析云图

Step5：如图 11-32 所示，选择"求解"选项卡中的"结果"→"应变"→"等效（Von-Mises）"（等效应变）命令，此时在分析树中会出现"等效应变"命令。

Step6：右击"轮廓"（分析树）中的"等效弹性应变"命令，在弹出的快捷菜单中选择"⚡评估所有结果"命令，如图 11-33 所示。此时会弹出进度条，表示正在求解，当求解完成后，进度条会自动消失。

图 11-32   添加"等效应变"命令

图 11-33   选择"评估所有结果"命令 2

Step7：选择"轮廓"（分析树）中的"求解（B6）"→"等效应力"命令，此时会出现如图 11-34 所示的应变分析云图。

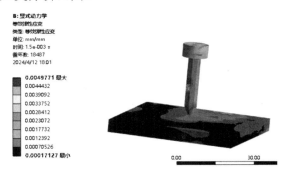

图 11-34　应变分析云图

11.2.10　保存与退出

Step1：选择 Mechanical 界面中的"文件"→"保存"命令，如图 11-35 所示，此时会弹出"另存为"对话框。

Step2：如图 11-36 所示，在弹出的"另存为"对话框中输入文件名为 Ding_Explicit.wbpj。

图 11-35　选择"保存"命令

图 11-36　"另存为"对话框

Step3：单击界面右上角的 ✕（关闭）按钮，退出 Workbench 主界面，如图 11-37 所示，完成项目分析。

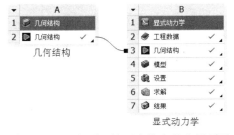

图 11-37　工程项目管理窗格中的分析项目

Note

11.3 项目分析 2——钢板成型显式动力学分析

本节主要介绍使用 ANSYS Workbench 的显式动力学分析模块分析薄壁金属板在挤压成型过程中的位移、应力及应变云图。

学习目标：

熟练掌握 ANSYS Workbench 显式动力学分析中挤压成型分析的方法及过程。

模型文件	配套资源\Chapter11\char11-2\ jiyachengxing.sat
结果文件	配套资源\Chapter11\char11-2\jiyachengxing.wbpj

11.3.1 问题描述

图 11-38 所示为某板型材和模具几何模型，请分析板型材被模具挤压成型的过程。

11.3.2 启动 Workbench 并建立分析项目

Step1：在 Windows 系统下启动 ANSYS Workbench，进入主界面。

Step2：双击主界面"工具箱"中的"分析系统"→"显式动力学"分析命令，即可在"项目原理图"中创建分析项目 A，如图 11-39 所示。

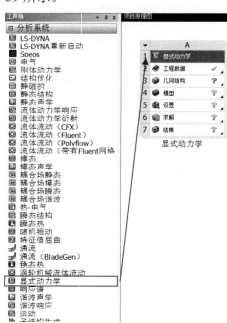

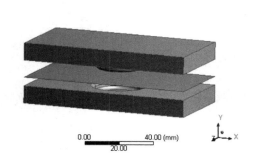

图 11-38　板型材和模具几何模型　　　　图 11-39　创建分析项目 A

11.3.3　导入几何体

Step1：右击 A3 栏的"几何结构"选项，在弹出的快捷菜单中选择"导入几何模型"→"浏览"命令，如图 11-40 所示，此时会弹出"打开"对话框。

图 11-40　选择"浏览"命令

Step2：如图 11-41 所示，选择文件路径，选择 jiyachengxing.sat 文件，并单击"打开"按钮。

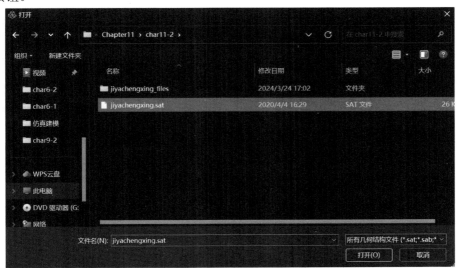

图 11-41　"打开"对话框

Step3：双击项目 A 中 A3 栏的"几何结构"选项，此时会加载 DesignModeler 界面，可设置单位为毫米。单击常用命令栏中的 生成 按钮，生成几何模型，如图 11-42 所示。

Step4：单击 DesignModeler 界面右上角的 （关闭）按钮，退出 DesignModeler 界面，返回 Workbench 主界面。

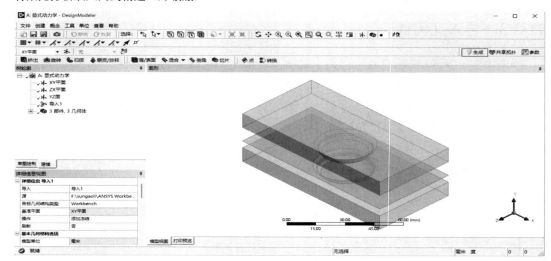

图 11-42　生成几何模型

11.3.4　材料选择

Step1：双击项目 A 中 A2 栏的"工程数据"选项，进入如图 11-43 所示的材料参数设置界面。

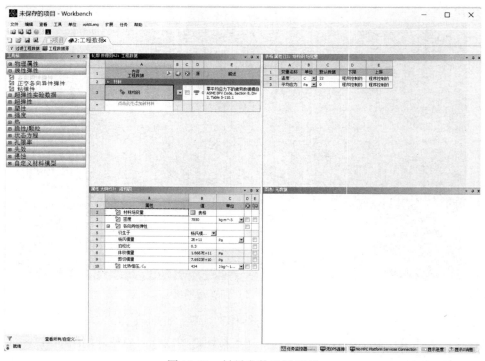

图 11-43　材料参数设置界面

Step2：单击工具栏中的▦按钮，进入如图 11-44 所示的材料库。

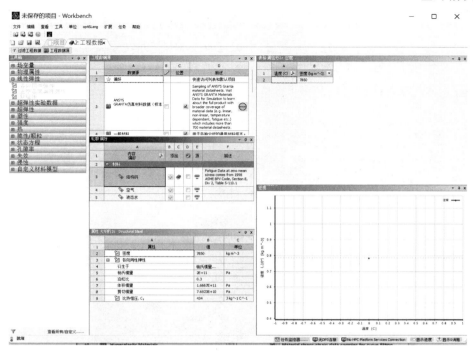

图 11-44　材料库

Step3：如图 11-45 所示，在材料库中选择"显式材料"选项，在"轮廓 Explicit materials"表中选择 STEEL 4340 材料。

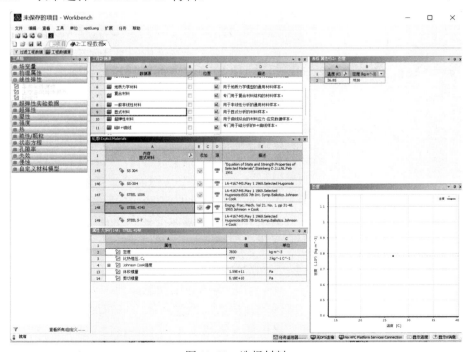

图 11-45　选择材料

Note

Step4：在选择完成后，单击工具栏中的 🔲项目 按钮，返回 Workbench 主界面。

11.3.5 显式动力学分析前处理

Step1：双击项目 A 中 A4 栏的"模型"选项，此时会出现 Mechanical 界面，如图 11-46 所示。

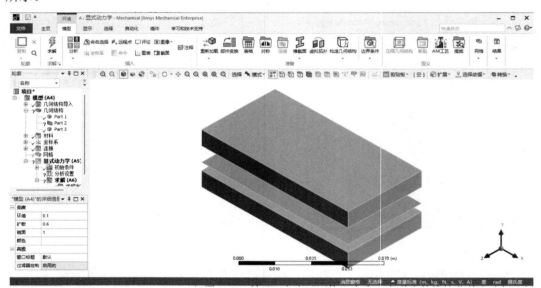

图 11-46　Mechanical 界面

图 11-47　设置厚度

Step2：如图 11-47 所示，选择 Mechanical 界面左侧"轮廓"（分析树）中的"几何结构"→"Part 2"命令，在出现的"'Part 2'的详细信息"面板中进行如下设置。

① 在"定义"→"厚度"栏中输入厚度值为 1mm。

② 在"材料"→"任务"栏中选择 STEEL 4340 材料。

③ 其他两个几何模型采用程序默认材料即可。

Step3：如图 11-48 所示，右击"网格"命令，在弹出的快捷菜单中选择"插入"→"尺寸调整"命令。

Step4：如图 11-49 所示，选择"尺寸调整"命令，在出现的详细信息面板中进行如下设置。

① 单击中间的板单元，然后单击"几何结构"栏的"应用"按钮，确认选择。

② 在"类型"→"单元尺寸"栏中输入网格大小为 1.0mm。

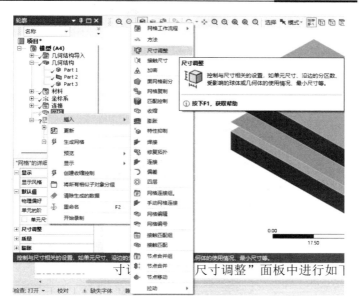

图 11-48　选择"尺寸调整"命令

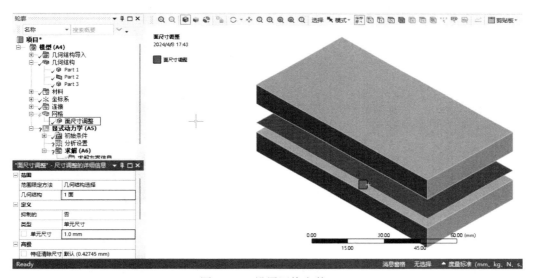

图 11-49　设置网格参数 1

Step5：同样，添加并选择"几何体尺寸调整"命令，在如图 11-50 所示的详细信息面板中进行如下设置。

① 单击上下两个模具几何体，然后单击"几何结构"栏的"应用"按钮，确认选择。

② 在"类型"→"单元尺寸"栏中输入网格大小为 5.0mm。

Step6：如图 11-51 所示，右击"网格"命令，在弹出的快捷菜单中选择"生成网格"命令，划分网格。

Step7：图 11-52 所示为划分好的网格效果。

图 11-50　设置网格参数 2

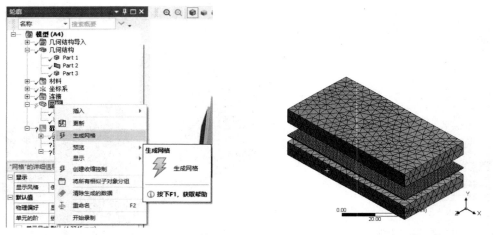

图 11-51　选择"生成网格"命令　　　　　图 11-52　网格效果

11.3.6　施加约束

Step1：选择 Mechanical 界面左侧"轮廓"（分析树）中的"显式动力学（A5）"命令，此时会出现如图 11-53 所示的"环境"选项卡。

Step2：选择"环境"选项卡中的"结构"→"固定的"命令，此时在分析树中会出现"固定支撑"命令，如图 11-54 所示。

Step3：单击工具栏中的 ⬚（选择面）按钮，选择下面实体的下表面，在"'固定支撑'的详细信息"面板的"几何结构"栏中确保出现"1 面"，表明下端面被选中，即可在选中的端面上施加固定约束，如图 11-55 所示。

图 11-53　"环境"选项卡　　　　　　　　　　图 11-54　添加"固定支撑"命令

图 11-55　施加固定约束

Step4：再次选择 Mechanical 界面左侧"轮廓"（分析树）中的"显式动力学（A5）"命令，此时会出现如图 11-56 所示的"环境"选项卡。

Step5：选择"环境"选项卡中的"结构"→"位移"命令，此时在分析树中会出现"位移"命令，如图 11-57 所示。

图 11-56　"环境"选项卡　　　　　　　　　　图 11-57　添加"位移"命令

Step6：单击工具栏中的 🔟（选择面）按钮，选择上面实体的上表面，单击"'位移'的详细信息"面板中"几何结构"栏的 应用 按钮，在"Y 分量"栏中输入位移量为-150mm，即可在选中的面上施加位移约束，如图 11-58 所示。

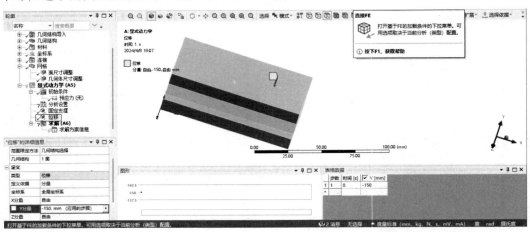

图 11-58　施加位移约束

Step7：如图 11-59 所示，选择"轮廓"（分析树）中的"显式动力学（A5）"→"分析设置"命令，在"'分析设置'的详细信息"面板的"结束时间"栏中输入截止时间为1.5e-003s。

Step8：右击"轮廓"（分析树）中的"求解（A6）"命令，在弹出的快捷菜单中选择"⚡求解"命令，此时会弹出进度条，表示正在求解，当求解完成后，进度条会自动消失，如图 11-60 所示。

图 11-59　设置结束时间

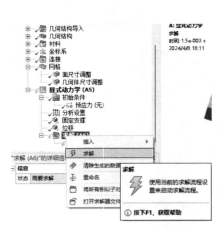

图 11-60　求解

11.3.7 结果后处理

Step1：选择 Mechanical 界面左侧"轮廓"（分析树）中的"求解（A6）"命令，此时会出现如图 11-61 所示的"求解"选项卡。

Step2：选择"求解"选项卡中的"结果"→"变形"→"总计"命令，如图 11-62 所示，此时在分析树中会出现"总变形"命令。

图 11-61　"求解"选项卡

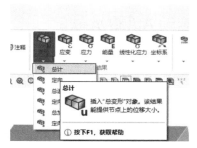

图 11-62　添加"总变形"命令

Step3：右击"轮廓"（分析树）中的"总变形"命令，在弹出的快捷菜单中选择"评估所有结果"命令，如图 11-63 所示。此时会弹出进度条，表示正在求解，当求解完成后，进度条会自动消失。

Step4：选择"轮廓"（分析树）中的"求解（A6）"→"总变形"命令，此时会出现如图 11-64 所示的总变形分析云图。

图 11-63　选择"评估所有结果"命令

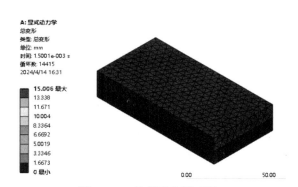

图 11-64　总变形分析云图

Step5：使用同样的方法可以添加等效应变云图，如图 11-65 所示。

Step6：单击"图形"窗格中的播放按钮，可以播放动画，如图 11-66 所示。

Step7：单击 Mechanical 界面右上角的 ██（关闭）按钮，退出 Mechanical 界面，返回 Workbench 主界面。

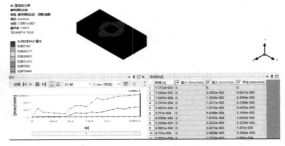

图 11-65　等效应变云图　　　　　　　　　　图 11-66　播放动画

11.3.8　启动 Autodyn 软件

Step1：如图 11-67 所示，选择"工具箱"中的"组件系统"→"Autodyn"命令，将其直接拖曳到项目 A 中 A5 栏的"设置"选项中，此时会在工程项目管理窗格中出现分析项目 B。

Step2：双击项目 A 中 A5 栏的"设置"选项，进行计算，在计算完成后实现数据共享，如图 11-68 所示。双击项目 B 中 B2 栏的"设置"选项，即可启动 Autodyn 软件。

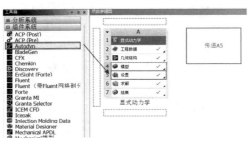

图 11-67　创建分析项目 B　　　　　　　　　图 11-68　数据共享

Step3：图 11-69 所示为 Autodyn 界面，此时几何体文件的所有数据均已经被导入到 Autodyn 软件中。在该软件中单击 ▶ **Run** 按钮即可进行计算。

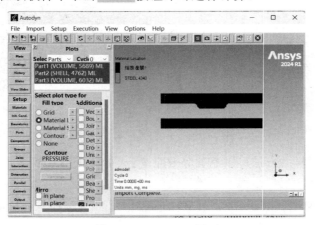

图 11-69　Autodyn 界面

Step4：图 11-70 所示为 Autodyn 计算过程的数据显示。

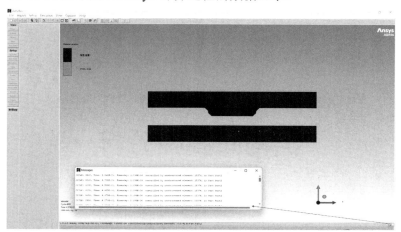

图 11-70　Autodyn 计算过程的数据显示

11.3.9　保存与退出

Step1：在 Workbench 主界面中单击工具栏中的 （保存）按钮，保存文件名为 jiyachengxing.wbpj。

Step2：单击界面右上角的 （关闭）按钮，退出 Workbench 界面，完成项目分析，如图 11-71 所示。

	A
1	显式动力学
2	工程数据 ✓
3	几何结构 ✓
4	模型 ✓
5	设置 ✓
6	求解 ✓
7	结果 ✓

显式动力学

图 11-71　完成的分析项目

11.4　本章小结

本章详细地介绍了 ANSYS Workbench 软件内置的显式动力学分析功能，包括几何导入、网格划分、边界条件设定、后处理等操作，同时简单介绍了 Autodyn 软件的数据导入和启动方法。

通过本章的学习，读者应该对显式动力学分析的过程有较详细的了解。

第12章

结构非线性分析

本章将对 ANSYS Workbench 软件的结构非线性分析进行简要讲解，并通过一个典型案例来介绍接触大变形分析（结构非线性分析）的一般步骤，包括几何建模（外部几何数据的导入）、材料赋予、网格设置与划分、边界条件设定、后处理等操作。

学习目标：

- 熟练掌握 ANSYS Workbench 接触大变形分析的过程。
- 了解结构非线性分析与其他分析的不同之处。
- 了解结构非线性分析的应用场合。

12.1 结构非线性分析概述

简单来说，如果载荷能够引起结构刚度的显著改变，此结构就是非线性的。结构刚度改变的典型原因有如下几点。

- 应变超出弹性极限，即产生塑性变形。
- 大挠度，如钓鱼过程中的渔竿受力变形。
- 接触，如两物体之间的接触变形。

引起非线性行为的原因有很多，但总体上可以归纳为以下 3 种。

- 几何非线性：如果某个结构出现了大变形，其变化的几何外形会导致非线性行为。图 12-1 所示的渔竿钓鱼过程为常见的几何非线性行为。
- 材料非线性：非线性的应力-应变关系是典型的材料非线性行为。图 12-2 所示为金属塑性变形曲线。
- 状态变化非线性：接触效应是一种状态改变非线性，当两个接触物体相互接触或分离时会发生刚度的突然变化，此时也会出现非线性行为。图 12-3 所示为接触非线性行为。

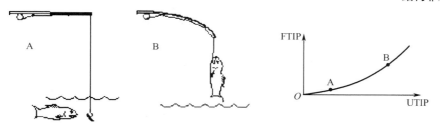

图 12-1　渔竿钓鱼过程

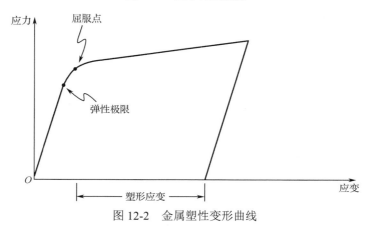

图 12-2　金属塑性变形曲线

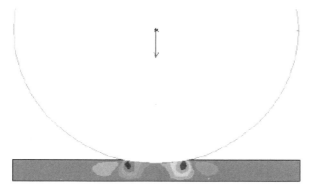

图 12-3　接触非线性行为

12.1.1　接触类型

当输入几何体是组合体时，两个实体之间需要设置接触对。在设置接触对时，允许在两个实体边界上存在不匹配的"网格"。接触对的接触类型有 4 种，如表 12-1 所示。

表 12-1　接触类型

接触类型	插值	垂直行为（分离）	切向行为（滑动）
绑定	1	关闭	关闭
不分离	1	关闭	打开
无摩擦	倍数	打开	打开
粗糙	倍数	打开	关闭

- "绑定"和"不分离"接触是最基础的线性接触行为，故只需要迭代一次即可。
- "无摩擦"和"粗糙"接触是非线性接触行为，需要多次迭代。但需要注意的是，它们仍然利用小变形理论的假设。

12.1.2　塑性

当韧性材料承受的应力超过其弹性极限时，就会屈服，产生永久变形。

- 塑性表示材料响应超过屈服极限。
- 塑性对金属成型非常重要。

塑性作为结构在服务中的能量吸收机制非常重要。在小塑性变形时就会破坏的材料是脆性材料。韧性响应在多数情况下比脆性响应安全。

12.1.3　屈服准则

屈服准则用来联系多轴和单轴应力状态。

- 试件的拉伸试验提供单轴数据，可以很容易地绘制一维应力-应变曲线。
- 实际结构通常呈现多轴应力状态。屈服准则提供了可以和单轴状态相比较的材料应力状态的标量不变测度。

Von Mises 屈服准则是一个常用的屈服准则（也是八面体剪应力或能量畸变准则）。Von Mises 等效应力定义为

$$\sigma_o = \sqrt{\frac{1}{2}[(\sigma_x - \sigma_y)^2 + (\sigma_y - \sigma_z)^2 + (\sigma_z - \sigma_x)^2 + 6(\tau_{xy}^2 + \tau_{yz}^2 + \tau_{xz}^2)]} \qquad (12\text{-}1)$$

12.1.4　非线性分析

在非线性分析中，刚度 K 依赖于位移 x，不再是常量，即

$$K(x)x = F(t) \qquad (12\text{-}2)$$

式中，$K(x)$ 是刚度矩阵；x 是位移矢量；$F(t)$ 是力矢量。

12.2　项目分析——接触大变形分析

本节主要介绍使用 ANSYS Workbench 的接触大变形分析模块分析跌落过程。

学习目标：

熟练掌握 ANSYS Workbench 建模方法及跌落过程分析的方法。

模型文件	配套资源\Chapter12\char12-1\drop.stp
结果文件	配套资源\Chapter12\char12-1\Drop_Contact.wbpj

12.2.1　问题描述

图 12-4 所示为某模型，请分析其跌落过程的响应及应力分布。

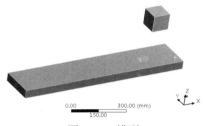

图 12-4　模型

12.2.2　启动 Workbench 并建立分析项目

Step1：在 Windows 系统下启动 ANSYS Workbench，进入主界面。

Step2：双击主界面"工具箱"中的"组件系统"→"几何结构"命令，即可在"项目原理图"中创建分析项目 A，如图 12-5 所示。

图 12-5　创建分析项目 A

12.2.3　创建几何体

Step1：右击项目 A 中 A2 栏的"几何结构"选项，在弹出的快捷菜单中选择"导入几何模型"→"浏览"命令，如图 12-6 所示，此时会弹出"打开"对话框。

Step2：如图 12-7 所示，将文件类型设置成 STEP 格式，然后选择 drop.stp 文件，单击"打开"按钮。

图 12-6　选择"浏览"命令

图 12-7　"打开"对话框

Step3：双击项目 A 中 A2 栏的"几何结构"，此时会启动如图 12-8 所示的 Design Modeler 界面，可设置单位为毫米。

Step4：如图 12-9 所示，单击常用命令栏中的"生成"按钮，生成几何体。

Step5：单击 Design Modeler 界面右上角的 （关闭）按钮，退出 Design Modeler 界面，返回 Workbench 主界面。

图 12-8　生成几何体前的 Design Modeler 界面

图 12-9　几何体生成后的 Design Modeler 界面

12.2.4　瞬态分析

如图 12-10 所示，选择主界面"工具箱"中的"分析系统"→"瞬态结构"分析命令，然后将其移动到项目 A 中 A2 栏的"几何结构"选项中，此时在项目 A 的右侧出现一个项目 B，并且项目 A 与项目 B 的几何结构数据实现共享。

图 12-10 创建瞬态分析项目

12.2.5 创建材料

Step1：双击项目 B 中 B2 栏的"工程数据"选项，进入如图 12-11 所示的材料参数设置界面。在该界面下可进行材料参数设置。

Step2：在工具栏中单击 ▦ 按钮，此时弹出如图 12-12 所示的材料库。

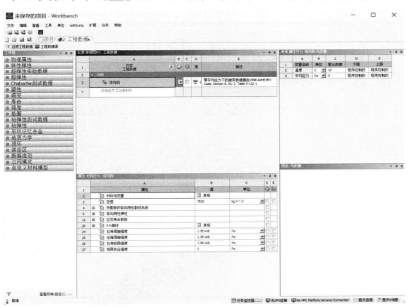

图 12-11 材料参数设置界面

Step3：如图 12-13 所示，选择工程数据表中的"工程数据源"（一般材料）选项，在弹出的轮廓工程数据源表中选择"不锈钢"选项。

Step4：单击工具栏中的 ▭项目 按钮，返回 Workbench 主界面。

图 12-12 材料库

图 12-13 选择材料

12.2.6 瞬态分析前处理

Step1：双击项目 B 中 B4 栏的"模型"选项，此时会出现 Mechanical 界面，如图 12-14 所示。

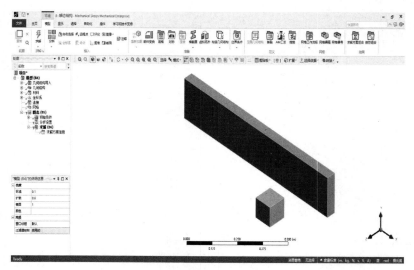

图 12-14 Mechanical 界面

Step2：选择 Mechanical 界面左侧（分析树）中的"几何结构"→"ID_1"命令，此时可在详细信息面板中设置材料属性，如图 12-15 所示，将"不锈钢"材料赋予几何体。

图 12-15　设置材料属性

Step3：如图 12-16 所示，选择"ID_1"命令，在出现的详细信息面板的"刚度行为"栏中选择"刚性"选项，将实体设置成刚体。

 在 ANSYS Workbench 中，刚体不进行有限元分析与计算。

Step4：选择 Mechanical 界面左侧（分析树）中的"网格"命令，此时可在"'网格'的详细信息"面板中修改参数，如图 12-17 所示，在"分辨率"栏中输入 6，其余选项采用默认设置。

图 12-16　设置刚体

图 12-17　修改网格参数

Step5：右击（分析树）中的"网格"命令，在弹出的快捷菜单中选择" 生成网格"命令，如图 12-18 所示。此时会弹出网格划分进度栏，表示网格正在划分，当网格划分完成后，进度栏会自动消失。最终的网格效果如图 12-19 所示。

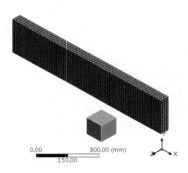

图 12-18　选择"生成网格"命令　　　　　图 12-19　网格效果

Step6：选择分析树中的"连接"命令，在出现的如图 12-20 所示的"连接"选项卡中选择"接触"→"摩擦的"命令。

Step7：如图 12-21 所示，在出现的详细信息面板中进行如下设置。

① 在"接触"栏中选择上面实体的底面。

② 在"目标"栏中选择下面实体的顶面。

图 12-20　"连接"选项卡

③ 在"类型"栏中选择"摩擦的"选项。

④ 在"摩擦系数"栏中输入 1.e-002。

⑤ 在"法相刚度"栏中选择"因数"选项。

⑥ 在"法相刚度因数"栏中输入 1。

图 12-21　设置接触参数

12.2.7　施加约束

Step1：选择 Mechanical 界面左侧（分析树）中的"瞬态（B5）"命令，此时会出现如图 12-22 所示的"环境"选项卡。

Step2：选择"环境"选项卡中的"结构"→"固定的"命令，此时在分析树中会出现"固定支撑"命令，如图 12-23 所示。

图 12-22　"环境"选项卡

图 12-23　添加"固定支撑"命令

Step3：单击工具栏中的 （选择面）按钮，选择"固定支撑"命令，选择下面实体的一端（X 轴方向最大处），单击"'固定支撑'的详细信息"面板中"几何结构"栏的 　应用　 按钮，即可在选中的面上施加固定约束，如图 12-24 所示。

Step4：如图 12-25 所示，选择"瞬态（B5）"→"分析设置"命令，在出现"'分析设置'的详细信息"面板中进行如下设置。

图 12-24　施加固定约束

图 12-25　分析设置

① 在"步骤结束时间"栏中输入 0.5s。

② 在"定义依据"栏中选择"子步"选项，并在"初始子步"栏中输入 100、"最

小子步"栏中输入 10、"最大子步"栏中输入 1000。

③ 其余选项保持默认设置即可。

Step5：选择"瞬态（B5）"命令，添加如图 12-26 所示的"标准地球重力"命令。

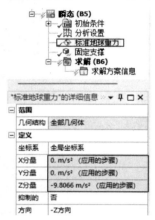

图 12-26 添加"标准地球重力"命令   图 12-27 选择"求解"命令

Step6：右击分析树中的"瞬态（B5）"命令，在弹出的快捷菜单中选择" 求解"命令，如图 12-27 所示。此时会弹出进度条，表示正在求解，当求解完成后，进度条会自动消失。

12.2.8 结果后处理

Step1：选择 Mechanical 界面左侧（分析树）中的"求解（B6）"命令，此时会出现如图 12-28 所示的"求解"选项卡。

Step2：选择"求解"选项卡中的"结果"→"变形"→"总计"命令，如图 12-29 所示，此时在分析树中会出现"总变形"命令。

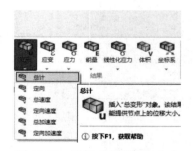

图 12-28 "求解"选项卡   图 12-29 添加"总变形"命令

Step3：如图 12-30 所示，右击"求解（B6）"命令。在弹出的快捷菜单中选择"评估所有结果"命令，此时开始进行后处理计算。

Step4：图 12-31 所示为模型的总变形分析云图。

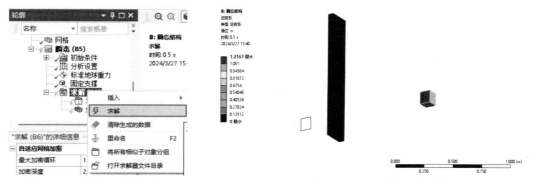

图 12-30　选择"求解"命令　　　　　图 12-31　总变形分析云图

Step5：图 12-32 所示为模型的应力分析云图。

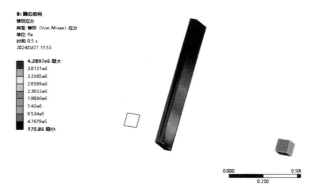

图 12-32　应力分析云图

12.3　本章小结

本章详细地介绍了 ANSYS Workbench 软件的结构非线性分析功能，包括几何导入、网格划分、边界条件设定、后处理等操作。

通过本章的学习，读者应该对结构非线性分析的过程有较详细的了解。

第13章

接触分析

本章将对 ANSYS Workbench 软件的接触分析模块进行详细讲解，并通过几个典型案例来介绍接触分析的一般步骤，包括几何建模（外部几何数据的导入）、材料赋予、网格设置与划分、边界条件设定、后处理等操作。

学习目标：

- 熟练掌握 ANSYS Workbench 接触分析的过程。
- 了解接触分析与其他分析的不同之处。
- 了解接触分析的应用场合。

13.1 接触分析概述

两个独立表面相互接触并相切，称为接触。从一般物理意义上来讲，接触的表面包括如下特征。

- 不会渗透。
- 可传递法向压缩力和切向摩擦力。
- 通常不传递法向拉伸力，即可自由分离和互相移动。

接触是非线性状态的改变。也就是说，系统刚度取决于接触状态，即零件间处于接触或分离状态。

从物理意义上来讲，接触体间不相互渗透，所以，程序必须建立两表面间的相互关系以阻止分析中的相互渗透。程序阻止渗透称为强制接触协调性。

ANSYS Workbench 的接触公式的相关参数如表 13-1 所示。

表 13-1　接触公式的相关参数

算法	法向	切向	法向刚度	切向刚度	类型
增广拉格朗日	增广拉格朗日	罚函数	是	是[1]	任何
罚函数法	罚函数	罚函数	是	是[1]	任何
MPC	MPC	MPC	—	—	"绑定"不分离
拉格朗日法	拉格朗日乘数	罚函数	—	是[1]	任何

① 表示切向接触刚度不能由用户直接输入。

13.2　项目分析 1——虎钳接触分析

本节主要介绍使用 ANSYS Workbench 的接触分析功能分析虎钳在作业时的应力分布。

学习目标：

熟练掌握 ANSYS Workbench 的接触设置和求解的方法与过程。

模型文件	配套资源\Chapter13\char13-1\model\vice.x_t
结果文件	配套资源\Chapter13\char13-1\vice_touch.wbpj

13.2.1　问题描述

图 13-1 所示为某虎钳模型，请分析虎钳在 100N 夹紧力下的变形及应力分布。

13.2.2　启动 Workbench 软件

Step1：在 Windows 系统下启动 ANSYS Workbench，进入主界面。

Step2：双击主界面"工具箱"中的"组件系统"→"几何结构"命令，即可在"项目原理图"中创建分析项目 A，如图 13-2 所示。

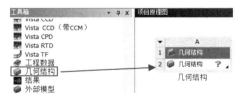

图 13-1　虎钳模型　　　　　　　图 13-2　创建分析项目 A

13.2.3　导入几何体

Step1：右击 A2 栏的"几何结构"选项，在弹出的快捷菜单中选择"导入几何模型"→"浏览"命令，如图 13-3 所示，此时会弹出"打开"对话框。

图 13-3　选择"浏览"命令

Step2： 在"打开"对话框中选择文件路径，导入 vice.x_t 几何体文件，如图 13-4 所示，此时 A2 栏的"几何结构"选项后的 ❓ 图标变为 ✔ 图标，表示实体模型已经导入。

图 13-4　"打开"对话框

Step3： 双击项目 A 中 A2 栏的"几何结构"选项，此时会进入 Design Modeler 界面，单位选择毫米。此时模型树中的"导入 1"命令前显示 ⚡ 图标，表示需要生成几何体，但图形窗口中没有图形显示，如图 13-5 所示。

Step4： 单击 ⚡生成 按钮，即可显示生成的几何体，如图 13-6 所示，此时可在几何体上进行其他的操作，本例无须进行操作。

Step5： 单击工具栏中的 🖫 图标，在弹出的"另存为"对话框的"文件名"文本框中输入 vice_contact.wbpj，并单击"保存"按钮。

Step6： 返回 Design Modeler 界面，单击界面右上角的 ❌ （关闭）按钮，退出 Design Modeler 界面，返回 Workbench 主界面。

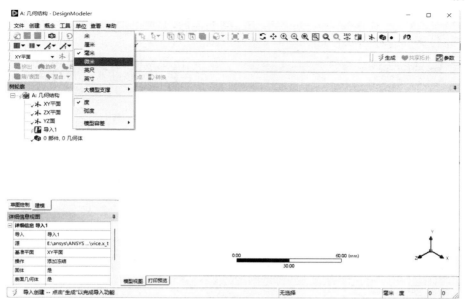

图 13-5　生成几何体前的 Design Modeler 界面

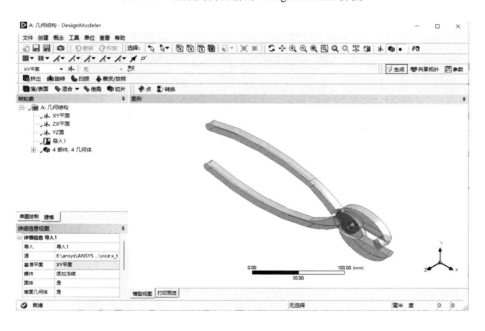

图 13-6　生成几何体后的 Design Modeler 界面

13.2.4　创建分析项目

Step1：如图 13-7 所示，在 Workbench 主界面的"工具箱"中选择分析系统→"静态结构"命令，并将其直接拖曳到项目 A 中 A2 栏的"几何结构"选项中。

Step2：如图 13-8 所示，此时会出现分析项目 B，同时在项目 A 中 A2 栏的"几何结构"选项与项目 B 中 B2 栏的"几何结构"选项之间出现一条连接线，说明数据在项目 A 与项目 B 之间实现共享。

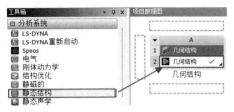

图 13-7　创建分析项目　　　　　　　　　图 13-8　项目数据共享

13.2.5　添加材料库

Step1：双击项目 B 中 B2 栏的"工程数据"选项，进入如图 13-9 所示的材料参数设置界面。在该界面下可进行材料参数设置。

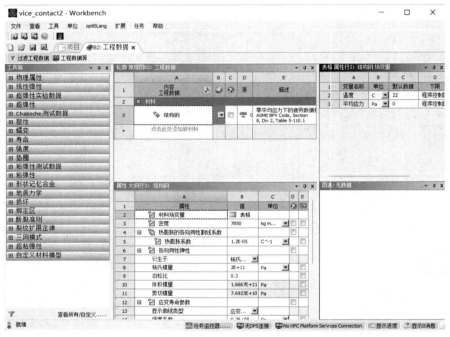

图 13-9　材料参数设置界面 1

Step2：在界面的空白处右击，在弹出的快捷菜单中选择"工程数据源"命令，此时的界面会变为如图 13-10 所示的界面。原界面中的"轮廓原理图 B2：工程数据"表将消失，会被"工程数据源"及"轮廓"表取代。

Step3：在"工程数据源"表中选择 A4 栏的"一般材料"选项，然后单击轮廓表中 A11 栏的"铝合金"选项后的 B11 栏的 ✚（添加）按钮，此时在 C11 栏中会显示 ◈（使用中的）图标，如图 13-11 所示，表示材料添加成功。

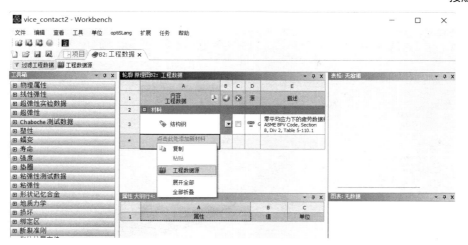

图 13-10　材料参数设置界面 2

Step4：同 Step2，在界面的空白处右击，在弹出的快捷菜单中选择"工程数据源"命令，返回初始界面。

Step5：根据实际工程材料的特性，在"属性大纲行 3: structural steel"表中可以修改材料的特性，如图 13-12 所示。本例采用的是默认值。

Step6：单击工具栏中的 项目 按钮，返回 Workbench 主界面，完成材料库的添加。

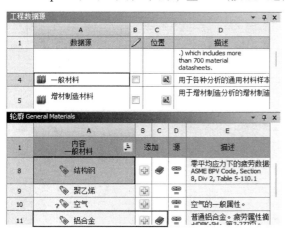

图 13-11　添加材料

图 13-12　修改材料的特性

13.2.6　添加模型材料属性

Step1：双击项目 B 中 B4 栏的模型选项，进入如图 13-13 所示的 Mechanical 界面。在该界面下可进行网格划分、分析设置、结果观察等操作。

Step2：选择 Mechanical 界面左侧"轮廓"（分析树）中的"几何结构"→"component 4"命令，此时即可在出现的详细信息面板中给模型添加材料，如图 13-14 所示。

Step3：单击"材料"→"任务"栏后的 ▶ 按钮，此时会出现刚刚设置的材料"铝合金"，选择该选项即可将其添加到模型中，其余选项采用默认设置即可。

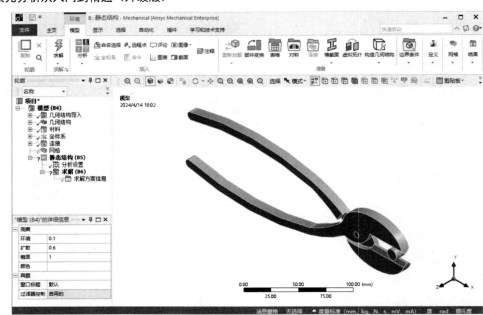

图 13-13　Mechanical 界面

图 13-14　给模型添加材料

13.2.7　创建接触

Step1：右击 Mechanical 界面左侧"轮廓"（分析树）中的"连接"→"接触"命令，如图 13-15 所示，在弹出的快捷菜单中选择"删除"命令，删除默认的接触设置。

Step2：选择 Mechanical 界面左侧"轮廓"（分析树）中的"连接"命令，此时会弹出如图 13-16 所示的"连接"选项卡。

Step3：如图 13-17 所示，选择"连接"选项卡中的"接触"→"绑定"命令，此时会在"连接"命令下面出现一个 绑定-无选择至无选择 命令，表示接触还未被设置。

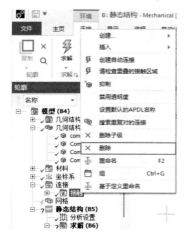

图 13-15　选择"删除"命令

图 13-16　"连接"选项卡

Step4：如图 13-18 所示，选择"分量"为实体的外表面，在出现的详细信息面板的"接触"栏中单击"应用"按钮。

图 13-17　添加接触设置

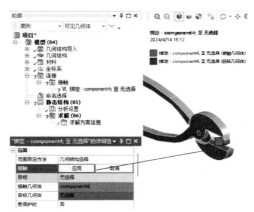

图 13-18　设置接触面 1

Step5：选择"轮廓"中的"项目"→"模型（B4）"→"几何结构"命令，然后单击工具栏中的 按钮，单击如图 13-19 所示的面，使其被选中。

Step6：如图 13-20 所示，选择"连接"选项卡中的"接触"→"绑定"命令，在出现的详细信息面板的"接触"栏中单击"应用"按钮，完成第一个接触对的设置。

Step7：与以上操作相同，完成另一个接触对的设置，如图 13-21 所示。

Step8：如图 13-22 所示，选择"连接"选项卡中的"几何体-几何体"→"回转"命令，此时在"连接"命令下面出现一个 回转-无选择至无选择 命令，表示转动副还未被设置。

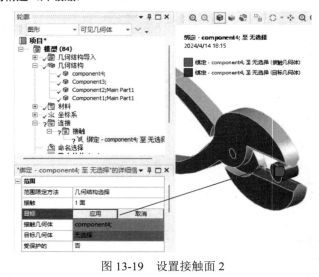

图 13-19　设置接触面 2

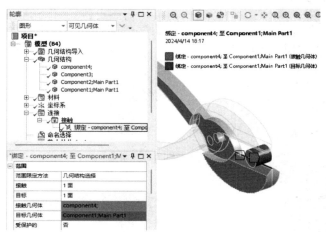

图 13-20　设置接触对 1

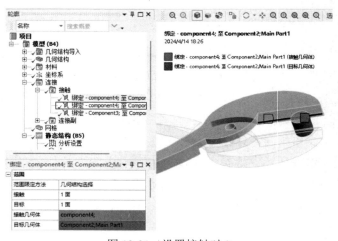

图 13-21　设置接触对 2

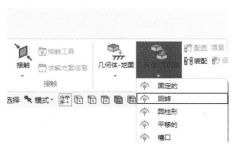

图 13-22　添加转动副设置

Step9：如图 13-23 所示，在绘图窗格中选择图中所示模型，然后右击该模型，在弹出的快捷菜单中选择"隐藏所有其他几何体"命令，隐藏其他模型。

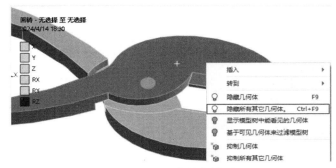

图 13-23　隐藏其他模型

Step10：如图 13-24 所示，保持 回转 - 无选择 至 无选择 命令被选中，选择实体内侧面，然后在出现的详细信息面板的"参考"→"范围"栏中单击"应用"按钮，确定选择。

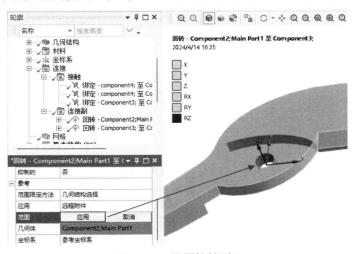

图 13-24　设置接触面 3

Step11：右击"轮廓"中的"项目"→"模型（B4）"→"几何结构"→"component 3"命令，在弹出的快捷菜单中选择"隐藏所有其他几何体"命令，隐藏其他模型。

Step12：如图 13-25 所示，选择小圆柱外表面，然后选择"🔩 回转 - 无选择 至 无选择"命令，在出现的详细信息面板的"参考"→"范围"栏中单击"应用"按钮，确定选择。

Step13：参照以上操作步骤，对另一对实体进行接触对设置，如图 13-26 所示。

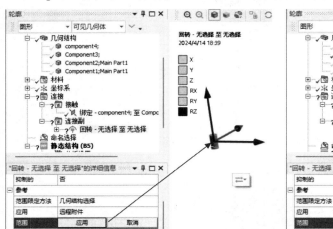

图 13-25　设置接触面 4

图 13-26　设置接触对 3

13.2.8　划分网格

Step1：选择 Mechanical 界面左侧"轮廓"（分析树）中的"网格"命令，此时可在"'网格'的详细信息"面板中修改网格参数，如图 13-27 所示，在"单元尺寸"栏中输入 2.0mm，其余选项采用默认设置。

Step2：右击"轮廓"（分析树）中的"网格"命令，在弹出的快捷菜单中选择"🗲 生成网格"命令。此时会弹出网格划分进度栏，表示网格正在划分，当网格划分完成后，进度栏会自动消失。最终的网格效果如图 13-28 所示。

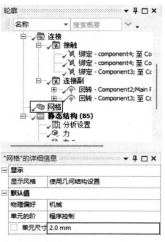

图 13-27　修改网格参数

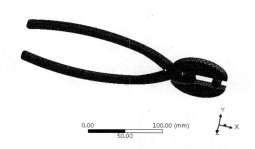

图 13-28　网格效果

13.2.9 施加载荷

Step1：选择 Mechanical 界面左侧"轮廓"（分析树）中的"静态结构（B5）"命令，此时会出现如图 13-29 所示的"环境"选项卡。

Step2：选择"环境"选项卡中的"结构"→"力"命令，此时在分析树中会出现"力"命令，如图 13-30 所示。

图 13-29 "环境"选项卡　　　　　　图 13-30 添加"力"命令

Step3：如图 13-31 所示，选择"力"命令，选择需要施加载荷的面，确保"'力'的详细信息"面板的"几何结构"栏中显示"1 面"，表明虎钳的一个端面被选中，在"定义"→"定义依据"栏中选择"分量"选项，在"Y 分量"栏中输入-100N，完成一个载荷的施加。

Step4：与以上设置方法相同，设置另一个手柄的载荷，方向沿着 Y 轴向上，如图 13-32 所示。

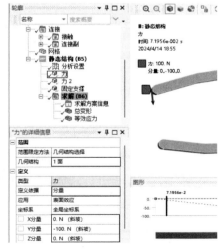

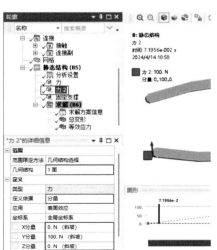

图 13-31 施加载荷 1　　　　　　图 13-32 施加载荷 2

Step5：右击"轮廓"（分析树）中的"静态结构（B5）"命令，在弹出的快捷菜单中选择"求解"命令，如图13-33所示，此时会弹出进度条，表示正在求解，当求解完成后，进度条会自动消失。

图13-33　求解

13.2.10　结果后处理

Step1：选择Mechanical界面左侧"轮廓"（分析树）中的"求解（B6）"命令，此时会出现如图13-34所示的"求解"选项卡。

Step2：选择"求解"选项卡中的"结果"→"变形"→"总计"命令，如图13-35所示，此时在分析树中会出现"总变形"命令。

图13-34　"求解"选项卡

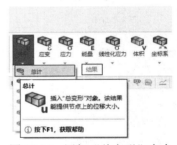

图13-35　添加"总变形"命令

Step3：右击"轮廓"（分析树）中的"求解（B6）"命令，在弹出的快捷菜单中选择"求解"命令，如图13-36所示。此时会弹出进度条，表示正在求解，当求解完成后，进度条会自动消失。

Step4：选择"轮廓"（分析树）中的"求解（B6）"→"总变形"命令，此时会出现如图13-37所示的总变形分析云图。

图13-36　选择"求解"命令

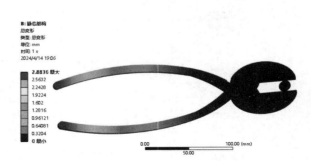

图13-37　总变形分析云图

Step5：使用同样的操作方法，查看应力分析云图，如图 13-38 所示。

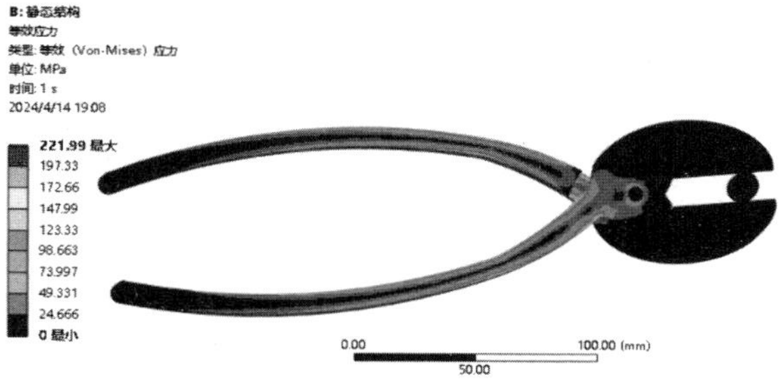

图 13-38　应力分析云图

13.2.11　保存与退出

Step1：单击 Mechanical 界面右上角的 （关闭）按钮，退出 Mechanical 界面，返回 Workbench 主界面。此时主界面的工程项目管理窗格中显示的分析项目均已完成，如图 13-39 所示。

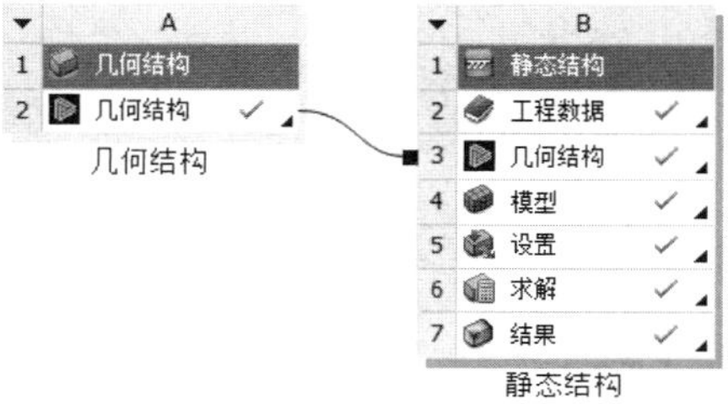

图 13-39　工程项目管理窗格中的分析项目

Step2：在 Workbench 主界面中单击工具栏中的 （保存）按钮，保存含有分析结果的文件。

Step3：单击界面右上角的 （关闭）按钮，退出 Workbench 主界面，完成项目分析。

13.3　项目分析 2——装配体接触分析

本节主要介绍使用 ANSYS Workbench 的接触分析功能分析装配体的应力分布。

学习目标：

熟练掌握 ANSYS Workbench 的接触设置和求解的方法与过程。

模型文件	配套资源\Chapter13\char13-2\assemb.stp
结果文件	配套资源\Chapter13\char13-2\assemb_contact.wbpj

13.3.1　问题描述

图 13-40 所示为某装配体模型，请分析装配体下端的 4 个孔在顶端面上施加 1000N 水平力作用下的变形及应力分布。由于模型为对称结构，因此为了简化分析，取出一半模型进行分析。

13.3.2　启动 Workbench 软件

Note

Step1：在 Windows 系统下启动 ANSYS Workbench，进入主界面。

Step2：双击主界面"工具箱"中的"组件系统"→"几何结构"命令，即可在"项目原理图"中创建分析项目 A，如图 13-41 所示。

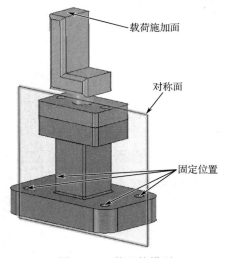

图 13-40　装配体模型

图 13-41　创建分析项目 A

13.3.3　导入几何体

Step1：右击项目 A 中 A2 栏的"几何结构"选项，在弹出的快捷菜单中选择"导入几何模型"→"浏览"命令，如图 13-42 所示，此时会弹出"打开"对话框。

Step2：在"打开"对话框中选择文件路径，导入 assemb.stp 几何体文件，如图 13-43 所示，此时 A2 栏的"几何结构"选项后的 ❓ 图标变为 ✔ 图标，表示实体模型已经导入。

图 13-42　选择"浏览"命令

图 13-43　"打开"对话框

Step3：双击项目 A 中 A2 栏的"几何结构"选项，进入 Design Modeler 界面，单位选择毫米。此时模型树中的"导入 1"命令前显示 图标,表示需要生成几何体,但图形窗口中没有图形显示,如图 13-44 所示。

图 13-44 生成几何体前的 Design Modeler 界面

Step4:单击 生成 按钮,即可显示生成的几何体,如图 13-45 所示,此时可在几何体上进行其他的操作,本例无须进行操作。

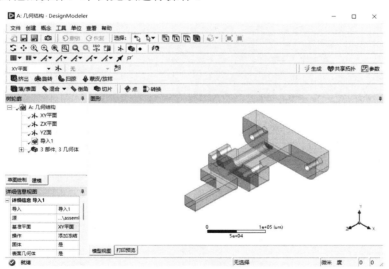

图 13-45 几何体生成后的 Design Modeler 界面

Step5:单击工具栏中的 图标,在弹出的"另存为"对话框的"文件名"文本框中输入 assemb_ 接触.wbpj,并单击"保存"按钮。

Step6:返回 Design Modeler 界面,单击界面右上角的 (关闭)按钮,退出 Design Modeler 界面,返回 Workbench 主界面。

13.3.4　创建分析项目

Note

Step1：如图 13-46 所示，在 Workbench 主界面的"工具箱"中选择分析系统→"静态结构"命令，并将其直接拖曳到项目 A 中 A2 栏的"几何结构"选项中。

Step2：此时会出现如图 13-47 所示的项目 B，同时在项目 A 中 A2 栏的"几何结构"选项与项目 B 中 B2 栏的"几何结构"选项之间出现一条连接线，说明数据在项目 A 与项目 B 之间实现共享。

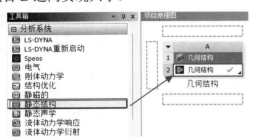

图 13-46　创建分析项目

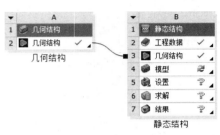

图 13-47　项目数据共享

13.3.5　添加材料库

Step1：双击项目 B 中 B2 栏的"工程数据"选项，进入如图 13-48 所示的材料参数设置界面。在该界面下可进行材料参数设置。

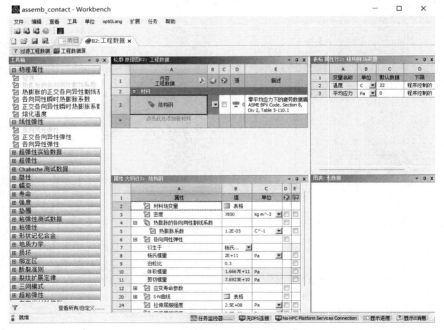

图 13-48　材料参数设置界面 1

Step2：在界面的空白处右击，在弹出的快捷菜单中选择"工程数据源"命令，此时的界面会变为如图 13-49 所示的界面。原界面中的"轮廓 原理图 B2：工程数据"表将消失，会被"工程数据源"及"轮廓"表取代。

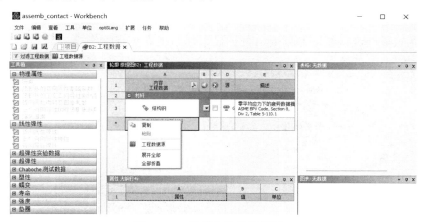

图 13-49　材料参数设置界面 2

Step3：在"工程数据源"表中选择 A4 栏的工程数据源选项，然后单击轮廓表中 A11 栏的"铝合金"选项后的 B11 栏的 （添加）按钮，此时在 C11 栏中会显示 （使用中的）图标，如图 13-50 所示，表示材料添加成功。

Step4：同 Step2，在界面的空白处右击，在弹出的快捷菜单中选择"工程数据源"命令，返回初始界面。

Step5：根据实际工程材料的特性，在"属性 大纲行 4：铝合金"表中可以修改材料的特性，如图 13-51 所示。本例采用的是默认值。

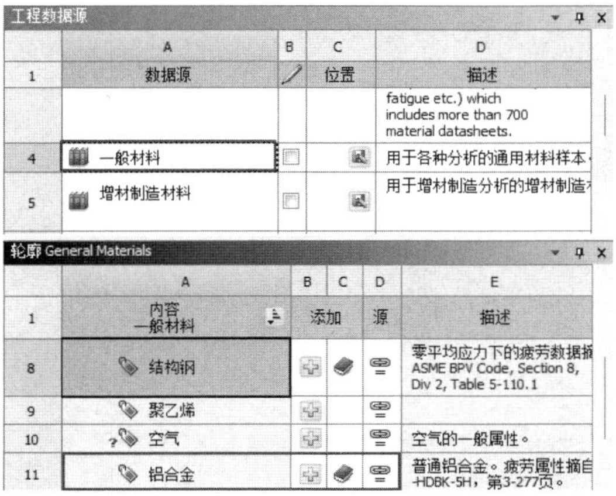

图 13-50　添加材料

图 13-51　修改材料的特性

Step6：单击工具栏中的 项目 按钮，返回 Workbench 主界面，完成材料库的添加。

13.3.6 添加模型材料属性

Step1：双击项目 B 中 B4 栏的"模型"选项，进入如图 13-52 所示的 Mechanical 界面。在该界面下可进行网格的划分、分析设置、结果观察等操作。

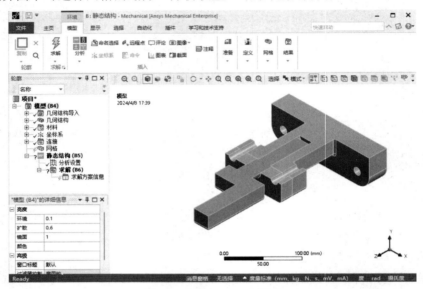

图 13-52　Mechanical 界面

Step2：选择 Mechanical 界面左侧"轮廓"（分析树）中的"几何结构"→"jaw1"命令，此时即可在"'jaw1'的详细信息"面板中给模型添加材料，如图 13-53 所示。

图 13-53　给模型添加材料

Step3：单击"材料"→"任务"栏后的 按钮，此时会出现刚刚设置的材料"铝合金"，选择该选项即可将其添加到模型中。其余选项采用默认设置即可。

13.3.7　创建接触

Step1：右击 Mechanical 界面左侧"轮廓"（分析树）中的"连接"→"接触"命令，如图 13-54 所示，在弹出的快捷菜单中选择"删除"命令，删除默认的接触设置。

Step2：选择 Mechanical 界面左侧"轮廓"（分析树）中的"连接"命令，此时弹出如图 13-55 所示的"连接"选项卡。

图 13-54　删除默认的接触设置

图 13-55　"连接"选项卡

Step3：如图 13-56 所示，选择"连接"选项卡中的"接触"→"摩擦的"命令，此时在设计树中的"连接"命令下会出现一个 摩擦的-无选择至无选择 命令，表示接触还未设置。

Step4：如图 13-57 所示，选择 base1 实体的内表面，在出现的详细信息面板的"范围"→"目标"栏中单击"应用"按钮。

图 13-56　添加接触设置　　　　　图 13-57　设置接触面 1

Step5：选择"轮廓"中的项目→"模型（B4）"→"几何结构"命令，然后单击工具栏中的 按钮，单击如图 13-58 所示的面，使其被选中。

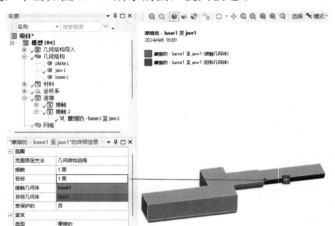

图 13-58　设置接触面 2

Step6：如图 13-59 所示，选择"轮廓"中的"连接"→"接触"→"摩擦的"命令，在出现的详细信息面板的"接触"栏中单击"应用"按钮，在"定义"→"摩擦系数"栏中输入 0.17，完成第一个接触对的设置。

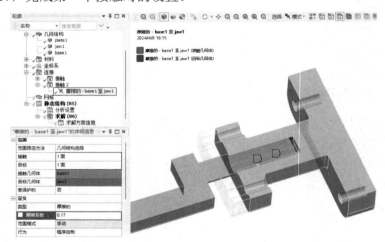

图 13-59　设置接触对 1

Step7：与以上操作相同，完成另一个接触对的设置，如图 13-60 所示。

Step8：如图 13-61 所示，选择"连接"选项卡中的"接触"→"绑定"命令，此时在分析树中的"连接"命令下面会出现一个 绑定 - 无选择 至 无选择 命令，表示接触还未被设置。

Step9：如图 13-62 所示，在绘图窗格中选择图中所示模型，然后右击该模型，在弹出的快捷菜单中选择"隐藏所有其他几何体"命令，隐藏其他模型。

Step10：如图 13-63 所示，保持 绑定 - base1 至 无选择 命令被选中，选择实体上表面，然后在出现的详细信息面板的"范围"→"接触"栏中单击"应用"按钮，确定选择。

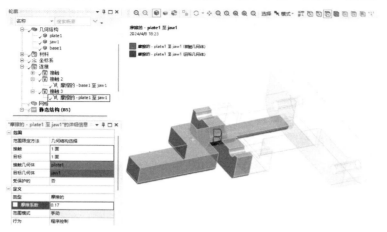

图 13-60　设置接触对 2

图 13-61　添加接触设置

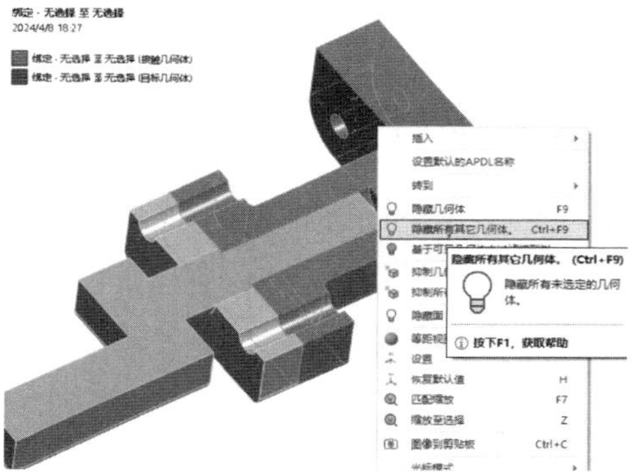

图 13-62　隐藏其他模型

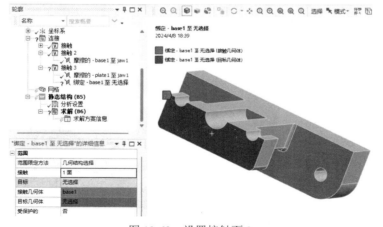

图 13-63　设置接触面 3

Step11：右击"轮廓"中的"项目"→"模型（B4）"→"几何结构"→"plate1"命令，在弹出的快捷菜单中选择"隐藏所有其他几何体"命令，隐藏其他模型。

Step12：如图 13-64 所示，选择零件下表面，然后选择 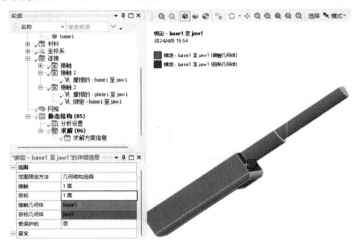 绑定 - 无选择至无选择 命令，在出现的详细信息面板的"范围"→"接触"栏中单击"应用"按钮，确定选择。

图 13-64　设置接触面 4

13.3.8　划分网格

Step1：选择 Mechanical 界面左侧"轮廓"（分析树）中的"网格"命令，此时可在"'网格'的详细信息"面板中修改网格参数，如图 13-65 所示，在"尺寸调整"→"跨度角中心栏"中选择"大尺度"选项，在"单元尺寸"栏中输入 5.0mm，其余选项采用默认设置。

Step2：右击"轮廓"（分析树）中的"网格"命令，在弹出的快捷菜单中选择" 生成网格"命令，此时会弹出网格划分进度栏，表示网格正在划分，当网格划分完成后，进度栏会自动消失。最终的网格效果如图 13-66 所示。

图 13-65　修改网格参数

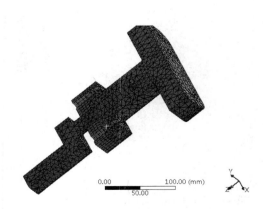

图 13-66　网格效果

13.3.9 施加载荷与约束

Step1：选择 Mechanical 界面左侧"轮廓"（分析树）中的"静态结构（B5）"命令，此时会出现如图 13-67 所示的"环境"选项卡。

Step2：选择"环境"选项卡中的"结构"→"力"命令，此时在分析树中会出现"力"命令，如图 13-68 所示。

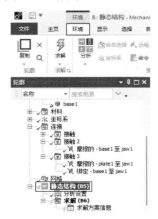

图 13-67　"环境"选项卡

图 13-68　添加"力"命令

Step3：如图 13-69 所示，选择"力"命令，选择需要施加载荷的面，单击"'力'的详细信息"面板中"几何结构"栏的 ▣应用▣ 按钮，在"定义"→"定义依据"栏中选择"分量"选项，在"X 分量"栏中输入 1000N，完成一个载荷的施加。

Step4：选择"环境"选项卡中的"结构"→"固定的"命令，此时在分析树中会出现"固定支撑"命令，如图 13-70 所示。

Step5：按住 Ctrl 键，选中如图 13-71 所示的两个圆孔，共 4 个面，在"'固定支撑'的详细信息"面板的"范围"→"几何结构"栏中单击"应用"按钮，确定选择。

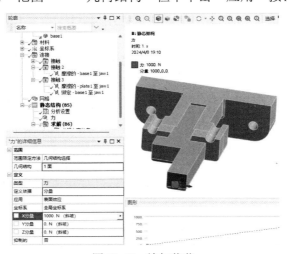

图 13-69　施加载荷

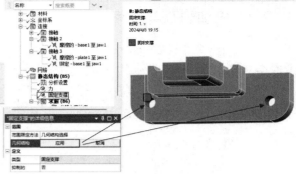

图 13-70　添加"固定支撑"命令　　　　　　　图 13-71　添加固定约束

Step6：按住 Ctrl 键，选择如图 13-72 所示的所有对称面。

Step7：如图 13-73 所示，选择"环境"选项卡中的"结构"→"无摩擦"命令，此时被选中的面已经被设置为对称约束。

图 13-72　选择对称面　　　　　　　　　　　图 13-73　设置对称约束

Step8：右击"轮廓"（分析树）中的"静态结构（B5）"命令，在弹出的快捷菜单中选择"求解"命令，此时会弹出进度条，表示正在求解，当求解完成后，进度条会自动消失，如图 13-74 所示。

13.3.10　结果后处理

Step1：选择 Mechanical 界面左侧"轮廓"（分析树）中的"求解（B6）"命令，此时会出现如图 13-75 所示的"求解"选项卡。

Step2：选择"求解"选项卡中的"结果"→"变形"→"总计"命令，如图 13-76 所示，此时在分析树中会出现"总变形"命令。

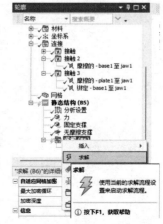

图 13-74　求解

图 13-75 "求解"选项卡 图 13-76 添加"总变形"命令

Step3：右击"轮廓"（分析树）中的"求解（B6）"命令，在弹出的快捷菜单中选择
"⚡评估所有结果"命令，如图 13-77 所示。此时会弹出进度条，表示正在求解，当求解
完成后，进度条会自动消失。

Step4：选择"轮廓"（分析树）中的"求解（B6）"→"总变形"命令，此时会出现
如图 13-78 所示的总变形分析云图。

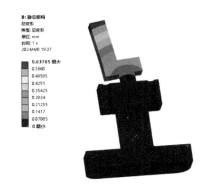

图 13-77 选择"评估所有结果"命令 图 13-78 总变形分析云图

Step5：使用同样的操作方法，查看应力分析云图，如图 13-79 所示。

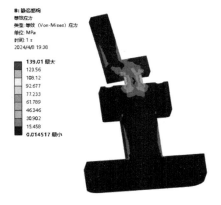

图 13-79 应力分析云图

13.3.11 保存与退出

Step1：单击 Mechanical 界面右上角的 ✕（关闭）按钮，退出 Mechanical 界面，返回 Workbench 主界面。此时主界面的工程项目管理窗格中显示的分析项目均已完成，如图 13-80 所示。

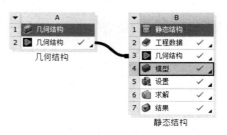

图 13-80　工程项目管理窗格中的分析项目

Step2：在 Workbench 主界面中单击工具栏中的 🖫（保存）按钮，保存含有分析结果的文件。

Step3：单击界面右上角的 ✕（关闭）按钮，退出 Workbench 主界面，完成项目分析。

13.4　本章小结

本章详细地介绍了 ANSYS Workbench 软件的接触分析功能，包括几何导入、网格划分、接触设置、边界条件设定、后处理等操作。

通过本章的学习，读者应该对接触分析的过程有较详细的了解。

第 14 章

特征值屈曲分析

本章将对 ANSYS Workbench 软件的特征值屈曲分析模块进行详细讲解，并通过几个典型案例来介绍特征值屈曲分析的一般步骤，包括几何建模（外部几何数据的导入）、材料赋予、网格设置与划分、边界条件设定、后处理等操作。

学习目标：

- 熟练掌握 ANSYS Workbench 特征值屈曲分析的过程。
- 了解特征值屈曲分析与其他分析的不同之处。
- 了解特征值屈曲分析的应用场合。

14.1 特征值屈曲分析概述

许多结构件都需要进行结构稳定性计算，如细长柱、压缩部件、真空容器等。这些结构件在不稳定状态（屈曲）开始时，在本质上没有变化的载荷作用下（一个很小的动荡），其在 X 方向上的微小位移会使结构有一个很大的改变。

14.1.1 屈曲分析

特征值或线性屈曲分析预测的是理想线弹性结构的理论屈曲强度（分歧点），而非理想和非线性行为会阻止许多真实的结构达到它们理论上的弹性屈曲强度。

线性屈曲分析通常产生非保守的结果，但是线性屈曲分析有以下特点。

- 它比非线性屈曲分析更节省时间，并且应当作为第一步计算来评估临界载荷（屈曲开始时的载荷）。
- 特征值屈曲分析可以用来决定产生什么样的屈曲模型形状，为设计作指导。

Note

14.1.2 特征值屈曲分析方程

特征值屈曲分析的一般方程为

$$K + \lambda_i S \psi_i = 0$$

式中，K 和 S 是常量；λ_i 是屈曲载荷乘子；ψ_i 是屈曲模态。

ANSYS Workbench 软件的特征值屈曲分析步骤与其他有限元分析步骤大同小异，该软件支持在模态分析中存在接触对，但由于屈曲分析是线性分析，因此其接触行为不同于非线性接触行为，如表 14-1 所示。

表 14-1 含有接触的特征值屈曲分析设置

接触类型	特征值屈曲分析		
	初始接触设置	内部球状区域	外部球状区域
绑定	绑定	绑定	自由
不分离	不分离	不分离	自由
粗糙	绑定	自由	自由
无摩擦	不分离	自由	自由

下面通过几个案例来简单介绍一下特征值屈曲分析的操作步骤。

14.2 项目分析 1——钢管特征值屈曲分析

本节主要介绍使用 ANSYS Workbench 的特征值屈曲分析模块分析钢管在外载荷作用下的稳定性和屈曲因子。

学习目标：

熟练掌握 ANSYS Workbench 特征值屈曲分析的方法及过程。

模型文件	无
结果文件	配套资源\Chapter14\char14-1\Pipe_Buckling.wbpj

14.2.1 问题描述

图 14-1 所示为某钢管模型，请分析钢管在 1MPa 压力下的屈曲响应情况。

14.2.2 启动 Workbench 并建立分析项目

Step1：在 Windows 系统下启动 ANSYS Workbench，进入主界面。

Step2：双击主界面"工具箱"中的"分析系统"→"静态结构"命令，即可在"项目原理图"中创建分析项目 A，如图 14-2 所示。

图 14-1 钢管模型   图 14-2 创建分析项目 A

14.2.3 创建几何体

Step1：右击项目 A 中 A3 栏的"几何结构"选项，此时会弹出如图 14-3 所示的 Design Modeler 界面，单位选择毫米。

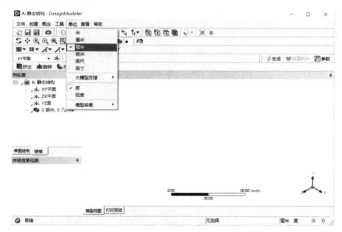

图 14-3 Design Modeler 界面

Step2：如图 14-4 所示，选择 ZX平面 命令并选择绘图平面，然后单击 按钮，使得绘图平面与绘图窗格平行。

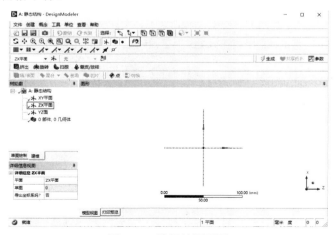

图 14-4 选择绘图平面

Step3：在"树轮廓"下面单击"草图绘制"按钮，此时会出现如图 14-5 所示的"草图工具箱"，所有草绘命令都在"草图工具箱"中。

Step4：单击 ◎圆 （圆）按钮，该按钮会变成凹陷状态，表示该命令已被选中，将鼠标指针移动到绘图窗格中的原点上，此时会出现一个 P 提示符，表示即将创建的圆形的圆心在坐标轴中心上，如图 14-6 所示。

图 14-5　草图工具箱

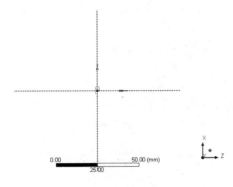

图 14-6　提示符

Step5：当出现 P 提示符后单击，在坐标轴中心创建圆心，然后向上移动鼠标指针，创建如图 14-7 所示的圆形。

Step6：重复上述步骤创建一个同心圆，如图 14-8 所示。

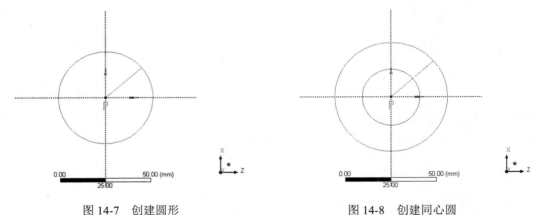

图 14-7　创建圆形　　　　　　　　　　　　图 14-8　创建同心圆

Step7：选择"维度"→"直径"命令，创建如图 14-9 所示的两个直径标注，在 D1 栏中输入 25mm，在 D2 栏中输入 50mm。

Step8：单击常用命令栏中的 ◎挤出 按钮，在"详细信息视图"面板的"几何结构"栏中确保"草图 1"被选中，在"FD1，深度"栏中输入拉伸长度值为 1000mm，然后单击常用命令栏中的 ≯生成 按钮，生成几何模型，如图 14-10 所示。

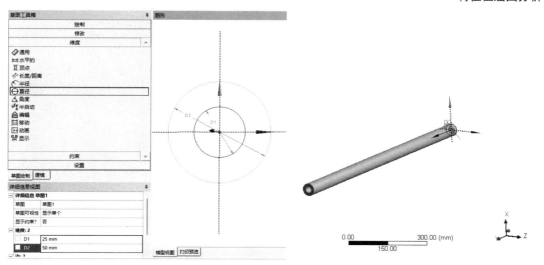

图 14-9　创建直径标注　　　　　　　图 14-10　生成几何模型

Step9：单击界面右上角的 按钮，退出 Design Modeler 界面，返回 Workbench 主界面。

14.2.4　设置材料

本案例选用默认材料，即"结构钢"。

14.2.5　添加模型材料属性

Step1：双击项目 A 中 A4 栏的"模型"选项，进入如图 14-11 所示的 Mechanical 界面。在该界面下即可进行网格的划分、分析设置、结果观察等操作。

图 14-11　Mechanical 界面

Step2：如图 14-12 所示，此时结构钢材料已经被自动赋予模型。

Note

14.2.6　划分网格

Step1：如图 14-13 所示，右击 Mechanical 界面左侧"轮廓"（分析树）中的"网格"命令，在弹出的快捷菜单中选择"插入"→"面网格剖分"命令。

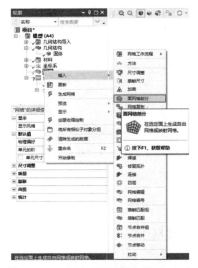

图 14-12　添加材料　　　　　图 14-13　选择"面网格剖分"命令

Step2：如图 14-14 所示，在出现"'面网格剖分'的详细信息"面板中进行如下设置。

① 选择模型上表面，单击"几何结构"栏中的"应用"按钮。

② 在"分区的内部数量"栏中输入 10。

Step3：如图 14-15 所示，右击"网格"命令，在弹出的快捷菜单中选择"插入"→"尺寸调整"命令。

图 14-14　设置面"网格"　　　　　图 14-15　选择"尺寸调整"命令

Step4：如图 14-16 所示，在出现的详细信息面板中进行如下设置。

① 选择几何体，然后在"几何结构"栏中单击"应用"按钮，此时"几何结构"栏中将显示"1 几何体"字样。

② 在"单元尺寸"栏中输入网格大小为 10mm。

Step5：如图 14-17 所示，右击"网格"命令，在弹出的快捷菜单中选择"生成网格"命令。

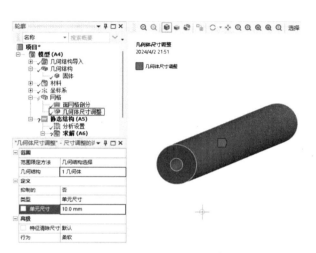

图 14-16　设置几何体网格

图 14-17　选择"生成网格"命令

Step6：最终的网格效果如图 14-18 所示。

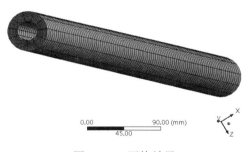

图 14-18　网格效果

14.2.7　施加载荷与约束

Step1：选择 Mechanical 界面左侧"轮廓"（分析树）中的"静态结构（A5）"命令，此时会出现如图 14-19 所示的"环境"选项卡。

Step2：选择"环境"选项卡中的"结构"→"固定的"命令，此时在分析树中会出现"固定支撑"命令，如图 14-20 所示。

图 14-19　"环境"选项卡　　　　　图 14-20　添加"固定支撑"命令

Step3：选择"固定支撑"命令，在工具栏中单击 🔲 按钮，选择如图 14-21 所示的钢管底面，单击"'固定支撑'的详细信息"面板中"几何结构"栏的 应用 按钮，即可在选中的面上施加固定约束。

Step4：同 Step2，选择"环境"选项卡中的"结构"→"压力"命令，此时在分析树中会出现"压力"命令，如图 14-22 所示。

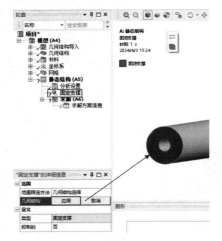

图 14-21　施加固定约束　　　　　图 14-22　添加"压力"命令

Step5：同 Step3，选择"压力"命令，选择钢管上侧面，单击"'压力'的详细信息"面板中"几何结构"栏的 应用 按钮，同时在"定义"→"大小"栏中输入 2MPa，如图 14-23 所示。

Step6：右击"轮廓"（分析树）中的"静态结构（A5）"命令，在弹出的快捷菜单中选择"求解"命令，如图 14-24 所示。此时会弹出进度条，表示正在求解，当求解完成后，进度条会自动消失。

图 14-23　添加面载荷

图 14-24　选择"求解"命令

14.2.8　结果后处理（1）

Step1：选择 Mechanical 界面左侧"轮廓"（分析树）中的"求解（A6）"命令，此时会出现如图 14-25 所示的"求解"选项卡。

Step2：选择"求解"选项卡中的"结果"→"变形"→"总计"命令，如图 14-26 所示，此时在分析树中会出现"总变形"命令。

图 14-25　"求解"选项卡

图 14-26　添加"总变形"命令

Step3：右击"轮廓"（分析树）中的"求解（A6）"命令，在弹出的快捷菜单中选择"评估所有结果"命令，如图 14-27 所示。此时会弹出进度条，表示正在求解，当求解完成后，进度条会自动消失。

Note

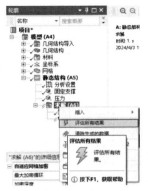

图 14-27　选择"评估所有结果"命令

Step4：选择"轮廓"（分析树）中的"求解（A6）"→"总变形"命令，此时会出现如图 14-28 所示的总变形分析云图。

Step5：选择"求解"选项卡中的"应力"→"等效（Von-Mises）"命令，如图 14-29 所示，此时在分析树中会出现"等效应力"命令。

图 14-28　总变形分析云图

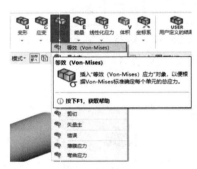

图 14-29　添加"等效应力"命令

Step6：同 Step3，右击"轮廓"（分析树）中的"求解"（A6）命令，在弹出的快捷菜单中选择"⚡评估所有结果"命令，如图 14-30 所示。此时会弹出进度条，表示正在求解，当求解完成后，进度条会自动消失。

Step7：图 14-31 所示为应力分析云图。

图 14-30　选择"评估所有结果"命令 2

图 14-31　应力分析云图

14.2.9 特征值屈曲分析

Step1：如图 14-32 所示，将"工具箱"中的"特征值屈曲"分析命令直接拖曳到项目 A 中 A6 栏的"求解"选项中。

Step2：如图 14-33 所示，项目 A 的所有前处理数据已经被导入项目 B 中（共享），此时如果双击项目 B 中 B5 栏的"设置"选项，即可直接进入 Mechanical 界面。

图 14-32　创建特征值屈曲分析项目

图 14-33　项目数据共享

14.2.10 施加载荷与约束

Step1：双击项目 B 中 B5 栏的"设置"选项，进入如图 14-34 所示的 Mechanical 界面。在该界面下即可进行网格的划分、分析设置、结果观察等操作。

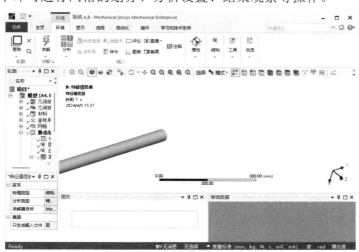

图 14-34　Mechanical 界面

Step2：如图 14-35 所示，右击"轮廓"（分析树）中的"静态结构（A5）"命令，在弹出的快捷菜单中选择"　求解"命令，此时会弹出进度条，表示正在求解，当求解完成后，进度条会自动消失。

Step3：如图 14-36 所示，选择"轮廓"（分析树）中的"特征值屈曲（B5）"→"分析设置"命令，在出现的详细信息面板的"选项"中进行如下设置。

在"最大模态阶数"栏中输入 10，表示十阶模态将被计算。

Step4：右击"轮廓"中的"求解（B6）"命令，在弹出的快捷菜单中选择"🔨求解"命令，如图 14-37 所示。此时会弹出进度条，表示正在求解，当求解完成后，进度条会自动消失。

图 14-35　选择"求解"命令 1

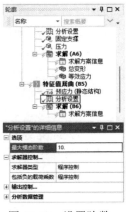

图 14-36　设置阶数

图 14-37　选择"求解"命令 2

14.2.11　结果后处理（2）

Step1：选择 Mechanical 界面左侧"轮廓"（分析树）中的"求解（B6）"命令，此时会出现如图 14-38 所示的"求解"选项卡。

Step2：选择"求解"选项卡中的"结果"→"变形"→"总计"命令，如图 14-39 所示，此时在分析树中会出现"总变形"命令。

图 14-38　"求解"选项卡

图 14-39　添加"总变形"命令

Step3：如图 14-40 所示，选择"总变形"命令，在"'总变形'的详细信息"面板的"定义"→"模式"栏中输入 1。

Step4：如图 14-41 所示，右击"总变形"命令，在弹出的快捷菜单中选择"评估所有结果"命令，进行后处理计算。

Step5：图 14-42 所示为钢管的一阶屈曲模态变形分析云图。

从图 14-42 所示的面板中可以查到一阶屈曲载荷因子为 93.4，由于施加载荷为 1MPa，因此可知钢管的屈曲压力为 93.4×1=93.4Mpa。

一阶临界载荷为 93.4MPa，由于第一阶为屈曲载荷的最低值，因此这意味着在理论上，当压力达到 93.4MPa 时，钢管将失稳。

图 14-40　设置阶数

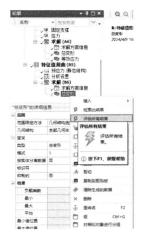

图 14-41　选择"评估所有结果"命令

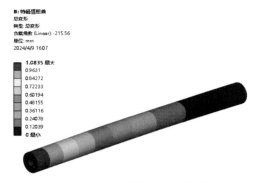

图 14-42　一阶屈曲模态变形分析云图

14.2.12　保存与退出

Step1：单击 Mechanical 界面右上角的 （关闭）按钮，退出 Mechanical 界面，返回 Workbench 主界面。此时，主界面的工程项目管理窗格中显示的分析项目均已完成，如图 14-43 所示。

图 14-43　工程项目管理窗格中的分析项目

Step2：在 Workbench 主界面中单击工具栏中的 按钮，保存文件名为 Pipe_Buckling.wbpj。

Step3：单击界面右上角的 （关闭）按钮，退出 Workbench 主界面，完成项目分析。

14.3 项目分析 2——金属容器特征值屈曲分析

本节主要介绍使用 ANSYS Workbench 的特征值屈曲分析模块分析金属容器在外载荷作用下的稳定性及屈曲因子。

学习目标：

熟练掌握 ANSYS Workbench 特征值屈曲分析的方法及过程。

模型文件	无
结果文件	配套资源\Chapter14\char14-2\Shell_Buckling.wbpj

14.3.1 问题描述

图 14-44 所示为某金属容器模型，请分析金属容器在 1MPa 压力下的屈曲响应情况。

14.3.2 启动 Workbench 并建立分析项目

Step1：在 Windows 系统下启动 ANSYS Workbench，进入主界面。

Step2：双击主界面"工具箱"中的"分析系统"→"静态结构"命令，即可在"项目原理图"中创建分析项目 A，如图 14-45 所示。

图 14-44　金属容器模型　　　　图 14-45　创建分析项目 A

14.3.3 创建几何体

Step1：右击项目 A 中 A3 栏的"几何结构"选项，此时会弹出如图 14-46 所示的 Design Modeler 界面，单位选择毫米。

图 14-46　Design Modeler 界面

Step2：如图 14-47 所示，选择  **ZX平面** 命令并选择绘图平面，然后单击 按钮，使得绘图平面与绘图窗格平行。

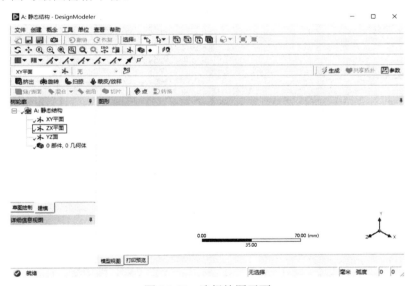

图 14-47　选择绘图平面

Step3：在"树轮廓"下面单击"草图绘制"按钮，此时会出现如图 14-48 所示的"草图工具箱"，所有草绘命令都在"草图工具箱"中。

Step4：单击 **圆**（圆）按钮，该按钮会变成凹陷状态，表示该命令已被选中，将鼠标指针移动到绘图窗格中的原点上，此时会出现一个 P 提示符，表示即将创建的圆形的圆心在坐标轴中心上，如图 14-49 所示。

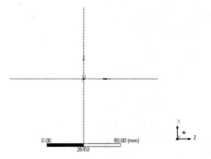

图 14-48　草图工具箱　　　　　　　　　　　图 14-49　提示符

Step5：当出现 P 提示符后单击，在坐标轴中心创建圆心，然后向上移动鼠标指针，创建如图 14-50 所示的圆形。

Step6：选择"维度"→"直径"命令，创建如图 14-51 所示的直径标注，在 D1 栏中输入 100mm。

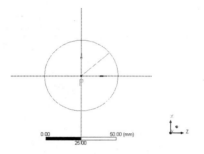

图 14-50　创建圆形　　　　　　　　　　　图 14-51　直径标注

Step7：单击常用命令栏中的 挤出 按钮，在"详细信息视图"面板的"几何结构"栏中确保"草图 1"被选中，在"FD1 深度"栏中输入拉伸长度值为 100mm，在"按照薄/表面？"栏中选择"是"选项，在"FD2 内部厚度"和"FD3 外部厚度"栏中分别输入 1mm，然后单击常用命令栏中的 生成 按钮，生成几何模型，如图 14-52 所示。

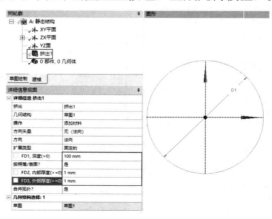

图 14-52　生成几何模型 1

Step8：选择"草图 1"（草绘）图形，再次单击常用命令栏中的 挤出 按钮，在"详细信息视图"面板的"几何结构"栏中确保"草图 1"被选中，在"FD1 深度"栏中输入拉伸长度值为 2mm，然后单击常用命令栏中的 生成 按钮，生成几何模型，如图 14-53 所示。

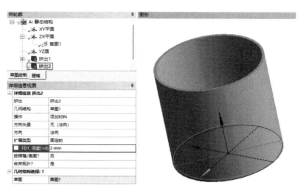

图 14-53　生成几何模型 2

Step9：单击界面右上角的 ✖ （关闭）按钮，退出 DesignModeler 界面，返回 Workbench 主界面。

14.3.4　设置材料

本案例选用默认材料，即"结构钢"。

14.3.5　添加模型材料属性

Step1：双击项目 A 中 A4 栏的"模型"选项，进入如图 14-54 所示的 Mechanical 界面。在该界面下即可进行网格的划分、分析设置、结果观察等操作。

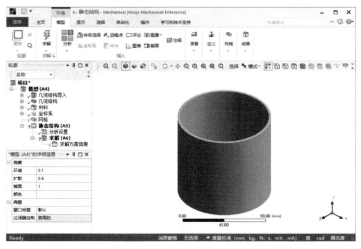

图 14-54　Mechanical 界面

Step2：如图 14-55 所示，此时结构钢材料已经被自动赋予模型。

Note

14.3.6　划分网格

Step1：如图 14-56 所示，选择 Mechanical 界面左侧"轮廓"（分析树）中的"网格"命令，在"'网格'的详细信息"面板的"单元尺寸"栏中输入 2.0mm，其余选项保持默认设置。

图 14-55　添加材料　　　　　　　图 14-56　设置"网格"大小

Step2：如图 14-57 所示，右击"网格"命令，在弹出的快捷菜单中选择"生成网格"命令。

Step3：最终的网格效果如图 14-58 所示。

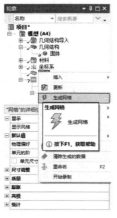

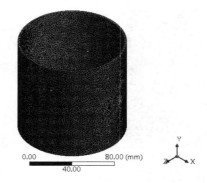

图 14-57　选择"生成网格"命令　　　　图 14-58　网格效果

14.3.7　施加载荷与约束

Step1：选择 Mechanical 界面左侧"轮廓"（分析树）中的"静态结构（A5）"命令，

此时会出现如图 14-59 所示的"环境"选项卡。

Step2：选择"环境"选项卡中的"结构"→"固定的"命令，此时在分析树中会出现"固定支撑"命令，如图 14-60 所示。

图 14-59　"环境"选项卡

图 14-60　添加"固定支撑"命令

Step3：选择"固定支撑"命令，在工具栏中单击 按钮，选择如图 14-61 所示的金属容器底面，单击"'固定支撑'的详细信息"面板中"几何结构"栏的 应用 按钮，即可在选中的面上施加固定约束。

Step4：同 Step2，选择"环境"选项卡中的"结构"→"压力"命令，此时在分析树中会出现"压力"命令，如图 14-62 所示。

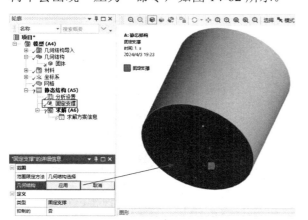

图 14-61　施加固定约束

图 14-62　添加"压力"命令

Step5：同 Step3，选择"压力"命令，选择金属容器上侧面，单击"'压力'的详细信息"面板中"几何结构"栏的 应用 按钮，同时在"定义"→"大小"栏中输入 2MPa，如图 14-63 所示。

Step6：右击"轮廓"（分析树）中的"静态结构（A5）"命令，在弹出的快捷菜单中选择" 求解"命令，如图 14-64 所示。此时会弹出进度条，表示正在求解，当求解完成后，进度条会自动消失。

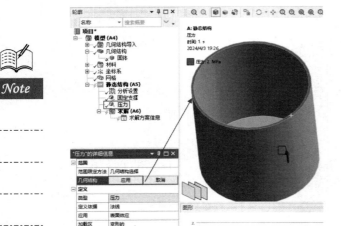

图 14-63　施加面载荷

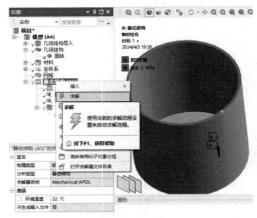

图 14-64　选择"求解"命令

14.3.8　结果后处理（1）

Step1：选择 Mechanical 界面左侧"轮廓"（分析树）中的"求解（A6）"命令，此时会出现如图 14-65 所示的"求解"选项卡。

Step2：选择"求解"选项卡中的"结果"→"变形"→"总计"命令，如图 14-66 所示，此时在分析树中会出现"总变形"命令。

图 14-65　"求解"选项卡

图 14-66　添加"总变形"命令

Step3：右击"轮廓"（分析树）中的"求解（A6）"命令，在弹出的快捷菜单中选择"评估所有结果"命令，如图 14-67 所示。此时会弹出进度条，表示正在求解，当求解完成后，进度条会自动消失。

Step4：选择"轮廓"（分析树）中的"求解（A6）"→"总变形"命令，此时会出现如图 14-68 所示的总变形分析云图。

图 14-67 选择"评估所有结果"命令 1　　　　　图 14-68 总变形分析云图

Step5：选择"求解"选项卡中的"结果"→"应力"→"等效（Von-Mises）"命令，如图 14-69 所示，此时在分析树中会出现"等效应力"命令。

图 14-69 添加"等效应力"命令

Step6：同 Step3，右击"轮廓"（分析树）中的"求解（A6）"命令，在弹出的快捷菜单中选择"　评估所有结果"命令，如图 14-70 所示。此时会弹出进度条，表示正在求解，当求解完成后，进度条会自动消失。

Step7：图 14-71 所示为应力分析云图。

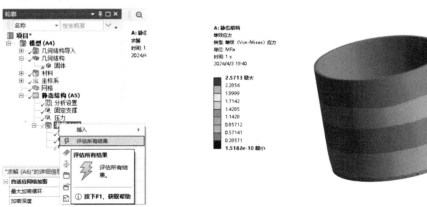

图 14-70 选择"评估所有结果"命令 2　　　　　图 14-71 应力分析云图

14.3.9 特征值屈曲分析

Step1：如图 14-72 所示，将"工具箱"中的"特征值屈曲"分析命令直接拖曳到项目 A 中 A6 栏的"求解"选项中。

Step2：如图 14-73 所示，项目 A 的所有前处理数据已经被导入项目 B 中（共享）。此时如果双击项目 B 中 B5 栏的"设置"选项，即可直接进入 Mechanical 界面。

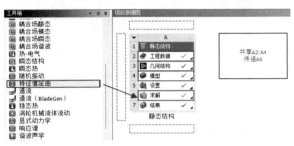

图 14-72　创建特征值屈曲分析项目

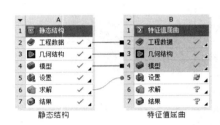

图 14-73　项目数据共享

14.3.10　施加载荷与约束

Step1：双击项目 B 中 B5 栏的"设置"选项，进入如图 14-74 所示的 Mechanical 界面。在该界面下即可进行网格的划分、分析设置、结果观察等操作。

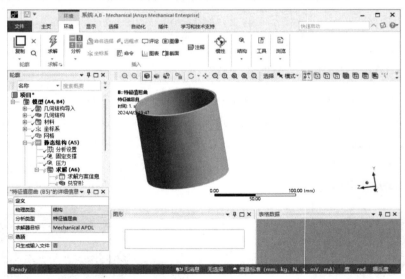

图 14-74　Mechanical 界面

Step2：如图 14-75 所示，右击"轮廓"（分析树）中的"静态结构（A5）"命令，在弹出的快捷菜单中选择"求解"命令。此时会弹出进度条，表示正在求解，当求解完成后，进度条会自动消失。

Step3：如图 14-76 所示，选择"轮廓"（分析树）中的"特征值屈曲（B5）"→"分析设置"命令，在出现"'分析设置'的详细信息"面板的"选项"中进行如下设置。

在"最大模态阶数"栏中输入 10，表示十阶模态将被计算。

Step4：右击"轮廓"（分析树）中的"特征值屈曲（B5）"命令，在弹出的快捷菜单中选择"⚡求解"命令，如图 14-77 所示。此时会弹出进度条，表示正在求解，当求解完成后，进度条会自动消失。

图 14-75 选择"求解"命令 1 　　图 14-76 设置阶数 　　图 14-77 选择"求解"命令 2

14.3.11 结果后处理（2）

Step1：选择 Mechanical 界面左侧"轮廓"（分析树）中的"求解（B6）"命令，此时会出现如图 14-78 所示的"求解"选项卡。

Step2：选择"求解"选项卡中的"结果"→"变形"→"总计"命令，如图 14-79 所示，此时在分析树中会出现"总变形"命令。

图 14-78 "求解"选项卡 　　　　图 14-79 添加"总变形"命令

Step3：如图 14-80 所示，选择"总变形"命令，在"'总变形'的详细信息"面板的"定义"→"模式"栏中输入 1。

Step4：如图 14-81 所示，右击"总变形"命令，在弹出的快捷菜单中选择"评估所有结果"命令，进行后处理计算。

Step5：图 14-82 所示为金属容器的一阶屈曲模态变形分析云图。

从图 14-82 所示的面板中可以查到一阶屈曲载荷因子为 734.04，由于施加载荷为 2MPa，因此可知金属容器的屈曲压力为 734.04×2=1468.8MPa。

一阶临界载荷为 1468.08MPa，由于第一阶为屈曲载荷的最低值，因此这意味着在理论上，当压力达到 1468.08MPa 时，金属容器将失稳。

图 14-80　设置阶数　　　　　　　图 14-81　选择"评估所有结果"命令

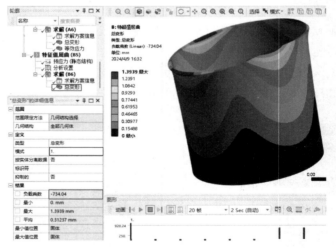

图 14-82　一阶屈曲模态变形分析云图

14.3.12　保存与退出

Step1：单击 Mechanical 界面右上角的 ⬛✕ （关闭）按钮，退出 Mechanical 界面，返回 Workbench 主界面。此时，主界面的工程项目管理窗格中显示的分析项目均已完成，如图 14-83 所示。

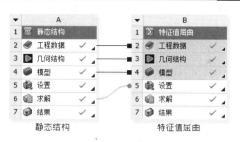

图 14-83　工程项目管理窗格中的分析项目

Step2：在 Workbench 主界面中单击工具栏中的 ![保存] （保存）按钮，保存文件名为 Shell_Buckling.wbpj。

Step3：单击界面右上角的 ![关闭] （关闭）按钮，退出 Workbench 主界面，完成项目分析。

14.4　项目分析 3——工字梁特征值屈曲分析

本节将通过一个工字梁特征值屈曲分析案例来帮助读者学习屈曲分析的操作步骤。

学习目标：

熟练掌握 ANSYS Workbench 特征值屈曲分析的方法及过程。

模型文件	配套资源\Chapter14\char14-3\gongziliang.x_t
结果文件	配套资源\Chapter14\char14-3\gongziliang.x_t.wbpj

14.4.1　问题描述

工字梁是工程中常用的梁结构，而受压力的梁的屈曲通常是造成梁破坏的主要原因，因此需要对梁进行屈曲分析。某工字梁长 1m，端部受到 1000N 的压力，如图 14-84 所示。该梁材料为铝合金。

图 14-84　工字梁

14.4.2　添加材料和导入几何体

Step1：在主界面中创建"静态结构"项目。双击"工具箱"中的"分析系统"→"静态结构"命令，生成静态结构分析项目，如图 14-85 所示。

Step2：双击项目 A 下部的"静态结构"，将分析项目名称更改为"工字梁静态"，如图 14-86 所示。

图 14-85　创建静态结构分析项目　　　　　　图 14-86　更改分析项目名称

Step3：双击项目 A 中 A2 栏的"工程数据"选项，进入如图 14-87 所示的材料参数设置界面。在该界面下即可进行材料参数设置。

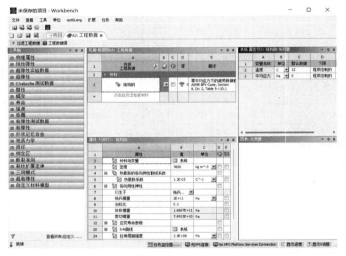

图 14-87　材料参数设置界面 1

Step4：在界面的空白处右击，在弹出的快捷菜单中选择"工程数据源"命令，此时的界面会变为如图 14-88 所示的界面。原界面中的"轮廓原理图 A2:工程数据"表将消失，会被"工程数据源"及"轮廓"表取代。

Step5：在"工程数据源"表中选择 A4 栏的数据源选项，然后单击"轮廓"表中 A11 栏的"铝合金"选项后的 B11 栏的 （添加）按钮，此时在 C4 栏中会显示 （使用中的）图标，如图 14-89 所示，表示材料添加成功。

Step6：同 Step4，在界面的空白处右击，在弹出的快捷菜单中选择"工程数据源"命令，返回初始界面。

Step7：根据实际工程材料的特性，在"属性 大纲行 4：铝合金"表中可以修改材料的特性，如图 14-90 所示。本例采用的是默认值。

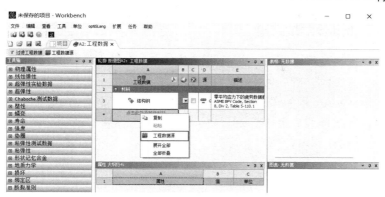

图 14-88　材料参数设置界面 2

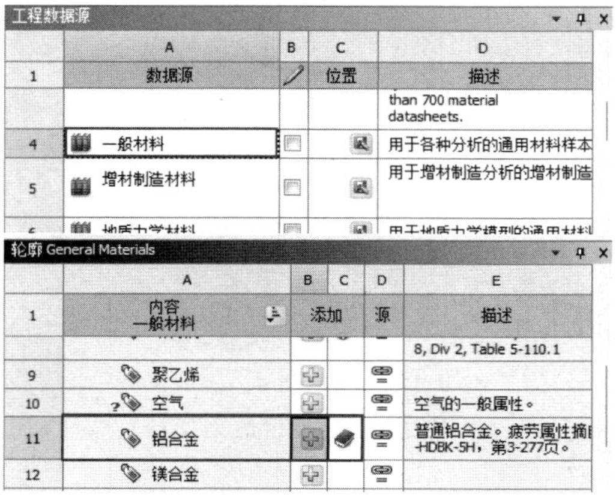

图 14-89　添加材料

图 14-90　修改材料的特性

Step8：单击工具栏中的 /田项目 按钮，返回 Workbench 主界面，完成材料库的添加。

Step9：右击项目 A 中 A3 栏的"几何结构"选项，在弹出的快捷菜单中选择"导入几何模型"→"浏览"命令，在弹出的对话框中选择需要导入的 gongziliang.x_t 文件，如图 14-91 所示。

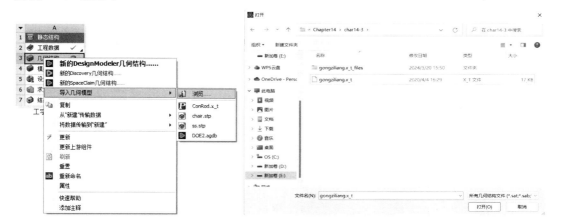

图 14-91　导入几何体

14.4.3 添加屈曲分析项目

Note

由于屈曲分析都是耦合分析，其前期都要完成一个静态结构分析项目，再将该分析的结果传入特征值屈曲分析项目中。

右击项目 A 中 A6 栏的"求解"选项，在弹出的快捷菜单中选择"将数据传输到'新建'"→"特征值屈曲"命令，如图 14-92 所示。将静态结构分析的结果传入特征值屈曲分析中，如图 14-93 所示。

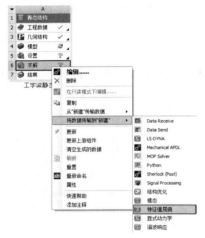

图 14-92 选择"特征值屈曲"命令

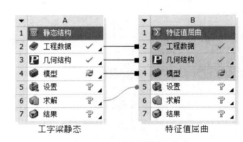

图 14-93 项目数据共享

14.4.4 赋予材料和划分网格

Step1：双击项目 A 中 A4 栏的"模型"选项，打开 Mechanical 界面，此时可以看到界面中出现工字梁模型，如图 14-94 所示。

Step2：单击"轮廓"中"几何结构"命令前的 ⊞ 按钮，选择"Part1"命令，如图 14-95 所示。

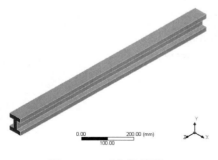

图 14-94 工字梁模型

图 14-95 选择 Part1 命令

Step3：单击"Part1"详细信息面板中"任务"栏后的 ▸ 按钮，选择"铝合金"选项，如图 14-96 所示。

Step4：选择 Mechanical 界面左侧"轮廓"（分析树）中的"网格"命令，此时可在"'网格'的详细信息"面板中修改网格参数，在"默认值"→"单元尺寸"栏中输入 10.0mm，其余选项采用默认设置，如图 14-97 所示。

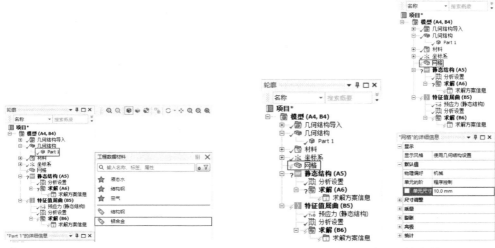

图 14-96　更改材料　　　　　　　　　图 14-97　修改网格参数

Step5：右击 Mechanical 界面左侧"轮廓"（分析树）中的"网格"命令，从弹出的快捷菜单中选择"生成网格"命令，如图 14-98 所示。最终的网格效果如图 14-99 所示。

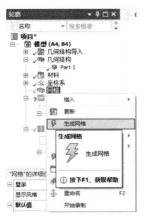

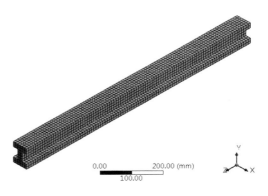

图 14-98　选择"生成网格"命令　　　　　　　图 14-99　网格效果

14.4.5　添加约束和载荷

Step1：选择"轮廓"中的"静态结构（A5）"命令，此时会出现"环境"选项卡，如图 14-100 所示。

Step2：选择"环境"选项卡中的"结构"→"固定的"命令，如图 14-101 所示。

Step3：选择工字梁底面作为约束面，如图 14-102 所示。在"'固定支撑'的详细信息"面板中单击"几何结构"栏的"应用"按钮，如图 14-103 所示。

图 14-100　"环境"选项卡

图 14-101　选择"固定的"命令

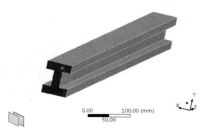

图 14-102　选择约束面

图 14-103　设置位移约束参数

Step4：选择"环境"（环境）选项卡中的"结构"→"力"命令，如图 14-104 所示。

Step5：选择工字梁顶面，如图 14-105 所示。在"'力'的详细信息"面板中单击"几何结构"栏的"应用"按钮，并在"大小"栏中输入 1000N，如图 14-106 所示。设置力加载方向为向下，如图 14-107 所示。

图 14-104　选择"力"命令

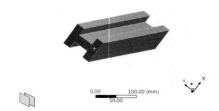

图 14-105　选择工字梁顶面

图 14-106　输入力载荷

图 14-107　设置力加载方向

14.4.6　静态压力求解

　　右击"轮廓"中的"求解（A6）"命令，在弹出的快捷菜单中选择"求解"命令，如图 14-108 所示。此时会出现进度条，表示正在求解，当进度条消失且"求解（A6）"命令前出现 ✔ 图标时，说明静态压力求解已经完成，但屈曲分析还未进行，如图 14-109 所示。

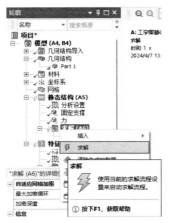

图 14-108　选择"求解"命令

图 14-109　静态压力求解完成

14.4.7　屈曲分析求解

　　Step1：选择"轮廓"中的"分析设置"命令，如图 14-110 所示。此时会出现"'分析设置'的详细信息"面板，如图 14-111 所示。

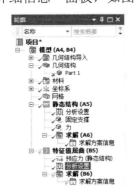

图 14-110　选择"分析设置"命令

图 14-111　"分析设置"的详细信息面板

　　Step2：在"选项"栏中可以输入最大模数，这里默认为 1。

　　Step3：右击"轮廓"中的"求解（B6）"命令，在弹出的快捷菜单中选择"求解"命令，如图 14-112 所示。此时会出现进度条，表示正在求解，当进度条消失且"求解（B6）"命令前出现 ✔ 图标时，说明所有求解已经结束，如图 14-113 所示。

Note

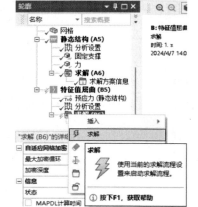

图 14-112　选择"求解"命令

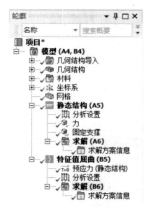

图 14-113　求解结束

14.4.8　结果后处理

Step1：右击"轮廓"中的"求解（B6）"命令，在弹出的快捷菜单中选择"插入" →
"变形"→"总计"命令，添加"总变形"命令，如图 14-114 所示。

Step2：右击"轮廓"中的"求解（B6）"→"总变形"命令，从弹出的快捷菜单中
选择"评估所有结果"命令，进行求解，如图 14-115 所示。

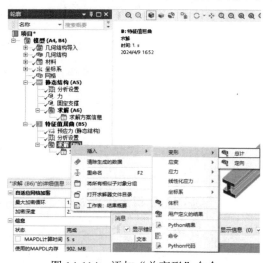

图 14-114　添加"总变形"命令

图 14-115　选择"评估所有结果"命令

Step3：选择"轮廓"中的"求解（B6）"→"总变形"命令，显示变形结果，如
图 14-116 所示。

Step4：在界面右下侧会显示"表格数据"，其中"负载乘数"数值为 130.99，如图 14-117
所示。因为之前加载的力为 1000N，将其乘以屈曲参数，就能够得到屈曲力，即 130990N。

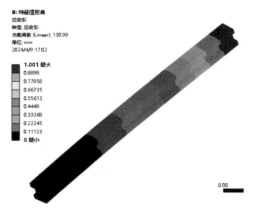

图 14-116　变形结果

图 14-117　表格数据

14.4.9　保存与退出

Step1：单击 Mechanical 界面右上角的 [×] 按钮，退出 Mechanical 界面，返回 Workbench 主界面。此时主界面的工程项目管理窗格中显示的分析项目均已完成，如图 14-118 所示。

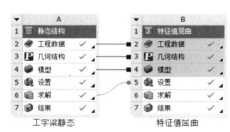

图 14-118　工程项目管理窗格中的分析项目

Step2：在 Workbench 主界面中单击工具栏中的 [💾] 按钮，保存含有分析结果的文件。

Step3：单击界面右上角的 [×] 按钮，退出 Workbench 主界面，完成项目分析。

14.5　本章小结

本章详细地介绍了 ANSYS Workbench 软件的特征值屈曲分析功能，包括几何导入、网格划分、边界条件设定、后处理等操作，同时简单介绍了临界屈曲载荷的求解方法与载荷因子的计算方法。

通过本章的学习，读者应该对特征值屈曲分析的过程有较详细的了解。

第4部分

第15章

热力学分析

热量传递是物理场中常见的一种现象，在工程分析中，热量传递包括热传导、热对流和热辐射 3 种基本方式。热力学分析在工程应用中至关重要，比如，在高温作用下的压力容器，如果温度过高会导致内部气体膨胀，使该压力容器爆裂；在刹车制动时瞬时间产生大量热量，容易使刹车片产生热应力等。本章主要介绍 ANSYS Workbench 的热力学分析功能，讲解稳态和瞬态热力学分析的计算过程。

学习目标：

- 熟练掌握 ANSYS Workbench 温度场分析的方法及过程。
- 熟练掌握 ANSYS Workbench 稳态温度场分析的设置与后处理。
- 熟练掌握 ANSYS Workbench 瞬态温度场分析的时间设置方法。
- 掌握零件热点处的瞬态温升曲线的处理方法。

15.1 热力学分析概述

在石油化工、动力、核能等许多重要部门中，变温条件下工作的结构和部件通常都存在温度应力问题。

在正常工况下存在稳态的温度应力，在启动或关闭过程中还会产生随时间变化的瞬态温度应力。这些应力已经占有相当大的比重，甚至可以成为设计和运行中的控制应力。要计算稳态或瞬态应力，首先要计算稳态或瞬态温度场。

15.1.1 热力学分析目的

热力学分析的目的是计算模型内的温度分布及热梯度、热流密度等物理量。热载荷包括热源、热对流、热辐射、热流量、外部温度场等。

15.1.2　热力学分析方程

ANSYS Workbench 可以进行两种热力学分析，即稳态热力学分析和瞬态热力学分析。

稳态热力学分析的一般方程为

$$KI = Q \tag{15-1}$$

式中，K 是传导矩阵，包括热系数、对流系数、辐射系数和形状系数；I 是节点温度向量；Q 是节点热流向量，包括热生成。

瞬态热力学分析的一般方程为

$$CT + KI = Q \tag{15-2}$$

式中，K 是传导矩阵，包括热系数、对流系数、辐射系数和形状系数；C 是比热矩阵，考虑系统内能的增加；T 是节点温度对时间的导数；I 是节点温度向量；Q 是节点热流向量，包括热生成。

15.1.3　基本热量传递方式

基本热量传递方式有热传导、热对流及热辐射。

1．热传导

当物体内部存在温差时，热量从高温部分传递到低温部分；当不同温度的物体相接触时，热量从高温物体传递到低温物体。这种热量传递方式称为热传导。

热传导遵循傅里叶定律，即

$$q'' = -k \frac{\mathrm{d}T}{\mathrm{d}x} \tag{15-3}$$

式中，q'' 是热流密度，其单位为 W/m^2；k 是导热系数，其单位为 $W/(m \cdot ℃)$。

2．热对流

热对流是指温度不同的各部分流体之间发生相对运动所引起的热量传递方式。高温物体表面附近的空气因受热而膨胀，使密度降低而向上流动，同时密度较大的冷空气会向下流动替代原来的受热空气而引发对流现象。热对流分为自然对流和强迫对流两种。

热对流满足牛顿冷却方程，即

$$q'' = h(T_s - T_b) \tag{15-4}$$

式中，h 是对流换热系数（或称膜系数）；T_s 是固体表面温度；T_b 是周围流体温度。

3．热辐射

热辐射是指物体发射电磁能，并被其他物体吸收、转变为热的热量交换过程。与热传导和热对流不同，热辐射不需要任何传热介质。

实际上，真空的热辐射效率最高。同一物体在温度不同时的热辐射能力不同，温度相同的不同物体的热辐射能力也不一定相同。在同一温度下，黑体的热辐射能力最强。

在工程中通常考虑两个或多个物体之间的辐射，系统中的每个物体都会同时辐射并吸收热量。它们之间的净热量传递可用斯蒂芬波尔兹曼方程来计算，即

$$q = \varepsilon\sigma A_1 F_{12}(T_1^4 - T_2^4) \tag{15-5}$$

式中，q 为热流率；ε 为辐射率（黑度）；σ 为黑体辐射常数，$\sigma \approx 5.67 \times 10^{-8}\,\text{W}/(\text{m}^2 \cdot \text{K}^4)$；$A_1$ 为辐射面 1 的面积；F_{12} 为由辐射面 1 到辐射面 2 的形状系数；T_1 为辐射面 1 的绝对温度；T_2 为辐射面 2 的绝对温度。

从热辐射的方程可以得知，如果分析中包括热辐射，则分析为高度非线性。

15.2 项目分析 1——杯子稳态热力学分析

本节主要介绍使用 ANSYS Workbench 的稳态热力学分析模块分析杯子模型在杯子底部为 100℃时的温度分布。

学习目标：

熟练掌握 ANSYS Workbench 建模与稳态热力学分析的方法和过程。

模型文件	配套资源\Chapter15\char15-1\beizi.x_t
结果文件	配套资源\Chapter15\char15-1\beizi_Thermal.wbpj

15.2.1 问题描述

图 15-1 所示为杯子模型，请分析杯子模型在杯子底部为 100℃时的温度分布。

15.2.2 启动 Workbench 并建立分析项目

Step1：在 Windows 系统下启动 ANSYS Workbench，进入主界面。

Step2：双击主界面"工具箱"中的"组件系统"→"几何结构"命令，即可在"项目原理图"中创建分析项目 A，如图 15-2 所示。

图 15-1　杯子模型

图 15-2　创建分析项目 A

15.2.3　导入几何体

Step1：右击项目 A 中 A2 栏的"几何结构"选项，在弹出的快捷菜单中选择"导入几何模型"→"浏览"命令，如图 15-3 所示，此时会弹出"打开"对话框。

图 15-3　选择"浏览"命令

Step2：在"打开"对话框中选择文件路径，导入 beizi.x_t 几何体文件，如图 15-4 所示，此时 A2 栏的"几何结构"选项后的 ? 图标变为 ✔ 图标，表示实体模型已经导入。

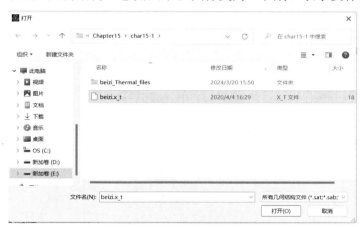

图 15-4　"打开"对话框

Step3：双击项目 A 中 A2 栏的"几何结构"选项，进入 DesignModeler 界面，单位选择毫米。此时模型树中的"导入 1"命令前会显示 ✎ 图标，表示需要生成几何体，但图形窗口中没有图形显示，如图 15-5 所示。

Step4：单击 生成 按钮，即可显示生成的几何体，如图 15-6 所示，此时可在几何体上进行其他的操作。本例无须进行操作。

Step5：单击工具栏中的 🖫 图标，在弹出的"另存为"对话框的"文件名"文本框中输入 beizi_Thermal.wbpj，并单击"保存"按钮。

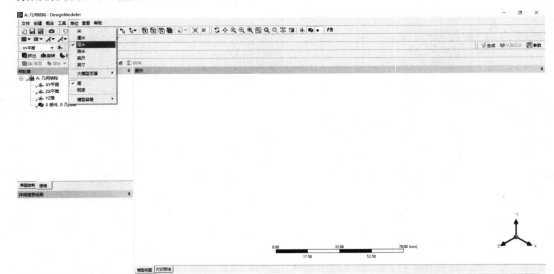

图 15-5　生成几何体前的 DesignModeler 界面

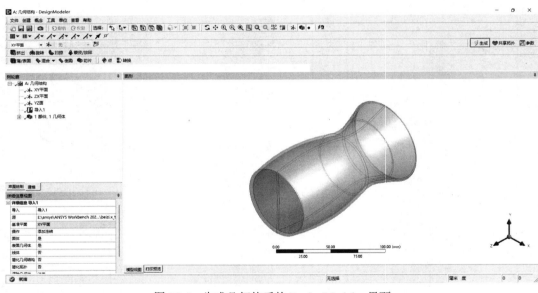

图 15-6　生成几何体后的 DesignModeler 界面

Step6：返回 Design Modeler 界面，单击界面右上角的 ██ （关闭）按钮，退出 Design
Modeler 界面，返回 Workbench 主界面。

15.2.4　创建分析项目

Step1：如图 15-7 所示，在 Workbench 主界面的"工具箱"→"分析系统"中选择
"稳态热"命令，并将其直接拖曳到项目 A 中 A2 栏的"几何结构"选项中。

Step2：如图 15-8 所示，此时会出现项目 B，同时在项目 A 中 A2 栏的"几何结构"

选项与项目 B 中 B3 栏的"几何结构"选项之间出现一条连接线，说明结构数据在项目 A 与项目 B 之间实现共享。

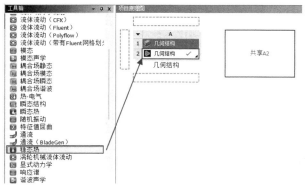

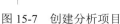

图 15-7　创建分析项目　　　　　　　　　　图 15-8　数据共享

15.2.5　添加材料库

Step1：双击项目 B 中 B2 栏的"工程数据"选项，进入如图 15-9 所示的材料参数设置界面。在该界面下可进行材料参数设置。

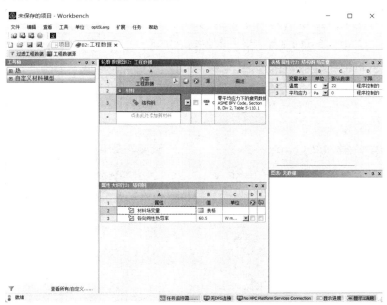

图 15-9　材料参数设置界面 1

Step2：在界面的空白处右击，在弹出的快捷菜单中选择"工程数据源"命令，此时的界面会变为如图 15-10 所示的界面。原界面中的"轮廓原理图 A2:工程数据"表将消失，会被"工程数据源"及"轮廓"工程数据表取代。

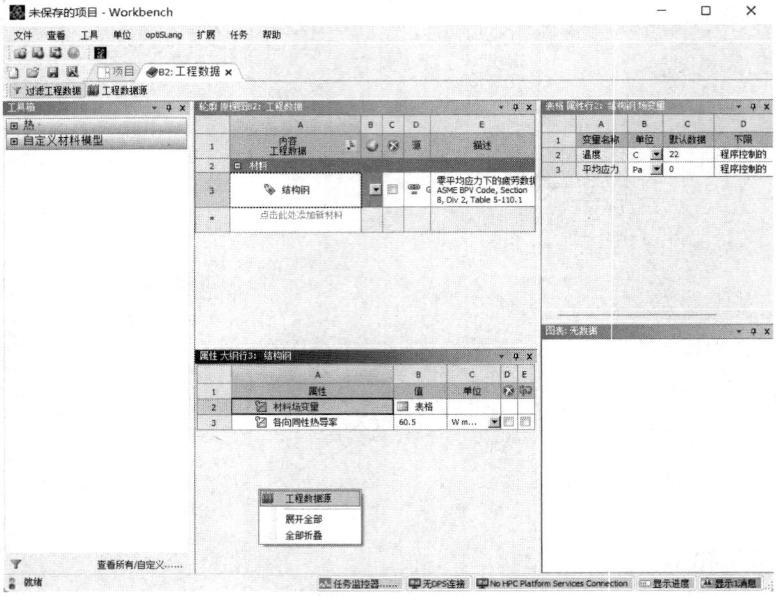

图 15-10　材料参数设置界面 2

Step3：在"工程数据源"表中选择 A4 栏的工程数据源选项，然后单击"轮廓"表中 A11 栏的"铝合金"选项后的 B11 栏的 ➕（添加）按钮，此时在 C4 栏中会显示 🍱（使用中的）图标，如图 15-11 所示，表示材料添加成功。

Step4：同 Step2，在界面的空白处右击，在弹出的快捷菜单中选择"工程数据源"命令，返回初始界面。

Step5：根据实际工程材料的特性，在"属性 大纲行 4：铝合金"表中可以修改材料的特性，如图 15-12 所示。本例采用的是默认值。

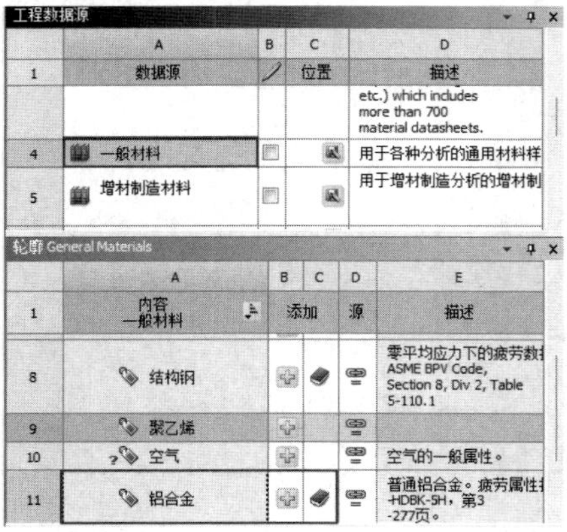

图 15-11　添加材料　　　　　　　　　　图 15-12　修改材料的特性

Step6：单击工具栏中的 🔲 项目 按钮，返回 Workbench 主界面，完成材料库的添加。

15.2.6 添加模型材料属性

Step1：双击项目 B 中 B4 栏的"模型"选项，进入如图 15-13 所示的 Mechanical 界面。在该界面下即可进行网格的划分、分析设置、结果观察等操作。

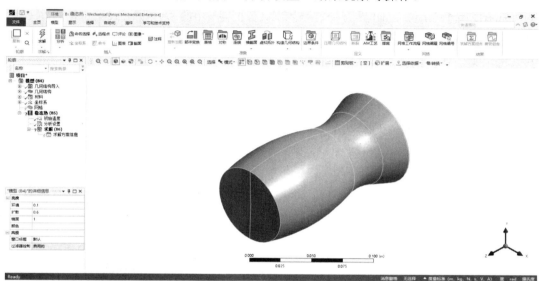

图 15-13 Mechanical 界面

Step2：选择 Mechanical 界面左侧"轮廓"（分析树）中的"几何结构"→"BEIZI-W"命令，此时即可在"'BEIZI-W'的详细信息"面板中给模型添加材料，如图 15-14 所示。

图 15-14 给模型添加材料

Note

Step3：单击"材料"→"任务"栏后的 ▸ 按钮，此时会出现刚刚设置的材料铝合金，选择该选项即可将其添加到模型中。其余选项采用默认设置即可。

15.2.7　划分网格

Step1：选择 Mechanical 界面左侧"轮廓"（分析树）中的"网格"命令，此时可在"'网格'的详细信息"面板中修改网格参数，如图 15-15 所示，在"单元尺寸"栏中输入 2.0mm，其余选项采用默认设置。

Step2：右击"轮廓"（分析树）中的"网格"命令，在弹出的快捷菜单中选择"⚡生成网格"命令，此时会弹出网格划分进度栏，表示网格正在划分，当网格划分完成后，进度栏会自动消失。最终的网格效果如图 15-16 所示。

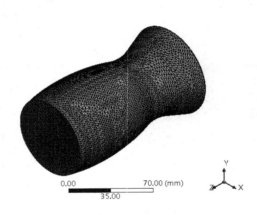

图 15-15　修改网格参数　　　　　　　　图 15-16　网格效果

15.2.8　施加载荷与约束

Step1：选择 Mechanical 界面左侧"轮廓"（分析树）中的"稳态热（B5）"命令，此时会出现如图 15-17 所示的"环境"选项卡。

Step2：选择"环境"选项卡中的"热"→"温度"命令，此时在分析树中会出现"温度"命令，如图 15-18 所示。

Step3：如图 15-19 所示，选择"温度"命令，选择杯子底面，确保"'温度'的详细信息"面板的"几何结构"栏中出现"2 面"，表明杯子底面被选中，在"定义"→"大小"栏中输入 100℃，完成一个热载荷的添加。

图 15-17　"环境"选项卡

图 15-18　添加"温度"命令

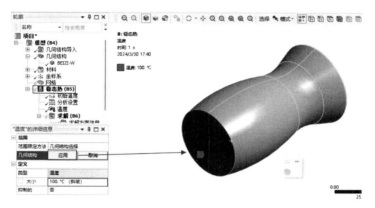

图 15-19　添加热载荷

Step4：选择"环境"选项卡中的"热"→"对流"命令，如图 15-20 所示，此时在分析树中会出现"对流"命令。

图 15-20　添加"对流"命令

Step5：如图 15-21 所示，选择"对流"命令，选择杯子外表面，确保"'对流'的详细信息"面板的"几何结构"栏中出现"6 面"，表明杯子外表面的 6 个面被选中，然后在"定义"→"薄膜系数"栏中单击▶按钮，选择"导入温度相关的对流系数"选项。此时会弹出如图 15-22 所示的对话框,在该对话框中选择 Stagnant Air-Simplified Case 选项，单击 OK 按钮，完成一个对流的添加。

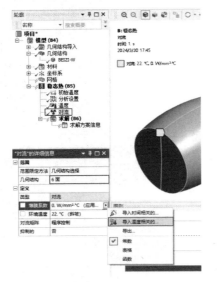

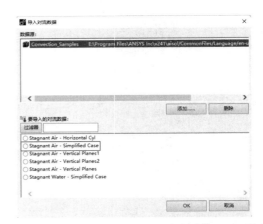

图 15-21　设置对流面　　　　　　　图 15-22　"导入温度相关的对流系数"对话框

Step6：右击"轮廓"（分析树）中的"稳态热（B5）"命令，在弹出的快捷菜单中选择"求解"命令，如图 15-23 所示。此时会弹出进度条，表示正在求解，当求解完成后，进度条会自动消失。

图 15-23　选择"求解"命令

15.2.9　结果后处理

Step1：选择 Mechanical 界面左侧"轮廓"（分析树）中的"求解（B6）"命令，此时会出现如图 15-24 所示的"求解"选项卡。

Step2：选择"求解"选项卡中的"结果"→"热"→"温度"命令，如图 15-25 所示，此时在分析树中会出现"温度"命令。

Step3：右击"轮廓"（分析树）中的"求解（B6）"命令，如图 15-26 所示，在弹出的快捷菜单中选择"评估所有结果"命令。此时会弹出进度条，表示正在求解，当求解完成后，进度条会自动消失。

Step4：选择"轮廓"（分析树）中的"求解（B6）"→"温度"命令，此时会出现如图 15-27 所示的温度分布云图。

图 15-24　"求解"选项卡

图 15-25　添加"温度"命令

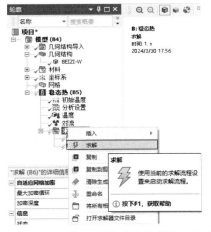

图 15-26　选择"评估所有结果"命令

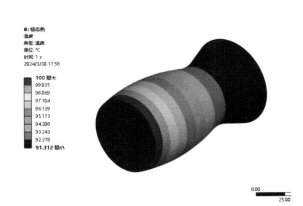

图 15-27　温度分布云图

Step5：使用同样的操作方法，查看热流量云图，如图 15-28 所示。

15.2.10　保存与退出

Step1：单击 Mechanical 界面右上角的 ▬✖▬（关闭）按钮，退出 Mechanical 界面，返回 Workbench 主界面。此时，主界面的工程项目管理窗格中显示的分析项目均已完成，如图 15-29 所示。

Step2：在 Workbench 主界面中单击工具栏中的 📄（保存）按钮，保存含有分析结果的文件。

Step3：单击界面右上角的 ▬✖▬（关闭）按钮，退出 Workbench 主界面，完成项目分析。

图 15-28　热流量云图　　　　　　　　　　　图 15-29　工程项目管理窗格中的分析项目

15.3　项目分析 2——杯子瞬态热力学分析

本节主要介绍使用 ANSYS Workbench 的瞬态热力学分析模块分析杯子模型的温度分布。

学习目标：

熟练掌握 ANSYS Workbench 瞬态热力学分析的方法及过程。

模型文件	无
结果文件	配套资源\Chapter15\char15-2\beizi_Transient_Thermal.wbpj

15.3.1　瞬态热力学分析

如图 15-30 所示，选择主界面"工具箱"中的"分析系统"→"瞬态热"命令，然后将其移动到项目 B 中 B6 栏的"求解"选项中，此时在项目 B 的右侧出现一个项目 C，并且项目 B 与项目 C 的几何数据实现共享。

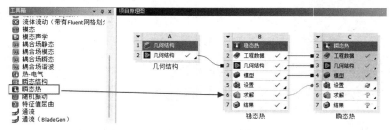

图 15-30　创建瞬态热力学分析项目

15.3.2　设置分析选项

Step1：双击项目 C 中 C5 栏的"设置"选项，进入 Mechanical 界面。

Step2：选择"轮廓"（分析树）中的"瞬态热（C5）"→"分析设置"命令，在出现""分析设置'的详细信息"面板的"步骤结束时间"栏中输入 5s，如图 15-31 所示。

Step3：添加温度载荷，如图 15-32 所示。在""温度'的详细信息"面板中进行如下设置。

① 选择杯子底面，确保在"几何结构"栏中出现"2 面"，表明杯子底面被选中。

② 在"大小"栏中选择"表格数据"选项，并在右侧弹出的"表格数据"中输入 0 时刻温度为 22℃；5 时刻的温度为 100℃。

图 15-31 分析设置

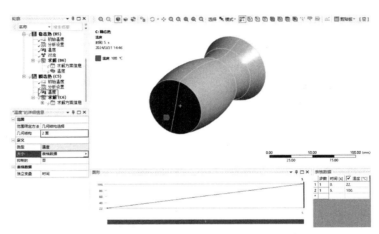

图 15-32 添加温度载荷

Step4：如图 15-33 所示，右击"瞬态热（C5）"命令，在弹出的快捷菜单中选择"求解"命令，此时会弹出进度条，表示正在求解，当求解完成后，进度条会自动消失。

图 15-33 求解

15.3.3 结果后处理

同稳态热力学分析一样，可以查看温度分布云图，如图 15-34 所示。

图 15-34　温度分布云图

15.3.4　保存与退出

Step1：单击 Mechanical 界面右上角的 ✕ （关闭）按钮，退出 Mechanical 界面，返回 Workbench 主界面。此时主界面的工程项目管理窗格中显示的分析项目均已完成，如图 15-35 所示。

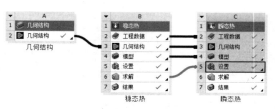

图 15-35　工程项目管理窗格中的分析项目

Step2：单击界面右上角的 ✕ （关闭）按钮，退出 Workbench 主界面，完成项目分析。

15.4 本章小结

本章通过两个案例介绍了一个杯子受热的稳态热力学分析与瞬态热力学分析，并且在分析过程中考虑了与周围空气的对流换热边界，在后处理过程中得到了温度分布云图及热流量云图。

通过本章的学习，读者应该对热力学分析的过程有较详细的了解。

第16章

疲劳分析

结构失效的一个常见原因是疲劳，其造成的破坏与重复加载有关，比如，长期转动的齿轮、叶轮等都会存在不同程度的疲劳破坏，轻则导致零件损坏，重则导致工作人员出现生命危险。为了在设计阶段研究零件的预期疲劳程度，可以通过有限元法对零件进行疲劳分析。本章主要介绍 ANSYS Workbench 软件的疲劳分析模块，讲解疲劳分析的计算过程。

学习目标：

- 熟练掌握 ANSYS Workbench 疲劳分析的方法及过程。
- 熟练掌握 ANSYS Workbench 疲劳分析的应用场合。
- 熟练掌握 ANSYS Workbench 疲劳分析常用方法的分类。

16.1 疲劳分析概述

疲劳失效是一种常见的失效形式，本章通过两个简单的案例来讲解疲劳分析的详细过程和方法。

16.1.1 疲劳概述

结构失效的一个常见原因是疲劳，其造成的破坏与重复加载有关。高周疲劳是在载荷的循环（重复）次数较高的情况下产生的，应力通常比材料的极限强度低，因此应力疲劳一般应用于高周疲劳计算；低周疲劳是在载荷的循环次数较低的情况下产生的，塑性变形通常伴随低周疲劳，这阐明了短疲劳寿命，因此应变疲劳一般应用于低周疲劳计算。

在设计仿真中，疲劳模块拓展程序基于应力疲劳理论，适用于高周疲劳计算。下面将对基于应力疲劳理论的处理方法进行讨论。

16.1.2 恒定振幅载荷

Note

在前文曾提及，疲劳是由重复加载引起的。当最大和最小的应力水平恒定时，称为恒定振幅载荷，否则，称为变化振幅或非恒定振幅载荷。下面将针对前面这种简单的形式进行讨论。

16.1.3 成比例载荷

载荷可以是比例载荷，也可以是非比例载荷。比例载荷是指主应力的比例是恒定的，并且主应力的削减不随时间变化，这意味着由于载荷的增加或反作用造成的响应可以很容易地得到计算。

相反，非比例载荷没有隐含各应力的相互关系。典型情况包括以下几种。

- σ_1/σ_2 为一个常数。
- 在两个不同载荷工况间的交替变化。
- 交变载荷叠加在静载荷上。
- 非线性边界条件。

16.1.4 应力定义

考虑在最大应力值 σ_{max} 和最小应力值 σ_{min} 作用下的比例载荷、恒定振幅的情况有以下几种。

- 应力范围 $\Delta\sigma$ 定义为 $(\sigma_{max}-\sigma_{min})$。
- 平均应力 σ_m 定义为 $(\sigma_{max}+\sigma_{min})/2$。
- 应力幅或交变应力 σ_a 是 $\Delta\sigma/2$。
- 应力比 R 是 $\sigma_{min}/\sigma_{max}$。

当施加的是大小相等但方向相反的载荷时，会发生对称循环载荷。这时 $\sigma_m=0$，$R=-1$。

当施加载荷后又撤销该载荷时，会发生脉动循环载荷。这时 $\sigma_m=\sigma_{max}/2$，$R=0$。

16.1.5 应力-寿命曲线

载荷与疲劳失效的关系一般采用应力-寿命曲线（S-N 曲线）来表示。

（1）某一部件在承受循环载荷，并经过一定的循环次数后，该部件的裂纹或破坏将会发展，而且可能导致失效。

（2）如果同一部件作用在更高的载荷下，则导致失效的载荷循环次数将减少。

（3）S-N 曲线可以展示出应力幅与失效循环次数的关系。

S-N 曲线是通过对试件进行疲劳测试得到的弯曲或轴向测试结果，反映的是单轴的应力状态。影响 S-N 曲线的因素很多，其中需要注意的一些方面如下：材料的延展性和材料的加工工艺；几何形状信息，包括表面光滑度、残余应力及存在的集中应力；载荷环境，包括平均应力、温度和化学环境。

例如，压缩平均应力比零平均应力的疲劳寿命长，相反，拉伸平均应力比零平均应力的疲劳寿命短。

一个部件通常处于多轴应力状态。如果疲劳数据是从反映单轴应力状态的测试中得到的，在计算寿命时就要注意以下几个方面。

（1）设计仿真为用户提供了把结果和 S-N 曲线相关联的选择，包括多轴应力的选择。

（2）双轴应力结果有助于计算在给定位置的情况。

平均应力会影响疲劳寿命，并且在 S-N 曲线的上方位置与下方位置变换（反映出在给定应力幅下的寿命长短）。

（1）对于不同的平均应力或应力比值，设计仿真允许输入多重 S-N 曲线（实验数据）。

（2）如果没有太多的多重 S-N 曲线（实验数据），则设计仿真也允许采用多种不同的平均应力修正理论。

前面提到的影响疲劳寿命的其他因素，也可以在设计仿真中使用一个修正因子来解释。

16.1.6　总结

疲劳模块允许用户采用基于应力疲劳理论的处理方法来解决高周疲劳问题，以下情况可以使用疲劳模块来处理。

- 恒定振幅，比例载荷。
- 变化振幅，比例载荷。
- 恒定振幅，非比例载荷。
- 需要输入的数据是材料的 S-N 曲线。

其中，S-N 曲线是从疲劳实验中获得的，而且本质上可能是单轴的，但在实际的分析中，部件可能处于多轴应力状态。S-N 曲线的绘制取决于许多因素，如平均应力，在不同平均应力值作用下的 S-N 曲线的应力值可以直接输入，也可以通过平均应力修正理论来得到。

16.2　项目分析 1——椅子疲劳分析

本节主要介绍使用 ANSYS Workbench 静力学分析模块的疲劳分析功能来计算座椅在外荷载下的寿命周期与安全系数等。

学习目标：

熟练掌握 ANSYS Workbench 静力学分析模块的疲劳分析方法及过程。

模型文件	无
结果文件	配套资源\Chapter16\char16-1\Chair_疲劳.wbpj

16.2.1　问题描述

图 16-1 所示为某旋转座椅模型，请分析当座椅受到 1MPa 压力作用时的疲劳分布及安全性能。

16.2.2　启动 Workbench 并建立分析项目

Step1：在 Windows 系统下启动 ANSYS Workbench，进入主界面。

Step2：在工具栏中单击 📂 按钮，打开已有的工程文件，在弹出的如图 16-2 所示的"打开"对话框中选择 StaticStructure.wbpj 文件，并单击"打开"按钮。

图 16-1　旋转座椅模型　　　　　　　图 16-2　"打开"对话框

16.2.3　保存工程文件

Step1：在 Workbench 主界面中单击工具栏中的 🖳（另存为）按钮，弹出"另存为"对话框，如图 16-3 所示，保存文件名为 Chair_Fatiguo.wbpj。

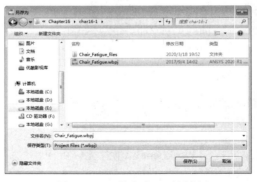

图 16-3　"另存为"对话框

Step2：双击项目 A 中 A7 栏的"结果"选项，会进入 Mechanical 界面。

16.2.4　更改设置

Step1：在 Mechanical 界面中，选择"模型（A4）"→"几何结构"→"CHAIR"命令，然后在出现"'CHAIR'的详细信息"面板中将材料属性更改为"结构钢"，如图 16-4 所示。

Step2：选择"静态结构（A5）"→"压力"命令，在出现的"'压力'的详细信息"面板中将压力值设置为 1MPa，如图 16-5 所示。

图 16-4　更改材料属性

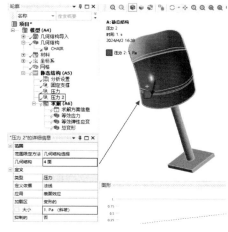

图 16-5　设置压力值

Step3：右击"静态结构（A5）"命令，在弹出的快捷菜单中选择"求解"命令，进行求解，如图 16-6 所示。

图 16-6　求解

16.2.5　添加"疲劳工具"命令

Step1：右击"求解（A6）"命令，在弹出的快捷菜单中选择"插入"→"疲劳"→"疲劳工具"命令，如图 16-7 所示，此时在分析树中会出现"疲劳工具"命令。

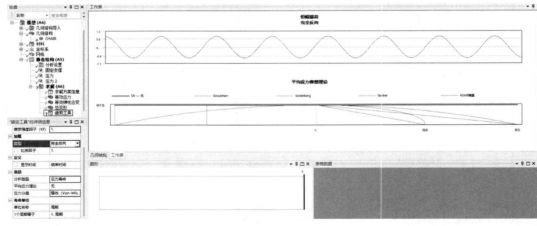

图 16-7　添加"疲劳工具"命令

Step2：如图 16-8 所示，选择分析树中的"疲劳工具"命令，在出现的"'疲劳工具'的详细信息"面板中进行如下设置。

① 在"疲劳强度因子"栏中将数值更改为 1。

② 在"类型"栏中选择"完全反向"选项。

③ 在"分析类型"中选择"应力寿命"选项。

④ 在"应力分量"栏中选择"等效（Von-Mises）"选项。

图 16-8　设置疲劳参数

Step3：右击"疲劳工具"命令，在弹出的快捷菜单中选择"插入"→"寿命"命令，如图 16-9 所示，此时在分析树中会出现"寿命"命令。

Step4：使用同样操作，可以在"疲劳工具"命令下添加"安全系数"和"疲劳敏感性"两个命令。

Step5：右击"疲劳工具"命令，在弹出的快捷菜单中选择"评估所有结果"命令，如图 16-10 所示，进行结果后处理。

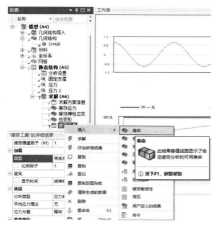

图 16-9　添加"寿命"命令

图 16-10　选择"评估所有结果"命令

Step6：图 16-11 所示为疲劳寿命显示云图。

Step7：图 16-12 所示为安全系数显示云图。

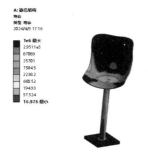

图 16-11　疲劳寿命显示云图

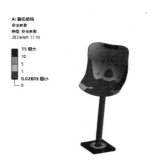

图 16-12　安全系数显示云图

Step8：图 16-13 所示为疲劳敏感性曲线。

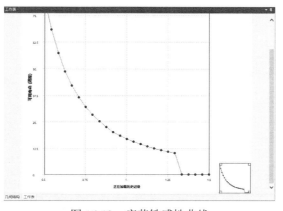

图 16-13　疲劳敏感性曲线

图 16-14　工程项目管理窗格
中的分析项目

16.2.6　保存与退出

Step1：单击 Mechanical 界面右上角的 ✕ （关闭）按钮，退出 Mechanical 界面，返回 Workbench 主界面。此时主界面的工程项目管理窗格中显示的分析项目均已完成，如图 16-14 所示。

Step2：在 Workbench 主界面中单击工具栏中的 🖫 （保存）按钮，保存含有分析结果的文件。

Step3：单击界面右上角的 ✕ （关闭）按钮，退出 Workbench 主界面，完成项目分析。

16.3　项目分析 2——实体疲劳分析

本节主要介绍使用 ANSYS Workbench 静力学分析模块的疲劳分析功能来计算实体在外荷载下的寿命周期与安全系数等。

学习目标：

掌握 ANSYS Workbench 静力学分析模块及疲劳分析的一般方法及过程。

模型文件	配套资源\Chapter16\char16-2\ConRod.x_t
结果文件	配套资源\Chapter16\char16-2\ConRod.wbpj

16.3.1　问题描述

某实体模型如图 16-15 所示。请对该模型进行静力学分析及疲劳分析。

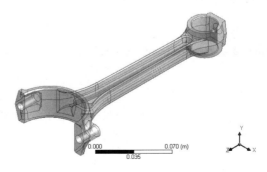

图 16-15　实体模型

16.3.2　启动 Workbench 并建立分析项目

Step1：在 Windows 系统下启动 ANSYS Workbench，进入主界面。

Step2：双击主界面"工具箱"中的"分析系统"→"静态结构"命令，即可在"项目原理图"中创建分析项目 A，如图 16-16 所示。

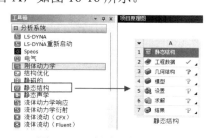

图 16-16　创建分析项目 A

16.3.3　导入几何体

Step1：右击项目 A 中 A3 栏的"几何结构"选项，在弹出的快捷菜单中选择"导入几何模型"→"浏览"命令，如图 16-17 所示，此时会弹出"打开"对话框。

Step2：在"打开"对话框中选择文件路径，导入 ConRod.x_t 几何体文件，此时 A3 栏的"几何结构"选项后的 ❓ 图标变为 ✔ 图标，表示实体模型已经导入。

Step3：双击项目 A 中 A3 栏的"几何结构"选项，此时会进入 Design Modeler 界面，显示的几何体如图 16-18 所示。

图 16-17　选择"浏览"命令

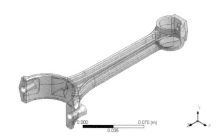

图 16-18　显示的几何体

Step4：单击 Design Modeler 界面右上角的 ✖ （关闭）按钮，退出 Design Modeler 界面，返回 Workbench 主界面。

16.3.4　添加材料库

本案例使用的 Carbon Steel SAE1045_shaft 材料在 nCode 软件材料库中。

16.3.5　进入分析界面

双击项目 A 中 A4 栏的"模型"选项，进入如图 16-19 所示的 Mechanical 界面。在该界面下可进行网格的划分、分析设置、结果观察等操作。

图 16-19　Mechanical 界面

16.3.6　划分网格

Step1：选择 Mechanical 界面左侧"轮廓"（分析树）中的"网格"命令，此时可在"'网格'的详细信息"面板中修改网格参数。本例在"分辨率"栏中输入 4，如图 16-20 所示，其余选项采用默认设置。

Step2：右击"轮廓"（分析树）中的"网格"命令，在弹出的快捷菜单中选择"生成网格"命令，此时会弹出网格划分进度栏，表示网格正在划分，当网格划分完成后，进度栏会自动消失。最终的网格效果如图 16-21 所示。

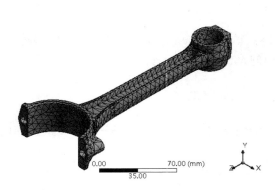

图 16-20　修改网格参数　　　　　　图 16-21　网格效果

16.3.7　施加载荷与约束

Step1：添加一个固定约束，如图 16-22 所示，选择加亮面。

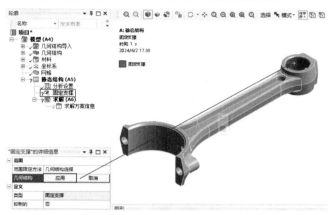

图 16-22　添加固定约束

Step2：在另一端加亮面上施加载荷，载荷大小如表 16-1 所示。施加载荷的具体操作过程如图 16-23 所示。

表 16-1　载荷大小

步　　数	时　　间	X/N	Y/N	Z/N
1	0	0	0	0
1	1	0	1000000	0
2	2	0	0	0

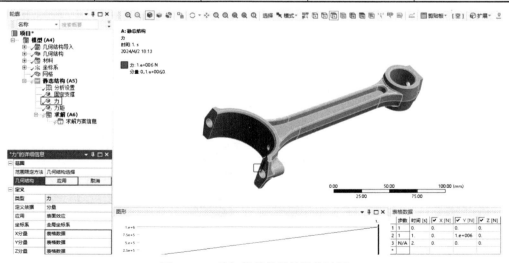

图 16-23　施加载荷的具体操作过程

Step3：同 Step2，施加一个力矩，力矩大小如表 16-2 所示。施加力矩的具体操作过程如图 16-24 所示。

表 16-2　力矩大小

步　数	时间/s	X/(N·mm)	Y/(N·mm)	Z/(N·mm)
1	0	0	0	0
1	1	0	0	0
2	2	1000000	0	0

图 16-24　施加力矩的具体操作过程

Step4：右击"轮廓"（分析树）中的"静态结构（A5）"命令，在弹出的快捷菜单中选择"　求解"命令。

16.3.8　结果后处理

Step1：等效应力云图如图 16-25 所示。

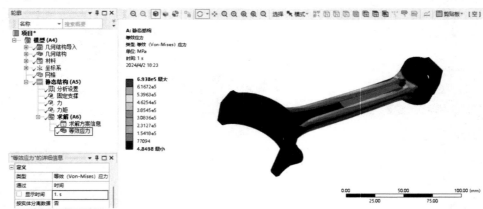

图 16-25　等效应力云图

Step2：在力矩作用下的应力分析云图如图 16-26 所示。

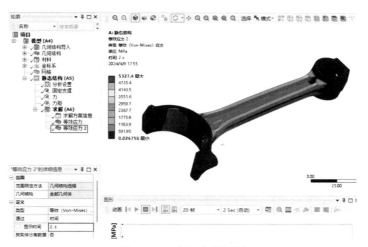

图 16-26　应力分析云图

16.3.9　保存文件

Step1：单击 Mechanical 界面右上角的 ▣✕▣（关闭）按钮，退出 Mechanical 界面，返回 Workbench 主界面。

Step2：在 Workbench 主界面中单击工具栏中的 ▣（保存）按钮，在"文件名"文本框中输入 ConRod.wbpj，保存含有分析结果的文件。

16.3.10　添加"疲劳工具"命令

Step1：右击"求解（A6）"命令，在弹出的快捷菜单中依次选择"插入"→"疲劳"→"疲劳工具"命令，添加"疲劳工具"命令，如图 16-27 所示。

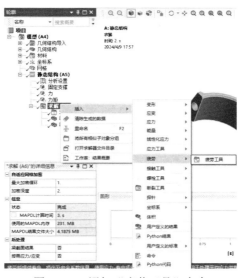

图 16-27　添加"疲劳工具"命令

Step2：选择"轮廓"（分析树）中的"疲劳工具"命令，在其详细信息面板的"疲劳强度因子(Kf)"栏中输入 0.8，在"分析类型"栏中选择"应力寿命"选项，在"应力分量"栏中选择"等效"选项，如图 16-28 所示。

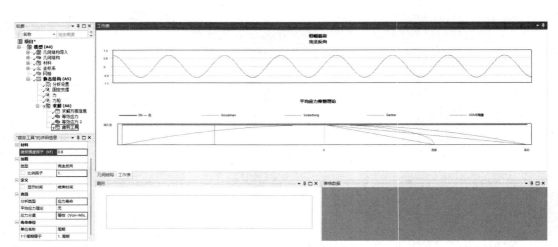

图 16-28　设置疲劳参数

Step3：右击"轮廓"（分析树）中的"疲劳工具"命令，在弹出的快捷菜单中依次选择"插入"→"寿命"命令，添加"寿命"命令，如图 16-29 所示。

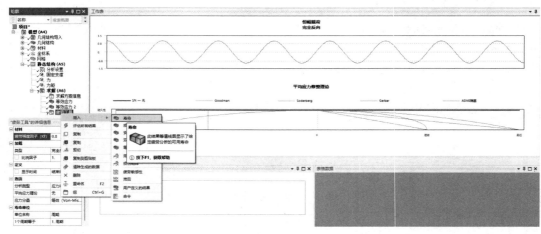

图 16-29　添加"寿命"命令

Step4：右击"轮廓"（分析树）中的"疲劳工具"命令，在弹出的快捷菜单中依次选择"插入"→"损坏"命令，添加"损坏"命令，如图 16-30 所示。

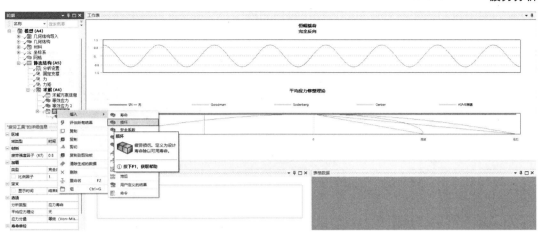

图 16-30　添加"损坏"命令

16.3.11　疲劳分析

Step1：如图 16-31 所示，右击"轮廓"（分析树）中的"疲劳工具"命令，在弹出的快捷菜单中选择"评估所有结果"命令。

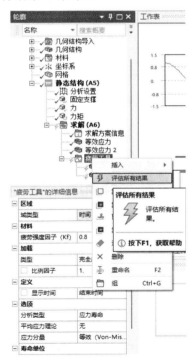

图 16-31　显示几何图形

Step2：查看疲劳寿命显示云图，如图 16-32 所示。
Step3：查看破坏分布云图，如图 16-33 所示。

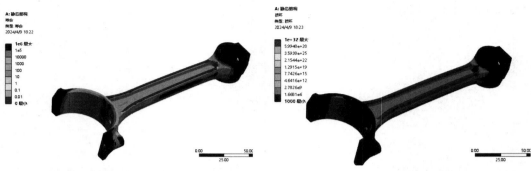

图 16-32　疲劳寿命显示云图　　　　　图 16-33　破坏分布云图

16.3.12　保存与退出

Step1：单击 Mechanical 界面右上角的 ☒（关闭）按钮，退出 Mechanical 界面，返回 Workbench 主界面。

Step2：在 Workbench 主界面中单击工具栏中的 🖫（保存）按钮，保存含有分析结果的文件。

Step3：单击界面右上角的 ☒（关闭）按钮，退出 Workbench 主界面，完成项目分析。

16.4　本章小结

本章通过两个简单的案例介绍了疲劳分析的简单过程，在疲劳分析过程中，最重要的是材料关于疲劳的属性设置。图 16-34 所示为材料疲劳分析的属性列表；图 16-35 所示为材料疲劳分析相关的寿命曲线。

	A	B	C	D	E
1	属性	值	单位	☒	🗗
5	〰 热膨胀系数	1.2E-05	C^-1		
6	⊟ 各向同性弹性			☐	
7	衍生于	杨氏模量与泊松比 ▾			
8	杨氏模量	2E+11	Pa		☐
9	泊松比	0.3			
10	体积模量	1.6667E+11	Pa		
11	剪切模量	7.6923E+10	Pa		
12	⊟ 应变寿命参数			☐	
13	显示曲线类型	应变寿命 ▾			
14	强度系数	9.2E+08	Pa		☐
15	强度指数	-0.106			
16	延性系数	0.213			
17	延性指数	-0.47			
18	周期性强度系数	1E+09	Pa		☐
19	周期性应变硬化指数	0.2			
20	⊞ S-N曲线	表格		☐	
24	〰 拉伸屈服强度	2.5E+08	Pa		☐
25	〰 压缩屈服强度	2.5E+08	Pa		☐
26	〰 拉伸极限强度	4.6E+08	Pa		☐

图 16-34　材料疲劳分析的属性列表

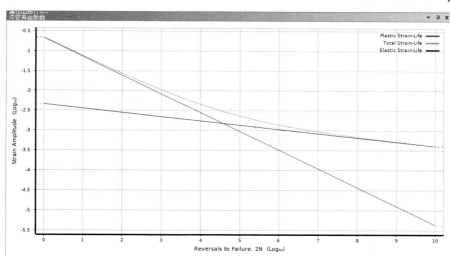

图 16-35　材料疲劳分析相关的寿命曲线

在工程中进行疲劳分析时，需要通过实验取得材料的上述数据。本章案例仅使用了软件自带的材料来进行疲劳分析。

通过本章的学习，读者应该对疲劳分析所必需的参数及整个分析过程有较详细的了解。

第 17 章

流体动力学分析

ANSYS Workbench 的流体动力学分析模块有 ANSYS CFX 和 ANSYS Fluent 两个，这两个模块各有优缺点。

ANSYS CFX 作为世界上第一个仅采用全隐式耦合算法的流体动力学分析程序，在算法上具有独特性，其丰富的物理模型和前后处理功能使得它在结果精确性、计算稳定性和灵活性上都有优异的表现。除了一般工业过程流动，ANSYS CFX 还可以模拟如燃烧、多相流、化学反应等复杂流场。

本章将主要讲解 ANSYS CFX 软件的流体动力学分析流程，讲解 ANSYS CFX 内流场及外流场的流体分布式计算过程。

学习目标：

- 熟练掌握 ANSYS CFX 内流场分析的方法及过程。
- 熟练掌握 ANSYS CFX 外流场分析的方法及过程。

17.1 计算流体动力学分析概述

计算流体动力学是流体动力学的一个分支。当前，作为研究流体动力学的不可或缺的工具，计算流体动力学分析已经在工业、科技等行业中具有不可替代的作用。

17.1.1 计算流体动力学分析

1. 计算流体动力学简介

计算流体动力学（Computational Fluid Dynamics，CFD）是通过计算机数值计算和图像显示，对包括流体流动和热传导等相关物理现象的系统所进行的分析。

CFD 的基本思想可以归结为：把原来在时间域和空间域上连续的物理量的场，如速度场和压力场，用一系列有限个离散点上的变量值的集合来代替，并通过一定的原则和方式建立起关于这些离散点上的场变量之间关系的代数方程组，然后求解代数方程组，获得场变量的近似值。CFD 可以被看作在流动基本方程（质量守恒方程、动量守恒方程、能量守恒方程）控制下对流动的数值模拟。

通过这种数值模拟，可以得到极其复杂的流场内各个位置上的基本物理量（如速度、压力、温度、浓度等）的分布，以及这些物理量随时间变化的情况，从而确定旋涡分布特性、空化特性及脱流区等；还可以据此算出其他相关的物理量，如旋转式流体机械的转矩、水力损失和效率等。此外，与 CAD 联合还可以进行结构的优化设计等。

CFD 方法与传统的理论分析方法、试验测量方法组成了研究流体流动问题的完整体系。如图 17-1 所示为表征三者关系的三维流体动力学示意图。

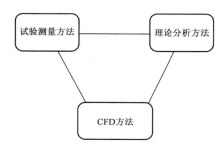

图 17-1　三维流体动力学示意图

理论分析方法的优点在于所得结果具有普遍性，各种影响因素清晰可见，是指导实验研究和验证新的数值计算方法的理论基础。但是，它往往要求对计算对象进行抽象和简化，才有可能得出理论解。对于非线性情况，只有少数流动问题才能给出解析结果。

试验测量方法所得到的试验结果真实可信，它是理论分析和数值计算方法的基础，其重要性不言而喻。然而，试验往往受到模型尺寸、流场扰动、人身安全和测量精度的限制，有时可能很难通过试验得到结果。此外，试验还会有经费、人力和物力的巨大耗费，以及周期过长等许多困难。

而 CFD 方法恰好克服了前面两种方法的弱点，在计算机上进行一次特定的计算，就像在计算机上进行一次试验。例如，机翼的绕流，通过计算并将其结果显示在屏幕上，可以看到流场的各种细节，如激波的运动、强度，涡的生成与传播，流体的分离、表面的压力分布、受力大小及其随时间的变化等。因此，数值模拟可以形象地再现流动情景。

2. 计算流体动力学的特点

CFD 的优点是适应性强、应用面广。第一，流动问题的控制方程一般是非线性的，其自变量多，计算域的几何形状和边界条件复杂，很难求得解析结果，而使用 CFD 方法有可能找出满足工程需要的数值解。第二，利用计算机可以进行各种数值试验，例如，选择不同流动参数进行物理方程涉及的各项有效性和敏感性试验，从而进行方案比较。第三，它不受物理模型和试验模型的限制，省钱、省时，具有较大的灵活性，能给出详细和完整的资料，可以很容易地模拟特殊尺寸、高温、有毒、易燃等真实条件和试验中只能接近而无法达到的理想条件。

CFD 也存在一定的局限性。第一，数值解法是一种离散、近似的计算方法，依赖于物理上合理、数学上适用且适合在计算机上进行离散计算的有限数学模型，而最终结果不能提供任何形式的解析表达式，只是有限个离散点上的数值解，并有一定的计算误差。第二，它不像物理模型试验一样在一开始就能给出流动现象并定性地描述，它往往需要由原体观测或物理模型试验提供某些流动参数，并对建立的数学模型进行验证。第三，程序的编制及资料的收集、整理与正确利用，在很大程度上依赖于经验与技巧。此外，数值处理方法等因素可能会导致计算结果不真实，如产生数值黏性和频散等伪物理效应。

当然，某些缺点或局限性可以通过某种方式来克服或弥补，这在本书中会有相应的介绍。此外，CFD 涉及大量数值计算，因此，通常需要较高的计算机软硬件配置。

CFD 有自己的原理、方法和特点，其数值计算与理论分析、试验测量相互联系、相互促进，但不能完全替代，三者具有各自的适用场合。在实际工作中，需要注意对三者进行有机的结合，做到取长补短。

3．计算流体动力学的应用领域

近 10 年来，CFD 有了很大的发展，替代了经典流体动力学中的一些近似计算法和图解法。过去的一些典型教学实验，如 Reynolds 实验，现在完全可以借助 CFD 方法在计算机上实现。所有涉及流体流动、热交换、分子输运等现象的问题，几乎都可以通过 CFD 方法进行分析和模拟。

CFD 不仅可以作为一个研究工具，而且可以作为设计工具在水利工程、土木工程、环境工程、食品工程、海洋结构工程、工业制造等领域发挥作用。典型的应用场合及相关的工程问题包括以下几种。

- 水轮机、风机和泵等流体机械内部的流体流动。
- 飞机和航天飞机等飞行器的设计。
- 汽车流线外形对性能的影响。
- 洪水波及河口潮流计算。
- 风载荷对高层建筑物稳定性及结构性能的影响。
- 温室及室内的空气流动及环境分析。
- 电子元器件的冷却。
- 换热器性能分析及换热器片形状的选取。
- 河流中污染物的扩散。
- 汽车尾气对街道环境的污染。
- 食品中细菌的运移。

对这些问题的处理，以往主要借助于基本理论分析和大量物理模型试验，而现在大多采用 CFD 方法加以分析和解决。CFD 技术现在已经发展到完全可以分析三维黏性湍流及旋涡运动等复杂问题的程度。

4．计算流体动力学的分支

经过多年的发展，CFD 出现了多种数值解法。这些方法的区别在于控制方程的离散方式。根据离散的不同原理，CFD 方法大体上可分为 3 个分支：有限差分法（Finite Difference Method，FDM）、有限元法（Finite Element Method，FEM）、有限体积法（Finite Volume Method，FVM）。

有限差分法是应用最早、最经典的 CFD 方法，它将求解域划分为差分网格，用有限个网格节点代替连续的求解域，然后将偏微分方程的导数用差商代替，推导出含有离散点上有限个未知数的差分方程组。求出差分方程组的解，就是微分方程定解问题的数值近似解。它是一种直接将微分问题变为代数问题的近似数值解法，这种方法发展较早，比较成熟，较多地应用于求解双曲型和抛物型问题。在此基础上发展起来的有 PIC（Particle-in-Cell）法、MAC（Marker-and-Cell）法，以及由美籍华人学者陈景仁提出的有限分析法（Finite Analytic Method）等有限元法。

有限元法是 20 世纪 80 年代开始应用的一种数值解法，它吸收了有限差分法中离散处理的内核，又采用了变分计算中选择逼近函数对区域进行积分的合理方法。有限元法因求解速度比有限差分法和有限体积法慢，因此应用不是特别广泛。在有限元法的基础上，英国 C.A.Brebbia 等提出了边界元法和混合元法等方法。

有限体积法将计算区域划分为一系列控制体积，并使用待解微分方程对每一个控制体积积分得出离散方程。有限体积法的关键是在导出离散方程的过程中，需要对界面上的被求函数本身及其导数的分布进行某种形式的假定。使用有限体积法导出的离散方程必然具有守恒特性，而且离散方程系数的物理意义明确，计算量相对较小。

1980 年，S.V.Patanker 在 *Numerical Heat Transfer and FluidFlow* 中对有限体积法进行了全面的阐述。此后，该方法得到了广泛应用，是目前 CFD 方法中应用最广的一种方法。当然，对这种方法的研究和扩展也在不断进行，如 P.Chow 提出了适用于任意多边形非结构网格的扩展有限体积法等。

17.1.2　基本控制方程

1．系统与控制体

在流体动力学中，系统是指某一确定流体质点集合的总体。系统以外的环境称为外界，分隔系统与外界的界面称为系统的边界。系统通常是被研究的对象，外界则用来区别系统。

系统会随系统内的质点一起运动，并且系统内的质点始终被包括在系统内，系统边界的形状和所围空间的大小可随运动而变化。系统与外界无质量交换，但可以有力的相互作用及能量（热和功）交换。

控制体是指在流体所在的空间中，以假想或真实流体边界包围，固定不动且形状任意的空间体积。包围这个空间体积的边界面称为控制面。

控制体的形状与大小不变，并相对于某坐标系固定不动。控制体内的流体质点组成并非一成不变。控制体既可以通过控制面与外界有质量和能量交换，也可以与控制体外的环境有力的相互作用。

2．质量守恒方程（连续性方程）

在流场中，流体会通过控制面 A_1 流入控制体，同时会通过另一部分控制面 A_2 流出控制体，并且在此期间控制体内部的流体质量会发生变化。按照质量守恒定律，流入的流体质量与流出的流体质量之差，应该等于控制体内部流体质量的增量，由此可得到流体流动连续性方程的积分形式为

$$\frac{\partial}{\partial t}\iiint_V \rho \mathrm{d}x\mathrm{d}y\mathrm{d}z + \iint_A \rho v \cdot n\mathrm{d}A = 0 \tag{17-1}$$

式中，V 表示控制体；A 表示控制面。

等式左边第一项表示控制体 V 内部质量的增量；第二项表示通过控制表面流入控制体的净通量。

根据数学中的奥高公式，在直角坐标系下可将其化为微分形式，即

$$\frac{\partial \rho}{\partial t} + u\frac{\partial(\rho u)}{\partial x} + v\frac{\partial(\rho v)}{\partial y} + w\frac{\partial(\rho w)}{\partial z} = 0 \tag{17-2}$$

对于不可压缩均质流体，密度为常数，即

$$\frac{\partial u}{\partial x} + \frac{\partial v}{\partial y} + \frac{\partial w}{\partial z} = 0 \tag{17-3}$$

对于圆柱坐标系，其形式为

$$\frac{\partial \rho}{\partial t} + \frac{\rho v_r}{r} + \frac{\partial(\rho v_r)}{\partial r} + \frac{\partial(\rho v_\theta)}{r\partial \theta} + \frac{\partial(\rho v_z)}{\partial z} = 0 \tag{17-4}$$

对于不可压缩均质流体，密度为常数，即

$$\frac{v_r}{r} + \frac{\partial v_r}{\partial r} + \frac{\partial v_\theta}{r\partial \theta} + \frac{\partial v_z}{\partial z} = 0 \tag{17-5}$$

3．动量守恒方程（运动方程）

动量守恒是流体运动时应遵循的另一个普遍定律，可描述为：在一给定的流体系统中，动量的时间变化率等于作用于其上的外力总和。其数学表达式即为动量守恒方程，也称为运动方程或 N-S 方程，其微分表达形式为

$$\begin{cases} \rho\dfrac{\mathrm{d}u}{\mathrm{d}t} = \rho F_{bx} + \dfrac{\partial p_{xx}}{\partial x} + \dfrac{\partial p_{yx}}{\partial y} + \dfrac{\partial p_{zx}}{\partial z} \\[2mm] \rho\dfrac{\mathrm{d}v}{\mathrm{d}t} = \rho F_{by} + \dfrac{\partial p_{xy}}{\partial x} + \dfrac{\partial p_{yy}}{\partial y} + \dfrac{\partial p_{zy}}{\partial z} \\[2mm] \rho\dfrac{\mathrm{d}w}{\mathrm{d}t} = \rho F_{bz} + \dfrac{\partial p_{xz}}{\partial x} + \dfrac{\partial p_{yz}}{\partial y} + \dfrac{\partial p_{zz}}{\partial z} \end{cases} \tag{17-6}$$

式中，F_{bx}、F_{by}、F_{bz} 分别是单位质量流体上的质量力在 3 个方向上的分量；p_{xx}、p_{xy}、p_{xz}、p_{yx}、p_{yy}、p_{yz}、p_{zx}、p_{zy}、p_{zz} 分别是流体内应力张量的分量。

动量守恒方程在实际应用中有许多表达形式，其中比较常见的有如下几种。

（1）可压缩黏性流体的动量守恒方程。

$$
\begin{cases}
\rho \dfrac{\mathrm{d}u}{\mathrm{d}t} = \rho f_x + \dfrac{\partial p}{\partial x} + \dfrac{\partial}{\partial x}\left\{\mu\left[2\dfrac{\partial u}{\partial x} - \dfrac{2}{3}\left(\dfrac{\partial u}{\partial x} + \dfrac{\partial v}{\partial y} + \dfrac{\partial w}{\partial z}\right)\right]\right\} + \\
\qquad \dfrac{\partial}{\partial y}\left[\mu\left(\dfrac{\partial u}{\partial y} + \dfrac{\partial v}{\partial x}\right)\right] + \dfrac{\partial}{\partial z}\left[\mu\left(\dfrac{\partial w}{\partial x} + \dfrac{\partial u}{\partial z}\right)\right] \\[4pt]
\rho \dfrac{\mathrm{d}v}{\mathrm{d}t} = \rho f_y + \dfrac{\partial p}{\partial y} + \dfrac{\partial}{\partial y}\left\{\mu\left[2\dfrac{\partial v}{\partial y} - \dfrac{2}{3}\left(\dfrac{\partial u}{\partial x} + \dfrac{\partial v}{\partial y} + \dfrac{\partial w}{\partial z}\right)\right]\right\} + \\
\qquad \dfrac{\partial}{\partial z}\left[\mu\left(\dfrac{\partial v}{\partial z} + \dfrac{\partial w}{\partial y}\right)\right] + \dfrac{\partial}{\partial x}\left[\mu\left(\dfrac{\partial u}{\partial y} + \dfrac{\partial v}{\partial x}\right)\right] \\[4pt]
\rho \dfrac{\mathrm{d}w}{\mathrm{d}t} = \rho f_z + \dfrac{\partial p}{\partial z} + \dfrac{\partial}{\partial z}\left\{\mu\left[2\dfrac{\partial w}{\partial z} - \dfrac{2}{3}\left(\dfrac{\partial u}{\partial x} + \dfrac{\partial v}{\partial y} + \dfrac{\partial w}{\partial z}\right)\right]\right\} + \\
\qquad \dfrac{\partial}{\partial x}\left[\mu\left(\dfrac{\partial w}{\partial x} + \dfrac{\partial u}{\partial z}\right)\right] + \dfrac{\partial}{\partial z}\left[\mu\left(\dfrac{\partial v}{\partial z} + \dfrac{\partial w}{\partial z}y\right)\right]
\end{cases}
\tag{17-7}
$$

（2）常黏性流体的动量守恒方程。

$$
\rho \frac{\mathrm{d}v}{\mathrm{d}t} = \rho F - \mathrm{grad}\,p + \frac{\mu}{3}\mathrm{grad}(\mathrm{div}\,v) + \mu\nabla^2 v
\tag{17-8}
$$

（3）常密度常黏性流体的动量守恒方程。

$$
\rho \frac{\mathrm{d}v}{\mathrm{d}t} = \rho F - \mathrm{grad}\,p + \mu\nabla^2 v
\tag{17-9}
$$

（4）无黏性流体的动量守恒方程（欧拉方程）。

$$
\rho \frac{\mathrm{d}v}{\mathrm{d}t} = \rho F - \mathrm{grad}\,p
\tag{17-10}
$$

（5）静力学方程。

$$
\rho F = \mathrm{grad}\,p
\tag{17-11}
$$

（6）相对运动方程。

在非惯性参考系中的相对运动方程是研究大气、海洋及旋转系统中流体运动时所必须考虑的内容。由理论力学可知，绝对速度 v_a 为相对速度 v_r 及牵连速度 v_e 之和，即

$$
v_a = v_r + v_e
\tag{17-12}
$$

式中，$v_e = v_0 + \Omega \times r$；$v_0$ 为运动系中的平动速度；Ω 是其转动角速度；r 为质点矢径。

而绝对加速度 a_a 为相对加速度 a_r、牵连加速度 a_e 及科氏加速度 a_c 之和，即

$$
a_a = a_r + a_e + a_c
\tag{17-13}
$$

式中，有

$$
a_e = \frac{\mathrm{d}v_0}{\mathrm{d}t} + \frac{\mathrm{d}\Omega}{\mathrm{d}t} \times r + \Omega \times (\Omega \times r)
\tag{17-14}
$$

$$
a_c = 2\Omega \times v_r
\tag{17-15}
$$

将绝对加速度代入运动方程，则得到流体的相对运动方程，即

$$\rho \frac{\mathrm{d}v_r}{\mathrm{d}t} = \rho F_b + \mathrm{div}P - a_c - 2\Omega v_r \tag{17-16}$$

4．能量守恒方程

将热力学第一定律应用于流体运动，把式（17-16）各项用有关的流体物理量表示出来，就是能量方程，即

$$\frac{\partial}{\partial t}(\rho E) + \frac{\partial}{\partial x_i}[u_i(\rho E + p)] = \frac{\partial}{\partial x_i}\left[k_{\mathrm{eff}}\frac{\partial T}{\partial x_i} - \sum_{j'}h_{j'}J_{j'} + u_j(\tau_{ij})_{\mathrm{eff}}\right] + S_h \tag{17-17}$$

式中，$E = h - \dfrac{p}{\rho} + \dfrac{u_i^2}{2}$；$k_{\mathrm{eff}}$ 是有效热传导系数，$k_{\mathrm{eff}} = k + k_t$，其中，$k_t$ 是湍流热传导系数，根据所使用的湍流模型来定义；$J_{j'}$ 是组分 j 的扩散流量；S_h 包括了化学反应热及其他用户定义的体积热源项；方程右边的前 3 项分别描述了热传导、组分扩散和黏性耗散带来的能量输运。

17.2　项目分析 1——三通内流场分析

本节主要介绍使用 ANSYS Workbench 的流体动力学分析模块 ANSYS CFX 分析内流场的流动特性。

学习目标：

熟练掌握 ANSYS CFX 内流场分析的基本方法及操作过程。

模型文件	配套资源\Chapter17\char17-1\santong.x_t
结果文件	配套资源\Chapter17\char17-1\Inner_Fluid.wbpj

17.2.1　问题描述

图 17-2 所示为某三通模型，进口 1 流速为 5m/s、温度为 80℃；进口 2 流速为 2m/s、温度为 10℃；出口为标准大气压，请使用 ANSYS CFX 分析其流动特性。

图 17-2　三通模型

17.2.2 启动 Workbench 并建立分析项目

Step1：在 Windows 系统下启动 ANSYS Workbench，进入主界面。

Step2：双击主界面"工具箱"中的"分析系统"→"几何结构"命令，即可在"项目原理图"中创建分析项目 A，如图 17-3 所示。

图 17-3 创建分析项目 A

17.2.3 导入几何体

Step1：右击项目 A 中 A2 栏的"几何结构"选项，在弹出的快捷菜单中选择"导入几何模型"→"浏览"命令，如图 17-4 所示，此时会弹出"打开"对话框。

图 17-4 选择"浏览"命令

Step2：如图 17-5 所示，将文件类型设置成 ParaSolid 格式，然后选择 santong.x_t 文件，单击"打开"按钮。

Step3：双击项目 A 中 A2 栏的"几何结构"选项，会弹出如图 17-6 所示的 Design Modeler 界面，设置单位为毫米。

Step4：如图 17-7 所示，单击常用命令栏中的 生成 按钮，生成几何图形。

Step5：单击工具栏中的 （保存）按钮，保存文件名为 Inner_Fluid.wbpj，单击 Design Modeler 界面右上角的 （关闭）按钮，退出 Design Modeler 界面，返回 Workbench 主界面。

图 17-5　"打开"对话框

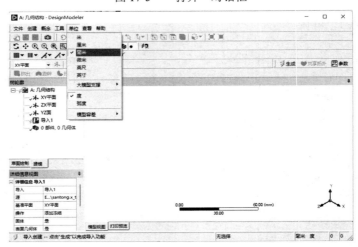

图 17-6　Design Modeler 界面

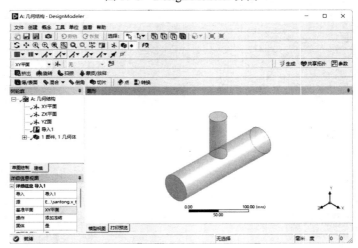

图 17-7　生成几何图形

17.2.4　流体动力学分析

如图 17-8 所示，选择主界面"工具箱"中的"分析系统"→"流体流动（CFX）"命令，然后将其移动到项目 A 中 A2 栏的"几何结构"选项中，此时在项目 A 的右侧出现一个项目 B，并且项目 A 与项目 B 的几何数据实现共享。

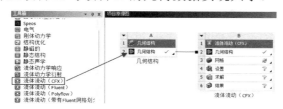

图 17-8　创建流体动力学分析项目

17.2.5　划分网格

Step1：双击项目 B 中 B3 栏的"网格"选项，此时会出现 Mechanical 界面，如图 17-9 所示。

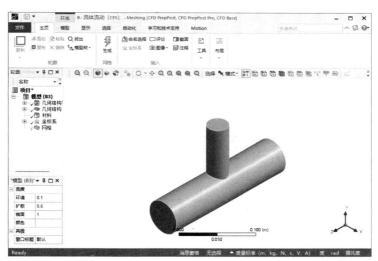

图 17-9　Mechanical 界面

Step2：右击 Mechanical 界面左侧"轮廓"（分析树）中的"网格"命令，在弹出的快捷菜单中选择"插入"→"膨胀"命令，设置网格划分方式，如图 17-10 所示。

Step3：如图 17-11 所示，在"'膨胀'-膨胀的详细信息"面板中进行如下设置。

① 单击实体，确保"几何结构"栏中显示"1 几何体"，表明实体被选中。

② 选择圆柱外表面，单击"边界"栏中的"应用"按钮。

Step4：右击"轮廓"（分析树）中的"网格"命令，在弹出的快捷菜单中选择"生成网格"命令，如图 17-12 所示。此时会弹出网格划分进度栏，表示网格正在划分，当网格划分完成后，进度栏会自动消失。最终的网格效果如图 17-13 所示。

图 17-10　选择"膨胀"命令

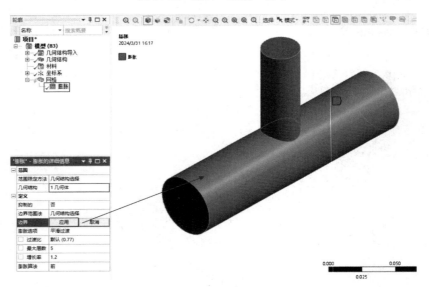

图 17-11　设置膨胀层

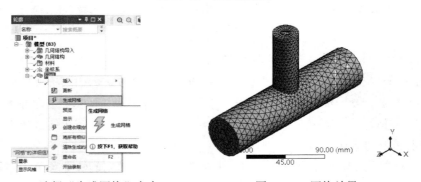

图 17-12　选择"生成网格"命令　　　　图 17-13　网格效果

Step5：单击 🔄（选择面）按钮，然后选择热水入口并右击，在弹出的快捷菜单中选择"创建命名选择"命令，如图 17-14 所示。

Step6：在弹出的如图 17-15 所示的"选择名称"对话框的名称文本框中输入 inlet_hot。

图 17-14　选择"创建命名选择"命令　　　图 17-15　"选择名称"对话框

Step7：同理，将其他两个截面分别命名为 inlet_cool 和 outlet，如图 17-16 所示。

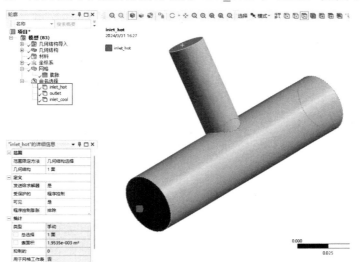

图 17-16　截面命名

Step8：单击工具栏中的 💾（保存）按钮，再单击 Mechanical 界面右上角的 ❎（关闭）按钮，退出 Design Modeler 界面，返回 Workbench 主界面。

17.2.6　流体动力学前处理

Step1：返回 Workbench 主界面，右击项目 B 中 B3 栏的"网格"选项，在弹出的快捷菜单中选择"更新"命令，更新数据，如图 17-17 所示。

Step2：双击项目 B 中 B4 栏的"设置"选项，将会加载如图 17-18 所示的"流体流动（CFX）"流体动力学前处理平台——CFX-Pre 界面。

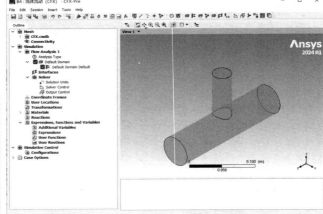

图 17-17　更新数据　　　　　　　　　　图 17-18　CFX-Pre 界面

Step3：如图 17-19 所示，双击界面左侧分析树中的 Default Domain 命令，会弹出计算域设置面板。

Step4：如图 17-20 所示，在计算域设置面板的 Basic Settings 选项卡的"Material"下拉列表中选择 Water 选项。

Step5：如图 17-21 所示，选择 Fluid Domain 选项卡，在 Option 下拉列表中选择 Thermal Energy 选项，并单击 OK 按钮。

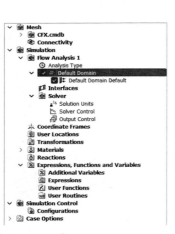

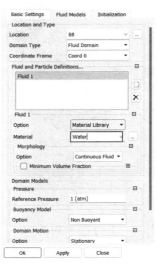

图 17-19　双击 Default Domain　　　图 17-20　设置计算域 1　　　图 17-21　设置计算域 2

Step6：单击工具栏中的 ▮▮（边界设置）按钮，在弹出的"Insert boundary"对话框的"Name"文本框中输入 inlet_hot，并单击 OK 按钮，如图 17-22 所示。

Step7：如图 17-23 所示，在弹出的设置面板的 Basic Settings 选项卡中进行如下设置。

① 在"Boundary Type"下拉列表中选择 Inlet 选项。

② 在 Location 下拉列表中选择 inlet_hot 选项，并单击 OK 按钮。

Step8：如图 17-24 所示，选择 Boundary Details 选项卡，在其中进行如下设置。

图 17-22　添加入口

图 17-23　设置入口 1

图 17-24　设置入口 2

① 在 Normal Speed 文本框中输入 5，单位为默认单位。

② 在 Static Temperature 文本框中输入 80，单位为默认单位，并单击 OK 按钮。

Step9：同样，单击工具栏中的 (边界设置) 按钮，在弹出的对话框中输入 inlet_cool，单击 OK 按钮。然后在出现的设置面板的 Basic Settings 选项卡中进行如图 17-25 所示的设置。

① 在 Boundary Type 下拉列表中选择 Inlet 选项。

② 在 Location 下拉列表中选择 inlet_cool 选项，并单击 OK 按钮。

Step10：如图 17-26 所示，选择 Boundary Details 选项卡，在其中进行如下设置。

① 在 Normal Speed 文本框中输入 2，单位为默认单位。

② 在 Static Temperature 文本框中输入 10，单位为默认单位，并单击 OK 按钮。

Step11：同样，单击工具栏中的 (边界设置) 按钮，在弹出的对话框中输入 outlet，单击 OK 按钮。然后在出现的设置面板中进行如图 17-27 所示的设置。

图 17-25　设置入口 3

① 在 Boundary Type 下拉列表中选择 Outlet 选项。

② 在 Location 下拉列表中选择 outlet 选项，并单击 OK 按钮。

Step12：如图 17-28 所示，选择 Boundary Details 选项卡，在其中进行如下设置。

在 Relative Pressure 文本框中输入 1，单位为默认单位，并单击 OK 按钮。

图 17-26　设置入口 4　　　图 17-27　设置出口 1　　　图 17-28　设置出口 2

Step13：单击工具栏中的 ■（保存）按钮，然后单击"流体流动（CFX）"界面右上角的 ✕（关闭）按钮，退出"流体流动（CFX）"界面，返回 Workbench 主界面。

17.2.7　流体计算

Step1：在 Workbench 主界面中双击项目 B 中 B5 栏的"Slove"选项，会弹出如图 17-29 所示的求解器对话框。所有选项保持默认设置，单击 Start Run 按钮，进行计算。

Step2：此时会出现如图 17-30 所示的计算过程监控界面，其中有残差曲线和计算过程。

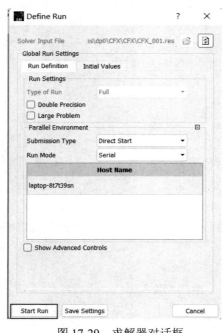 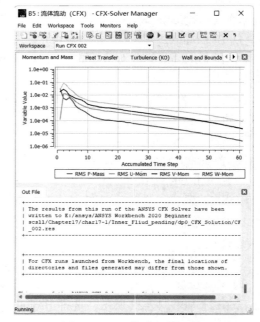

图 17-29　求解器对话框　　　　　　　图 17-30　计算过程监控界面

Step3：在计算完成后，会弹出如图 17-31 所示的对话框，单击 OK 按钮即可。

图 17-31　求解完成对话框

Step4：单击"流体流动（CFX）"界面右上角的 （关闭）按钮，退出"流体流动（CFX）"界面，返回 Workbench 主界面。

17.2.8　结果后处理

Step1：在返回 Workbench 主界面后，双击项目 B 中 B6 栏的"结果"选项，会出现如图 17-32 所示的 CFD-Post 界面。

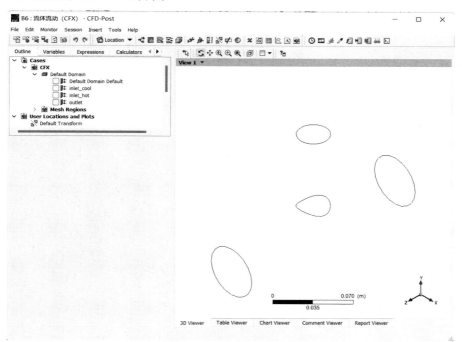

图 17-32　CFD-Post 界面

Step2：在工具栏中单击 按钮，在弹出的 Insert Contour 对话框中保持名称默认，单击 OK 按钮，创建流迹线，如图 17-33 所示。

Step3：如图 17-34 所示，在详细信息面板的 Start From 下拉列表中选择 inlet_hot 和 inlet_cool 两项，并单击 OK 按钮，其余选项保持默认设置，然后单击 Apply 按钮。

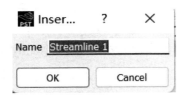

图 17-33　创建流迹线　　　　　　　　图 17-34　设置流迹线

　在选择时，可以按住 Ctrl 键并选择多个对象。

Step4：图 17-35 所示为流体流迹线图。

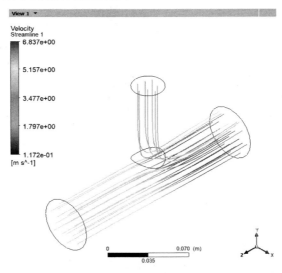

图 17-35　流体流迹线图

Step5：在工具栏中单击 按钮，在弹出的 Insert Contour 对话框中保持名称默认，单击 OK 按钮，如图 17-36 所示。

Step6：如图 17-37 所示，在详细信息面板的 Variable 下拉列表中选择 Temperature 选项，其余选项保持默认设置，单击 Apply 按钮。

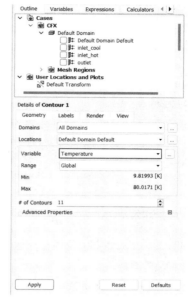

图 17-36　云图名称　　　　　　　　图 17-37　设置云图

Step7：图 17-38 所示为流体温度场分布云图。

图 17-38　流体温度场分布云图

Step8：也可以通过工具栏添加其他命令，这里不再讲述。

Step9：单击工具栏中的 ![save] （保存）按钮，再单击 CFD-Post 界面右上角的 ![close] （关闭）按钮，退出 CFD-Post 界面，返回 Workbench 主界面。

17.3　项目分析 2——叶轮外流场分析

本节主要介绍使用 ANSYS Workbench 的流体动力学分析模块 ANSYS CFX 分析外流场的流动特性。

学习目标：

熟练掌握 ANSYS CFX 外流场分析的基本方法及操作过程。

模型文件	配套资源\Chapter17\char17-2\ss.stp
结果文件	配套资源\Chapter17\char17-2\Outer_Fluid.wbpj

17.3.1　问题描述

图 17-39 所示为某叶轮模型，进口流速为 5m/s，出口处为标准大气压，请使用 ANSYS CFX 分析其流动特性。

17.3.2　启动 Workbench 并建立分析项目

Step1： 在 Windows 系统下启动 ANSYS Workbench，进入主界面。

Step2： 双击主界面"工具箱"中的"分析系统"→"几何结构"命令，即可在"项目原理图"中创建分析项目 A，如图 17-40 所示。

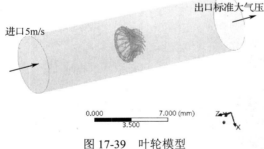

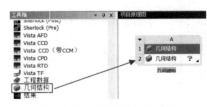

图 17-39　叶轮模型　　　　　　　　　　图 17-40　创建分析项目 A

17.3.3　创建几何体模型

Step1： 右击项目 A 中 A2 栏的"几何结构"选项，在弹出的快捷菜单中选择"导入几何模型"→"浏览"命令，如图 17-41 所示，此时会弹出"打开"对话框。

Step2： 如图 17-42 所示，将文件类型设置成 STEP 格式，然后选择 ss.stp 文件，单击"打开"按钮。

Step3： 双击项目 A 中 A2 栏的"几何结构"选项，会弹出如图 17-43 所示的 Design Modeler 界面，设置单位为毫米。

图 17-41　选择"浏览"命令

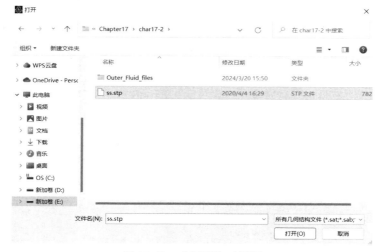

图 17-42　"打开"对话框

图 17-43　Design Modeler 界面

Step4：如图 17-44 所示，单击常用命令栏中的 生成 按钮，生成几何图形。

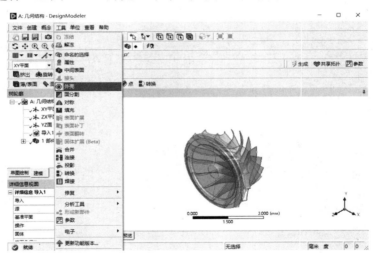

图 17-44　生成几何图形

17.3.4　创建外部流场

Step1：选择"工具"→"外壳"命令，如图 17-45 所示。

图 17-45　选择"外壳"命令

Step2：如图 17-46 所示，在"详细信息视图"面板中进行如下设置。

① 在"形状"栏中选择"圆柱体"选项，建立圆柱模型。

② 在"圆柱体对齐"栏中选择"Z 轴"选项，表明圆柱的方向为沿着 Z 轴。

③ 在"缓冲"栏中选择"非均匀"选项，可以设置 3 个方向的距离为不一致的。

④ 在"FD1,缓冲半径"栏中输入 1mm。

⑤ 在"FD2,缓冲"栏中输入 10mm。

⑥ 在"FD3,缓冲"栏中输入 10mm，单击 生成 按钮，生成几何图形。

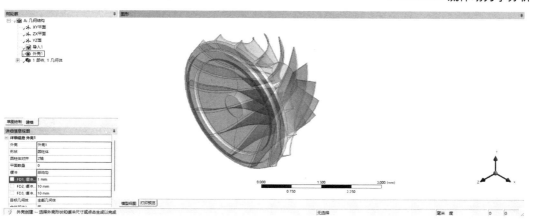

图 17-46　"外壳"细节设置

Step3：单击工具栏中的 （保存）按钮，保存文件名为 Outer_Fluid.wbpj，单击 Design Modeler 界面右上角的 （关闭）按钮，退出 Design Modeler 界面，返回到 Workbench 主界面。

17.3.5　流体动力学分析

如图 17-47 所示，选择主界面"工具箱"中的"分析系统"→"流体流动（CFX）"命令，然后将其移动到项目 A 中 A2 栏的"几何结构"选项中，此时在项目 A 的右侧出现一个项目 B，并且项目 A 与项目 B 的几何数据实现共享。

图 17-47　创建流体动力学分析项目

17.3.6　划分网格

Step1：双击项目 B 中 B3 栏的"网格"选项，此时会出现 Mechanical 界面，如图 17-48 所示。

Step2：右击 Mechanical 界面左侧"轮廓"（分析树）中的"网格"命令，在弹出的快捷菜单中选择"插入"→"膨胀"命令，设置网格划分方式，如图 17-49 所示。

Step3：如图 17-50 所示，在详细信息面板中进行如下设置。

① 单击实体，确保"几何结构"栏中显示"1 几何体"，表明实体被选中。

② 选择圆柱外表面，单击"边界"栏中的"应用"按钮。

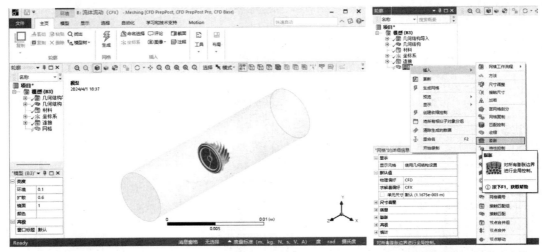

图 17-48   Mechanical 界面   图 17-49   选择"膨胀"命令

Step4：几何抑制。右击"轮廓"中的"几何结构"→ss 命令，在弹出的快捷菜单中选择"抑制几何体"命令，此时 ss 模型将被抑制，如图 17-51 所示。

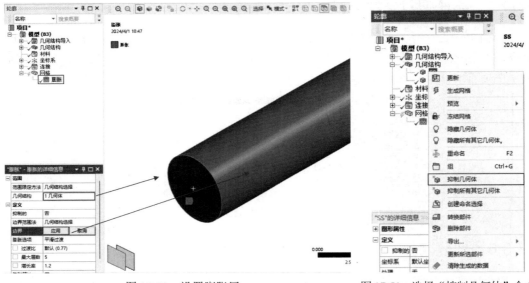

图 17-50   设置膨胀层   图 17-51   选择"抑制几何体"命令

    抑制后的网格将不会在后续的计算中被考虑。

Step5：右击"轮廓"（分析树）中的"网格"命令，在弹出的快捷菜单中选择"生成网格"命令，如图 17-52 所示。此时会弹出网格划分进度栏，表示网格正在划分，当网格划分完成后，进度栏会自动消失。最终的网格效果如图 17-53 所示。

图 17-52　选择"生成网格"命令

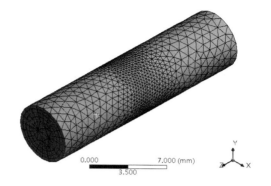

图 17-53　网格效果

Step6：单击  （选择面）按钮，然后选择热水入口并右击，在弹出的快捷菜单中选择"创建命名选择"命令，如图 17-54 所示。

Step7：在弹出的如图 17-55 所示的"选择名称"对话框的名称文本框中输入 Inlet。

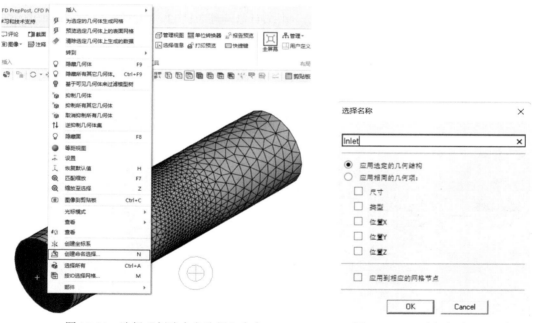

图 17-54　选择"创建命名选择"命令　　　　图 17-55　"选择名称"对话框

Step8：同理，将另一个截面命名为 Outlet，如图 17-56 所示。

Step9：单击工具栏中的  （保存）按钮，再单击 Mechanical 界面右上角的 ✖ （关闭）按钮，退出 Design Modeler 界面，返回 Workbench 主界面。

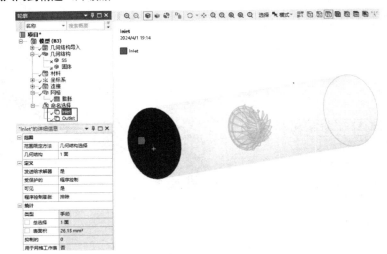

图 17-56　截面命名

17.3.7　流体动力学前处理

Step1：返回 Workbench 主界面，右击项目 B 中 B3 栏的"网格"选项，在弹出的快捷菜单中选择"更新"命令，更新数据，如图 17-57 所示。

Step2：双击项目 B 中 B4 栏的"设置"选项，会加载如图 17-58 所示的"流体流动（CFX）"流体动力学前处理平台——CFX-Pre 界面。

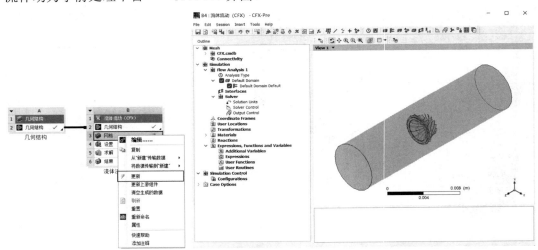

图 17-57　更新数据　　　　　　　图 17-58　CFX-Pre 界面

Step3：如图 17-59 所示，双击界面左侧分析树中的 Default Domain 命令，会弹出计算域设置面板。

Step4：如图 17-60 所示，在计算域设置面板的 Basic Settings 选项卡的 Material 下拉列表中选择 Water 选项。

Step5：单击工具栏中的 ![按钮] （边界设置）按钮，在弹出的 Insert Boundary 对话框的

Name 文本框中输入 Inlet，并单击 OK 按钮，如图 17-61 所示。

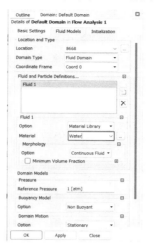

图 17-59　选择 Default Domain 命令　　　图 17-60　设置计算域　　　图 17-61　添加入口

Step6：如图 17-62 所示，在弹出的设置面板的 Basic Settings 选项卡中进行如下设置。

① 在 Boundary Type 下拉列表中选择 Inlet 选项。

② 在 Location 下拉列表中选择 Inlet 选项。

Step7：如图 17-63 所示，选择 Boundary Details 选项卡，在其中进行如下设置。

① 在 Normal Speed 文本框中输入 5，单位为默认单位。

② 单击 OK 按钮。

Step8：同样，单击工具栏中的 （边界设置）按钮，在弹出的对话框中输入 Outlet，单击 OK 按钮。然后在出现的设置面板中进行如图 17-64 所示的设置。

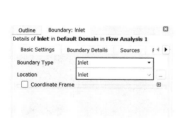

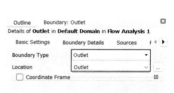

图 17-62　设置入口 1　　　图 17-63　设置入口 2　　　图 17-64　设置出口 1

① 在 Boundary Type 下拉列表中选择 Outlet 选项。

② 在 Location 下拉列表中选择 Outlet 选项。

Step9：如图 17-65 所示，选择 Boundary Details 选项卡，在其中进行如下设置。

① 在 Relative Pressure 栏中输入 1，单位为默认单位。

② 单击 OK 按钮。

Step10：同样，单击工具栏中的 （边界设置）按钮，在弹出的对话框中输入 Wall，单击 OK 按钮。然后在出现的设置面板中进行如图 17-66 所示的设置。

① 在 Boundary Type 下拉列表中选择 Wall 选项。

② 在 Location 下拉列表中选择叶轮所有表面。

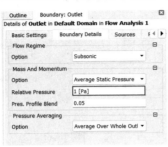

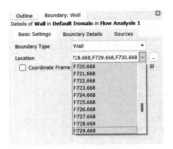

图 17-65　设置出口 2　　　　　　　　图 17-66　设置墙壁

Step11：单击工具栏中的 （保存）按钮，再单击"流体流动（CFX）"界面右上角的 ✕（关闭）按钮，退出"流体流动（CFX）"界面，返回 Workbench 主界面。

17.3.8　流体计算

Step1：在 Workbench 主界面中双击项目 B 中 B5 栏的"求解"选项，会弹出如图 17-67 所示的求解器对话框。所有选项保持默认设置，单击 Start Run 按钮，进行计算。

图 17-67　求解对话框

Step2：此时会出现如图 17-68 所示的计算过程监控界面，该界面左侧为残差曲线，右侧为计算过程。

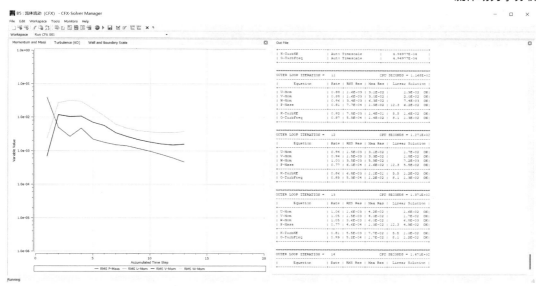

图 17-68　计算过程监控界面

Step3：在计算完成后，会弹出如图 17-69 所示的对话框，单击 OK 按钮即可。

图 17-69　求解完成对话框

Step4：单击"流体流动（CFX）"界面右上角的 ✖（关闭）按钮，退出"流体流动（CFX）"界面，返回 Workbench 主界面。

17.3.9　结果后处理

Step1：在返回 Workbench 主界面后，双击项目 B 中 B6 栏的"结果"选项，会出现如图 17-70 所示的 CFD-Post 界面。

Step2：在工具栏中单击 ≋ 按钮，在弹出的对话框中保持默认名称，单击 OK 按钮，创建流迹线，如图 17-71 所示。

Step3：如图 17-72 所示，在详细信息面板的 Start From 下拉列表中选择 Inlet 选项，其余选项保持默认设置，单击 Apply 按钮。

Step4：图 17-73 所示为外流场在叶轮位置的绕流迹线云图。

Step5：单击工具栏中的 ⧉ 按钮，在弹出的 Insert Contour 对话框中确定默认输入，单击 OK 按钮，如图 17-74 所示。

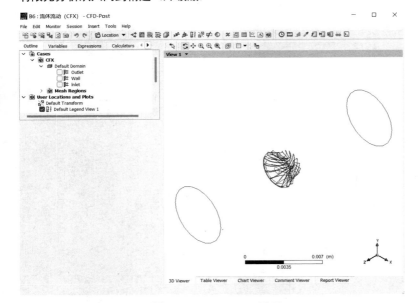

图 17-70　CFD-Post 界面

图 17-71　创建流迹线

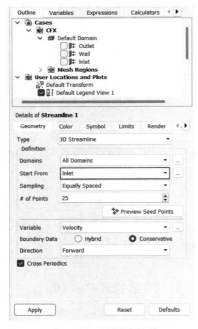

图 17-72　设置流迹线

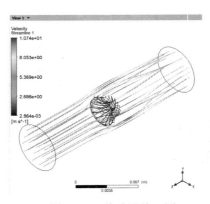

图 17-73　绕流迹线云图

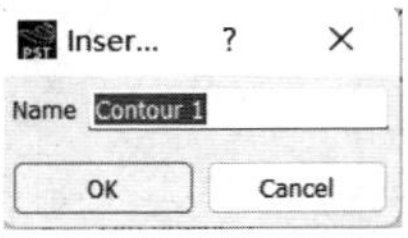

图 17-74　云图名称

Step6：如图 17-75 所示，取消勾选 Streamline 1 复选框，在详细信息面板中进行如下设置。

① 在 Locations 下拉列表中选择 Wall 选项。

② 在 Variable 下拉列表中选择 Pressure 选项，单击 Apply 按钮。

Step7：图 17-76 所示为流体压力分布云图。

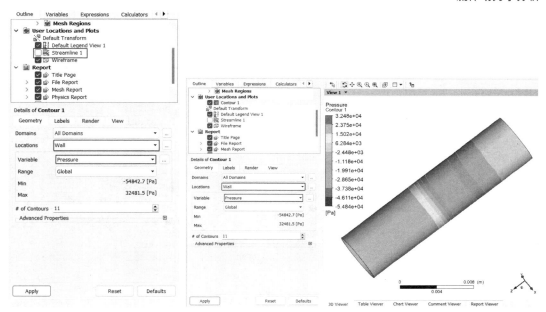

图 17-75　设置云图　　　　　　　图 17-76　流体压力分布云图

Step8：也可以通过工具栏添加其他命令，这里不再讲述。

Step9：单击工具栏中的 ⊟ （保存）按钮，再单击 CFD-Post 界面右上角的 ✕ （关闭）按钮，退出 CFD-Post 界面，返回 Workbench 主界面。

17.3.10　结构静力学分析

Step1：如图 17-77 所示，选择"工具箱"工具箱中的"分析系统"→"静态结构"命令，并将其直接拖曳到项目 B 中 B5 栏的"求解"选项中，此时会创建项目 C。

图 17-77　创建结构静力学分析项目 C

Step2：如图 17-78 所示，右击 B2 栏与 C3 栏的连接线，在弹出的快捷菜单中选择"删除"命令，删除几何数据共享。

Step3：如图 17-79 所示，选择 A2 栏的"几何结构"选项并将其直接拖曳到 C3 栏的"几何结构"选项中，实现几何数据共享。

Step4：双击项目 C 中 C4 栏的"模型"选项，加载如图 17-80 所示的 Mechanical 界面。

图 17-78　删除几何数据共享

图 17-79　实现几何数据共享

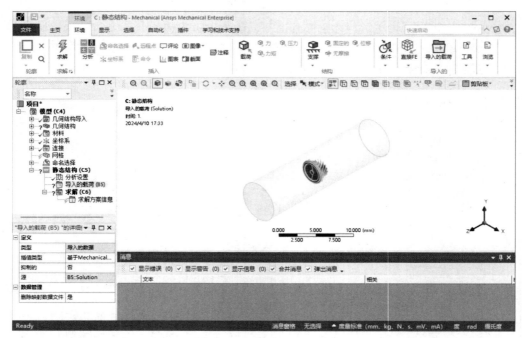

图 17-80　Mechanical 界面

Step5：右击"固体"命令，在弹出的如图 17-81 所示的快捷菜单中选择"抑制几何体"命令。

Step6：右击"网格"命令，在弹出的如图 17-82 所示的快捷菜单中选择"生成网格"命令。

 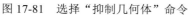

图 17-81 选择"抑制几何体"命令

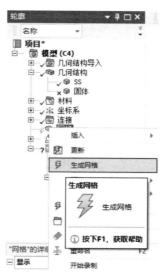

图 17-82 选择"生成网格"命令

Step7：网格划分完成的效果如图 17-83 所示。

此处网格划分得比较粗，仅仅为了讲解过程。

Step8：右击"静态结构（C5）"→"导入的载荷（B5）"命令，在弹出的如图 17-84 所示的快捷菜单中选择"插入"→"压力"命令，添加"压力"命令。

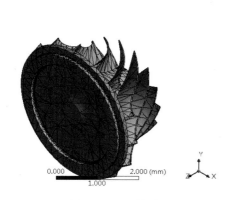

图 17-83 网格效果

图 17-84 添加"压力"命令

Step9：在如图 17-85 所示"'导入的压力'的详细信息"面板中进行如下设置。

① 在"几何结构"栏中确定叶轮叶片侧的 65 个曲面被选中。

② 在"CAD 表面"栏中选择 Wall 选项。

Step10：如图 17-86 所示，右击"导入的压力"命令，在弹出的快捷菜单中选择"导入载荷"命令。

Note

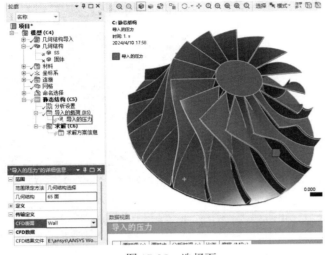

图 17-85　选择面　　　　　　　　　　图 17-86　选择"导入载荷"命令

Step11：图 17-87 所示为导入成功的流体压力载荷分布。

Step12：如图 17-88 所示，选择"静态结构（C5）"命令，此时在分析树中会出现"环境"选项卡。

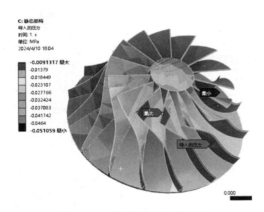

图 17-87　流体压力载荷分布　　　　　　图 17-88　"环境"选项卡

Step13：如图 17-89 所示，选择叶轮的中心轮毂圆面，在"'固定支撑'的详细信息"面板的"几何结构"栏中显示"1 面"，表明叶轮的中心轮毂圆面被选中。

Step14：如图 17-90 所示，右击"求解（C6）"命令，在弹出的快捷菜单中选择"求解"命令，进行求解。

Step15：图 17-91 所示为流体作用在叶轮上的总变形分析云图。

Step16：图 17-92 所示为叶轮的应力分析云图。

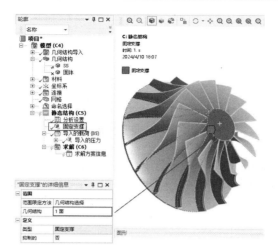

图 17-89　施加固定约束　　　　　　　　　图 17-90　求解

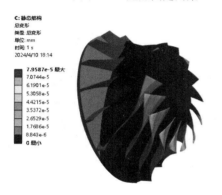

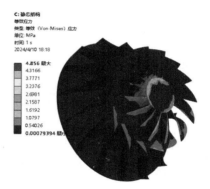

图 17-91　总变形分析云图　　　　　　　　图 17-92　应力分析云图

Step17：单击工具栏中的 ■（保存）按钮，再单击 Mechanical 界面右上角的 （关闭）按钮，退出 Mechanical 界面，返回 Workbench 主界面。

17.4　本章小结

　　本章介绍了 ANSYS CFX 模块的流体动力学分析功能，并通过一个内流场分析和一个外流场分析案例的详细操作步骤讲解了软件的前处理、网格划分、求解计算及后处理等操作方法，以及流固耦合分析的处理方法。

　　通过本章的学习，读者应该对流体动力学及其耦合分析的过程有较详细的了解。

第18章

结构优化分析

本章将对 ANSYS Workbench 软件的优化分析模块进行详细讲解，并通过一个典型案例来介绍优化分析的一般步骤，包括几何建模（外部几何数据的导入）、材料赋予、网格设置与划分、边界条件设定、后处理等操作。

学习目标：

- 熟练掌握 ANSYS Workbench 优化分析的方法及过程。
- 掌握 ANSYS Workbench 优化分析的工具及优化分类。

18.1 结构优化分析概述

结构优化是从众多方案中选择最佳方案的技术。一般而言，设计主要有两种形式：功能设计和优化设计。功能设计强调的是该设计能达到预定的设计要求，但仍能在某些方面进行改进。优化设计是一种寻找并确定最优方案的技术。

18.1.1 优化设计概述

所谓优化，是指最大化或最小化，而优化设计是指寻找一种方案以满足所有的设计要求，并且需要的支出最少。

优化设计有两种分析方法：解析法——通过求解微分与极值，求解出最小值；数值法——借助计算机和有限元，通过反复迭代逼近，求解出最小值。解析法需要列方程并求解微分方程，然而针对复杂的问题列方程和求解微分方程都是比较困难的，因此解析法常用于理论研究，很少应用于工程实践。

随着计算机的发展，结构优化算法取得了较大的发展。根据设计变量的类型不同，结构优化已由较低层次的尺寸优化发展到较高层次的结构形状优化，进而发展到更高层次的拓扑优化。优化算法也由简单的准则法发展到数学规划法，进而发展到遗传算法等。

传统的结构优化设计是由设计者提供几种不同的设计方案，并从中比较、挑选出最优化的方案。这种方法往往建立在设计者自身经验的基础上，再加上资源和时间的限制，导致提供的可选方案数量有限，往往不一定是最优方案。

　　如果想获得最佳方案，就需要提供更多的设计方案来对比，这就需要大量的资源，单靠人力往往难以做到，只能靠计算机来完成。目前，能够进行结构优化分析的软件并不多。ANSYS 软件作为通用的有限元分析工具，除了拥有强大的前后处理器，还拥有强大的优化设计功能，因此该软件既可以进行结构尺寸优化也可以进行拓扑优化，其本身的算法可以满足工程需要。

18.1.2 ANSYS Workbench 结构优化分析简介

　　ANSYS Workbench Environment（AWE）是 ANSYS 公司开发的新一代前后处理环境，并且定位于一个 CAE 协同平台。该环境提供了与 CAD 软件及设计流程的高度集成性，并且其新版本增加了很多 ANSYS 软件模块、实现了很多功能，使得在产品开发过程中能快速应用 CAE 技术进行分析，从而缩短产品设计周期、提高产品附加价值。目前，对于一个制造商来说，产品质量关乎声誉、产品利润关乎发展，所以优化设计在产品开发中越来越受重视，实现方法也越来越多。

　　从易用性和高效性来说，AWE 下的 DesignXplorer 模块为优化设计提供了一个几乎完美的方案，可以将 CAD 模型需改进的设计变量传递到 AWE 环境中，并且在 DesignXplorer/VT 下设定好约束条件和设计目标，从而高度自动化地实现优化设计并返回相关图表。这里将结合实际应用来介绍如何使用 Pro/E 和 ANSYS 软件在 AWE 环境下实现快速优化设计。

　　在保证产品达到某些性能目标并满足一定约束条件的前提下，通过改变某些允许改变的设计变量，使产品的指标或性能达到期望的目标，就是优化方法。

　　例如，在保证结构刚强度满足要求的前提下，通过改变某些设计变量，使结构的质量最轻、最合理，这不但使得结构耗材得到了节省，而且为运输安装提供了方便，降低了运输成本。再如，改变电气设备各发热部件的安装位置，使设备箱体内部的温度峰值降到最低，是一个典型的自然对流散热问题的优化实例。

　　在实际设计与生产中，类似这样的实例不胜枚举。优化作为一种数学方法，通常利用解析函数求极值的方法来达到寻求最优值的目的。使用基于数值分析技术的 CAE 方法显然不可能针对我们的目标得到一个解析函数，这是因为 CAE 计算所求得的结果只是一个数值。然而，样条插值技术使得 CAE 中的优化成为可能。多个数值点可以利用样条插值技术形成一条连续的、可用函数表达的曲线或曲面，这样便回到了数学意义上的极值优化技术上。

　　样条插值技术当然是一种近似方法，通常不可能得到目标函数的准确曲面，但利用上次的计算结果再次插值可以得到一个新的曲面，相邻两次插值所得到的曲面的距离会越来越近，当它们的距离小到一定程度时，就可以认为此时的曲面可以代表目标曲面。同时该曲面的最小值就可以被认为是目标最优值。以上就是 CAE 方法中的优化处理过程。一个典型的 CAD 与 CAE 联合优化过程通常需要经过以下步骤来完成。

（1）参数化建模。利用 CAD 软件的参数化建模功能把将要参与优化的数据（设计变量）定义为模型参数，为以后软件修正模型提供可能。

（2）CAE 求解。对参数化 CAD 模型进行加载与求解。

（3）后处理。提取约束条件和目标函数（优化目标）以供优化处理器进行优化参数评价。

（4）优化参数评价。优化处理器将本次循环提供的优化参数（设计变量、约束条件、状态变量及目标函数）与上次循环提供的优化参数进行比较，并确定该次循环的目标函数是否达到最优，或者说结构是否达到最优。如果结构达到最优，完成迭代，退出优化循环，否则进行下一步。

（5）根据已完成的优化循环和当前优化变量的状态修正设计变量，重新进入循环。

18.1.3　ANSYS Workbench 结构优化分析工具

ANSYS Workbench 的结构优化分析工具有 5 种，即直接优化工具、多目标驱动优化分析工具、参数相关性优化分析工具、响应曲面优化分析工具和六西格玛优化分析工具。

（1）直接优化工具：设置优化目标，利用默认参数进行优化分析，从中得到期望的组合方案。

（2）多目标驱动优化分析工具：从给定的一组样本中得到最佳的设计点。

（3）参数相关性优化分析工具：可以得出某一输入参数对响应曲面影响的大小。

（4）响应曲面优化分析工具：通过图表来动态地显示输入与输出参数之间的关系。

（5）六西格玛优化分析工具：基于 6 个标准误差理论来评估产品的可靠性概率，以判断产品是否满足六西格玛准则。

18.2　项目分析——响应曲面优化分析

本节主要介绍使用 ANSYS Workbench 的响应曲面优化分析模块在"设计探索"中进行 DOE 分析的流程，并建立响应图。

学习目标：

熟练掌握 ANSYS Workbench 响应曲面优化分析的方法及过程。

模型文件	配套资源\Chapter18\char18-1\DOE2.agdb
结果文件	配套资源\Chapter18\char18-1\DOE2.wbpj

18.2.1　问题描述

某几何模型如图 18-1 所示，请使用优化分析工具对几何模型进行优化分析。

图 18-1　几何模型

18.2.2　启动 Workbench 并建立分析项目

Step1：在 Windows 系统下启动 ANSYS Workbench，进入主界面。

Step2：双击主界面"工具箱"中的"分析系统"→"静态结构"命令，即可在"项目原理图"中创建分析项目 A，如图 18-2 所示。

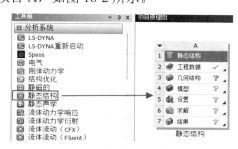

图 18-2　创建分析项目 A

18.2.3　导入几何体

Step1：右击项目 A 中 A3 栏的"几何结构"选项，在弹出的快捷菜单中选择"导入几何模型"→"浏览"命令，如图 18-3 所示，此时会弹出"打开"对话框。

图 18-3　选择"浏览"命令

Step2：如图 18-4 所示，选择文件路径，导入 DOE2.agdb 几何体文件，并单击"打开"按钮。

图 18-4　"打开"对话框

Step3：双击项目 A 中 A3 栏的"几何结构"选项，此时会加载 Design Modeler 界面，如图 18-5 所示。

图 18-5　Design Modeler 界面

Step4：单击 DesignModeler 界面右上角的 （关闭）按钮，退出 DesignModeler 界面，返回 Workbench 主界面，此时的项目分析流程图表如图 18-6 所示，在下面出现的"参数集"选项中可以进行参数化设置。

Step5：双击 A4 栏的"模型"选项，进入如图 18-7 所示的有限元分析平台，设置边界条件。

① 选择"轮廓"（分析树）中的"固定支撑"命令并选择右侧的两个圆孔。

② 选择"轮廓"（分析树）中的"力"命令并选择左侧的圆面，在"定义"→"定义依据"中选择"分量"→"Y 分量"，设置载荷为-10000N。

图 18-6   项目分析流程图表   图 18-7   有限元分析平台

③ 在"求解（A6）"命令下添加"等效应力"及"总变形"两个命令，并分别设置最大应力及最大总应变为参数化，如图 18-8 所示。

Step6：选择最小安全系数进行后处理，并将最小安全系数及质量设置为参数化，如图 18-9 和图 18-10 所示。

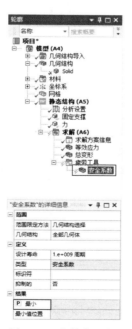

图 18-8   添加命令   图 18-9   参数化设置 1   图 18-10   参数化设置 2

Step7：计算完成后的应力分析云图及总变形分析云图如图 18-11 和图 18-12 所示。

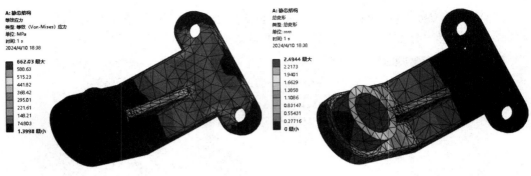

图 18-11　应力分析云图　　　　　　图 18-12　总变形分析云图

Step8：其安全系数云图如图 18-13 所示。

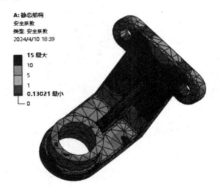

图 18-13　安全系数云图

Step9：双击项目分析流程图表中的"参数集"选项，此时弹出如图 18-14 所示的输入和输出参数设置界面。

图 18-14　输入和输出参数设置界面 1

Step10：返回 Workbench 主界面。

Step11：双击"设计探索"→"响应面优化"命令，创建分析项目 B，如图 18-15
所示。

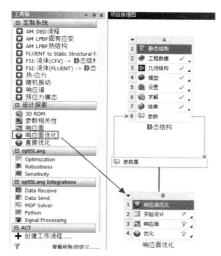

图 18-15　创建分析项目 B

Step12：双击项目 B 中 B2 栏的"实验设计"选项，进入输入和输出参数设置界面，
如图 18-16 所示。

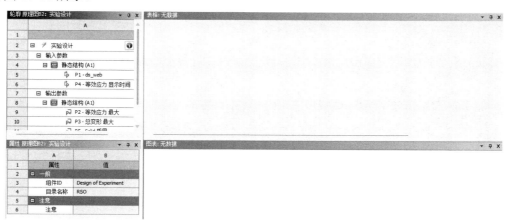

图 18-16　输入和输出参数设置界面 2

Step13：选择 P1-ds_web 选项，在下面出现的"属性 轮廓 A5:P1-ds_web"表中的
"下界"栏中输入 63，在"上限"栏中输入 77；选择"P7-力 Y 分量"选项，在下面出
现的"属性 轮廓 A6:P7-P7-力 Y 分量"表中的"下界"栏中输入-11000，在"上限"栏
中输入-9000，如图 18-17 所示。

Step14：在 Workbench 主界面单击工具栏中的 预览 按钮，生成如图 18-18 所示的设
计点。

Note

图 18-17　输入限值

1	A 名称	B P1 - ds_web (mm)	C P7 - 力 Y分量 (N)	D P2 - 等效应力 最大 (MPa)	E P3 - 总变形 最大 (mm)	F P5 - Solid 质量 (kg)	G P6 - 安全系数 最小
2	1	70	-10000	662.03	2.4944	2.6304	0.13021
3	2	63	-10000	750.94	2.6549	2.6171	0.11479
4	3	77	-10000	705.41	2.3432	2.643	0.1222
5	4	70	-11000	728.24	2.7439	2.6304	0.11837
6	5	70	-9000	595.83	2.245	2.6304	0.14467
7	6	63	-11000	826.03	2.9204	2.6171	0.10435
8	7	77	-11000	775.95	2.5775	2.643	0.11109
9	8	63	-9000	675.84	2.3894	2.6171	0.12754
10	9	77	-9000	634.87	2.1089	2.643	0.13578

图 18-18　设计点 1

Step15：单击工具栏中的 更新 按钮，进行计算。计算完成后的设计点结果如图 18-19 所示。

1	A 名称	B P1 - ds_web (mm)	C P7 - 力 Y分量 (N)	D P2 - 等效应力 最大 (MPa)	E P3 - 总变形 最大 (mm)	F P5 - Solid 质量 (kg)	G P6 - 安全系数 最小
2	1	70	-10000	662.03	2.4944	2.6304	0.13021
3	2	63	-10000	750.94	2.6549	2.6171	0.11479
4	3	77	-10000	705.41	2.3432	2.643	0.1222
5	4	70	-11000	728.24	2.7439	2.6304	0.11837
6	5	70	-9000	595.83	2.245	2.6304	0.14467
7	6	63	-11000	826.03	2.9204	2.6171	0.10435
8	7	77	-11000	775.95	2.5775	2.643	0.11109
9	8	63	-9000	675.84	2.3894	2.6171	0.12754
10	9	77	-9000	634.87	2.1089	2.643	0.13578

图 18-19　设计点结果 1

Step16：选择"实验设计"选项，在下面出现的"属性 轮廓 A2:实验设计"表中进行如图 18-20 所示的设置。

① 在"实验类型设计"栏中选择"中心复合材料设计"选项。

② 在"设计类型"栏中选择"面心的"选项。

③ 在"模板类型"栏中选择"增强"选项。

Step17：单击工具栏中的 预览 按钮，生成如图 18-21 所示的设计点。

图 18-20　设置

表格 轮廓A2：实验设计的设计点

	A	B	C	D	E	F	G
1	名称	P1 - ds_web (mm)	P7 - 力 Y分量 (N)	P2 - 等效应力 最大 (MPa)	P3 - 总变形 最大 (mm)	P5 - Solid 质量 (kg)	P6 - 安全系数 最小
2	1	70	-10000	662.03	2.4944	2.6304	0.13021
3	2	63	-10000	750.94	2.6549	2.6171	0.11479
4	3	66.5	-10000	813.21	2.5729	2.6238	0.106
5	4	77	-10000	705.41	2.3432	2.643	0.1222
6	5	73.5	-10000	708.26	2.4195	2.6368	0.12171
7	6	70	-11000	728.24	2.7439	2.6304	0.11837
8	7	70	-10500	695.13	2.6191	2.6304	0.124
9	8	70	-9000	595.83	2.245	2.6304	0.14467
10	9	70	-9500	628.93	2.3697	2.6304	0.13706
11	10	63	-11000	826.03	2.9204	2.6171	0.10435
12	11	66.5	-10500	853.87	2.7016	2.6238	0.10095
13	12	77	-11000	775.95	2.5775	2.643	0.11109
14	13	73.5	-10500	743.67	2.5405	2.6368	0.11591
15	14	63	-9000	675.84	2.3894	2.6171	0.12754
16	15	66.5	-9500	772.55	2.4443	2.6238	0.11158
17	16	77	-9000	634.87	2.1089	2.643	0.13578
18	17	73.5	-9500	672.85	2.2985	2.6368	0.12811

图 18-21　设计点 2

Step18：单击工具栏中的 ⚡更新 按钮，进行计算。计算完成后的设计点结果如图 18-22 所示。

表格 轮廓A2：实验设计的设计点

	A	B	C	D	E	F	G
1	名称	P1 - ds_web (mm)	P7 - 力 Y分量 (N)	P2 - 等效应力 最大 (MPa)	P3 - 总变形 最大 (mm)	P5 - Solid 质量 (kg)	P6 - 安全系数 最小
2	1	70	-10000	662.03	2.4944	2.6304	0.13021
3	2	63	-10000	750.94	2.6549	2.6171	0.11479
4	3	66.5	-10000	813.21	2.5729	2.6238	0.106
5	4	77	-10000	705.41	2.3432	2.643	0.1222
6	5	73.5	-10000	708.26	2.4195	2.6368	0.12171
7	6	70	-11000	728.24	2.7439	2.6304	0.11837
8	7	70	-10500	695.13	2.6191	2.6304	0.124
9	8	70	-9000	595.83	2.245	2.6304	0.14467
10	9	70	-9500	628.93	2.3697	2.6304	0.13706
11	10	63	-11000	826.03	2.9204	2.6171	0.10435
12	11	66.5	-10500	853.87	2.7016	2.6238	0.10095
13	12	77	-11000	775.95	2.5775	2.643	0.11109
14	13	73.5	-10500	743.67	2.5405	2.6368	0.11591
15	14	63	-9000	675.84	2.3894	2.6171	0.12754
16	15	66.5	-9500	772.55	2.4443	2.6238	0.11158
17	16	77	-9000	634.87	2.1089	2.643	0.13578
18	17	73.5	-9500	672.85	2.2985	2.6368	0.12811

图 18-22　设计点结果 2

18.2.4　结果后处理

Step1：右击项目 B 中 B3 栏的"响应面"选项，在弹出的快捷菜单中选择"编辑"命令，进入设计点处理界面。

Step2：在"轮廓原理图 B3:响应面"表中选择 A22 栏的"响应"选项；在下面出现的"属性 轮廓 A22:响应"栏中进行如下设置。

① 在"X 轴"栏中选择"P7-力 Y 分量"选项。

② 在"Y 轴"栏中选择"P3-总变形最大"选项。

此时右下角窗格会显示载荷和变形的关系曲线，如图 18-23 所示。

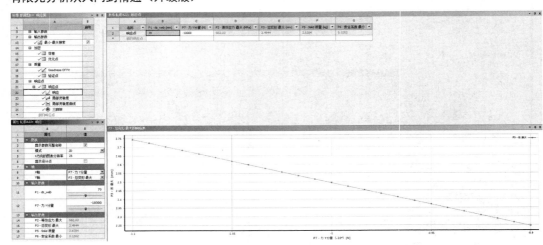

图 18-23　载荷和变形的关系曲线

Step3：选择"响应"选项，在下面出现的"属性　轮廓　A22:响应"表中进行如下设置。

① 在"模式"栏中选择"3D"选项。

② 在"X 轴"栏中选择"P7-力 Y 分量"选项。

③ 在"Y 轴"栏中选择"P1-ds_web"选项。

④ 在"Z 轴"栏中选择"P3-总变形最大"选项。

此时右下角窗格会显示三维曲面关系曲面，如图 18-24 所示。

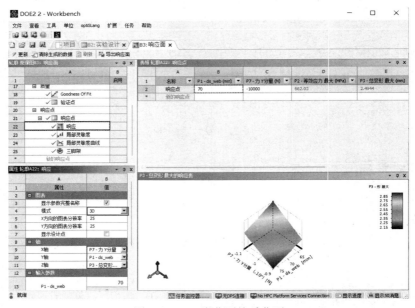

图 18-24　三维曲面关系曲面

Step4：选择 Goodness Of Fit 选项，其余选项保持默认设置，此时右下角窗格会显示拟合曲线与离散数据点，如图 18-25 所示。

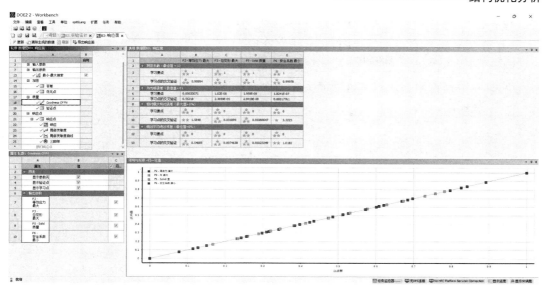

图 18-25　拟合曲线与离散数据点

Step5：选择"响应面"选项，然后在下面出现的"属性 轮廓 A2:响应面"表中进行如图 18-26 所示的设置。

图 18-26　设置响应面

在"响应面类型"栏中选择"Kriging"选项，然后单击工具栏中的"更新"按钮。

Step6：选择"响应"选项，在下面出现的"属性 轮廓 A21:响应"表中进行如下设置。

① 在"模式"栏中选择"3D"选项。

② 在"X 轴"栏中选择"P7-力 Y 分量"选项。

③ 在"Y 轴"栏中选择"P1-ds_web"选项。

④ 在"Z 轴"栏中选择"P3-总变形最大"选项。

此时右下角窗格会显示三维曲面关系曲面，如图 18-27 所示。

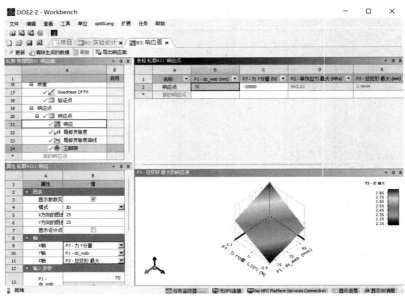

图 18-27　三维曲面关系曲面

Step7：选择"局部灵敏度"选项，此时右下角窗格会显示柱状图表如图 18-28 所示。

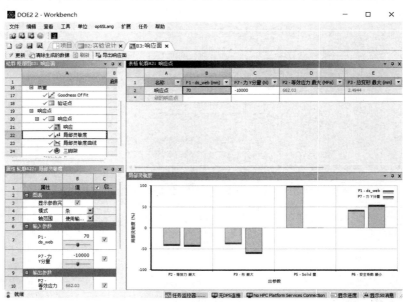

图 18-28　柱状图表

Step8：返回工程项目管理窗格，双击项目 B 中 B4 栏的"优化"选项，在出现的如图 18-29 所示的输入和输出参数设置界面中进行如下设置。

① 选择"优化"选项。

② 在"属性 轮廓 A2:优化"表的"方法选择"栏中选择"手动"选项；在"样本数量"栏中输入 1000。

图 18-29　输入和输出参数设置界面

Step9：选择"目标与约束"选项，在右侧出现的"表格 原理图 B4:优化"表中进行如图 18-30 所示的设置。

① 在 B3 栏中选择"P5-Solid 质量"选项，在 C3 栏中选择"最小化"选项。

② 插入一行，在 B4 栏中选择"P3-总变形最大"选项，在 C4 栏中选择"最小化"选项。

③ 此时在"目标与约束"选项下面将出现"最小化 P5"和"最小化 P3"两个选项。

图 18-30　设置优化参数

Step10：单击工具栏中的"更新"按钮，进行计算。计算完成后显示的图表如图 18-31 所示。

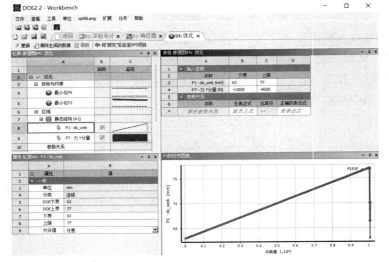

图 18-31 计算完成后显示的图表

Step11：选择"候选点"选项，此时右侧将显示如图 18-32 所示的基于目标优化的最优设计的 3 个候选方案。

图 18-32 候选方案

Step12：选择"权衡"选项，此时右下角窗格会显示质量与应力关系图，如图 18-33 所示。

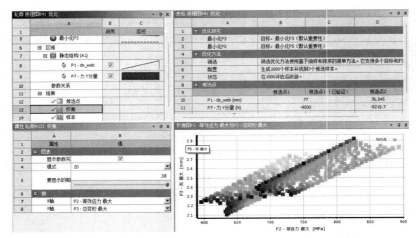

图 18-33 质量与应力关系图

Step13：选择"样本"选项，此时右下角窗格会显示质量与应力关系曲线，如图18-34所示。从本图和上面的点状关系图可以看出，质量增加，应力就会降低。

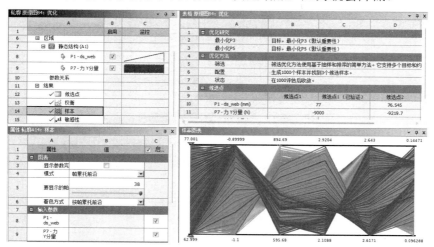

图 18-34　质量与应力关系曲线

Step14：如图18-35所示，右击"候选点2"选项，在弹出的快捷菜单中选择"按设计点更新进行验证"命令。

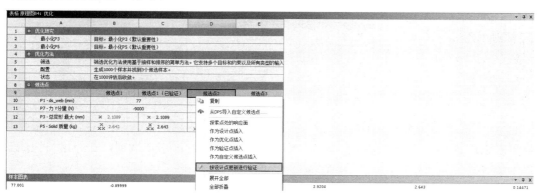

图 18-35　选择"按设计点更新进行验证"命令

Step15：如图18-36所示，此时能看到获选方案2在总体优化方案中的位置。

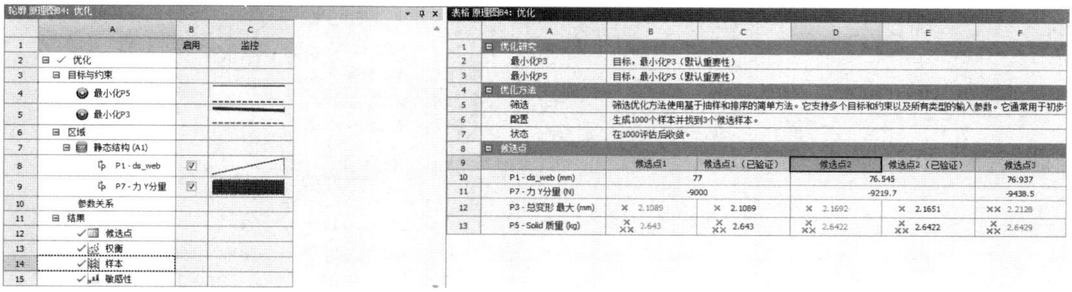

图 18-36　获选方案2在总体优化方案中的位置

Step16：如图 18-37 所示，右击"候选点 2"选项，在弹出的快捷菜单中选择"作为设计点插入"命令，返回 Workbench 主界面。双击项目流程图表中的"参数集"选项，进入如图 18-38 所示的创建设计点窗格。

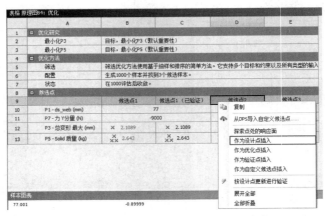

图 18-37　选择"作为设计点插入"命令

	A	B	C	D	E	F	G	H	I	J
1	名称	P1 - ds_web	P7 - 力 Y分量	P2 - 等效应力 最大	P3 - 总变形 最大	P5 - Solid 质量	P6 - 安全系数 最小	保...	保留的数据	注意
2	单位	mm	N	MPa	mm	kg				
3	DP 0(当前)	70	-10000	662.03	2.4944	2.6304	0.13021	☑	✓	
4	DP 1	63	-10000	750.94	2.6549	2.6171	0.11479	☐		从实验设计生成
5	DP 2	63	-10000			2.6171		☐		从实验设计生成
6	DP 3	63	-10000			2.6171		☐		从实验设计生成
7	DP 4	70	-10000			2.6304		☐		从实验设计生成
8	DP 5	70	-10000			2.6304		☐		从实验设计生成
9	DP 6	70	-10000			2.6304		☐		从实验设计生成
10	DP 7	77	-10000	705.41	2.3432	2.643	0.1222	☐		从实验设计生成
11	DP 8	77	-10000			2.643		☐		从实验设计生成
12	DP 9	77	-10000			2.643		☐		从实验设计生成
*								☐		

图 18-38　创建设计点窗格

Step17：如图 18-39 所示，右击"DP 1"选项，在弹出的快捷菜单中选择"将输入复制到当前位置"命令，此时会创建一个新的当前选项，右击该选项，在弹出的快捷菜单中选择"更新选定的设计点"命令，进行设计点计算。

图 18-39　进行设计点计算

Step18：图 18-40 所示为计算完成后的当前设计点结果。

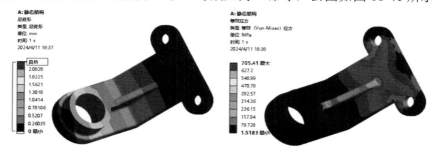

	A	B	C	D	E	F	G	H	I	J
1	名称 ▼	P1 - ds_web ▼	P7 - 力 Y分量 ▼	P2 - 等效应力 最大 ▼	P3 - 总变形 最大 ▼	P5 - Solid 质量 ▼	P6 - 安全系数 最小 ▼	☐ 保... ▼	保留的数据	注意 ▼
2	单位	mm ▼	N ▼	MPa	mm	kg				
3	DP 0(当前)	77	-10000	705.41	2.3432	2.643	0.1222	☑	✓	
4	DP 1	63	-10000	750.94	2.6549	2.6171	0.11479	☐		从实验设计生成
5	DP 2	63	-10000	✗	✗	2.6171	✗	☐		从实验设计生成
6	DP 3	63	-10000	✗	✗	2.6171	✗	☐		从实验设计生成
7	DP 4	70	-10000	✗	✗	2.6304	✗	☐		从实验设计生成
8	DP 5	70	-10000	✗	✗	2.6304	✗	☐		从实验设计生成
9	DP 6	70	-10000	✗	✗	2.6304	✗	☐		从实验设计生成
10	DP 7	77	-10000	705.41	2.3432	2.643	0.1222	☐		从实验设计生成
11	DP 8	77	-10000	✗	✗	2.643	✗	☐		从实验设计生成
12	DP 9	77	-10000	✗	✗	2.643	✗	☐		从实验设计生成
*								☐		

图 18-40　当前设计点结果

Step19：返回 Workbench 主界面，双击项目 A 中 A7 栏的"结果"选项，进入 Mechanical 界面。选择分析树中的"总变形"和"等效应力"命令，云图如图 18-41 所示。

图 18-41　云图

Step20：选择"安全系数"命令，安全系数云图如图 18-42 所示。

图 18-42　安全系数云图

Step21：单击 Mechanical 界面右上角的 ▆✕ （关闭）按钮，退出 Mechanical 界面，返回 Workbench 主界面。

Step22：在 Workbench 主界面单击工具栏中的 🖫 （保存）按钮，保存文件名为 DOE2.wbpj。

Step23：单击界面右上角的 ▆✕ （关闭）按钮，完成项目分析。

18.3 本章小结

本章详细地介绍了 ANSYS Workbench 软件内置的优化分析功能，包括几何导入、网格划分、边界条件设定、后处理等操作，同时讲解了响应曲面优化设置及处理方法。

通过本章的学习，读者应该对结构优化分析的过程有较详细的了解。

第5部分

第19章

多物理场耦合分析

本章主要介绍 ANSYS Workbench 与 ANSYS Electromagnetics Suite 的单向耦合分析功能，通过 Maxwell 软件计算通有电流的四分裂导线的磁场，以及磁场与电流相互作用产生的磁场力，然后将磁场力结果映射到 Workbench 的模型中，进行静力学分析。

学习目标：

- 熟练掌握 Maxwell 静态磁场分析的方法及过程。
- 熟练掌握 ANSYS Workbench 静力学分析的方法及过程。
- 掌握两个软件静态磁场结构单向耦合分析的方法及过程。

19.1 多物理场耦合分析概述

多物理场耦合分析是考虑两个或两个以上工程学科（物理场）间相互作用的分析。例如，流体与结构的耦合分析（流固耦合）、电磁与结构的耦合分析、电磁与热的耦合分析、热与结构的耦合分析、电磁与流体的耦合分析、流体与声学的耦合分析、结构与声学的耦合分析（振动声学）等。

以流固耦合为例，流体流动的压力作用到结构上，使结构产生变形，而结构的变形又影响了流体的流道，因此这种情况属于相互作用的问题。

再如，通有电流的螺线管会在其周围产生磁场，同时通有电流的螺线管在磁场中会受到磁场力的作用而产生形变，并且形变会使得螺线管的磁场分布发生变化，因此这种情况属于相互作用的问题。

总体来说，耦合分析分为两种，即单向耦合与双向耦合。

- 单向耦合：以流固耦合分析为例，如果流体的流道受到的流体压力很小，将其忽略也可以满足工程计算的需要，则不需要将结构变形反馈给流体，这样的耦合称为单向耦合。

- 双向耦合：以流固耦合分析为例，如果流体的流道受到的流体压力很大，或者即使压力很小也不能忽略，则需要将结构变形反馈给流体，这样的耦合称为双向耦合。

ANSYS Workbench 的仿真平台具有多物理场的双向耦合分析能力，其中包括以下几种类型：流体-结构耦合、流体-热耦合、流体-电磁耦合（Fluent 与 Ansoft Maxwell）、热-结构耦合、静电-结构耦合、电磁-热耦合、电磁-结构-噪声耦合。

以上耦合为场耦合分析方法，其中部分分析能实现双向耦合计算。

除此之外，自 ANSYS Workbench 13.0 之后，ANSYS Workbench 软件还可与 Ansoft Simplorer 软件集成在一起实现场路耦合计算。

场路耦合计算适用于进行电动机、电力电子装置及系统、交直流传动、电源、电力系统、汽车部件、汽车电子与系统、航空航天、船舶装置与控制系统、军事装备仿真等。

19.2 项目分析 1——四分裂导线电磁结构耦合分析

本节主要介绍 ANSYS Workbench 的电磁场分析模块 Maxwell 的建模方法及求解过程，分析四分裂导线在大电流作用下的受力情况。

学习目标：

熟练掌握 Maxwell 的建模方法及求解过程，同时掌握电磁结构耦合分析的方法。

模型文件	配套资源\Chapter19\char19-1\wire.x_t
结果文件	配套资源\Chapter19\char19-1\magnetostructure.wbpj

19.2.1 问题描述

图 19-1 所示为一个四分裂导线模型，单根导线直径为 70mm、长度为 10m，每两根导线间的距离为 600mm，每根导线都通有 50kA 的大电流（电流方向如图 19-1 中箭头方向所示）。当四分裂导线两端使用间隔棒固定后，试分析其变形情况及应力分布情况。为了简化分析，此处直接将两端设置为固定约束。

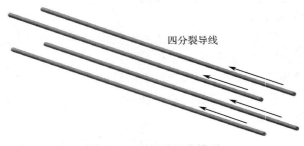

图 19-1 四分裂导线模型

19.2.2　启动软件与保存文档

Step1：启动 Workbench。在 Windows 系统下即可进入 Workbench 主界面。

Step2：保存工程文档。在进入 Workbench 主界面后，单击工具栏中的 按钮，将文件保存为 magnetostructure.wbpj。

 本节案例需要用到 ANSYS Electromagnetics Suite 软件，请读者自行安装。由于 ANSYS Electromagnetics Suite 软件不支持保存路径中存在中文字符，因此在进行文档保存时，保存路径中不能含有中文字符，否则会发生错误。

19.2.3　建立电磁分析项目与读取数据

Step1：创建电磁分析项目。选择 Workbench 主界面左侧"工具箱"中的"分析系统"→Maxwell 3D 命令，并将其拖曳到右侧的"项目原理图"中，即可创建一个如同 Excel 表格的项目分析流程图表，即项目 A，如图 19-2 所示。

 项目分析流程图表的 A2～A4 栏是 Maxwell 3D 软件前处理、计算及后处理的 3 个过程。

图 19-2　创建电磁分析项目 A

Step2：打开 Maxwell 3D 软件。如图 19-3 所示，右击项目 A 中 A2 栏的 Geometry 选项，并在弹出的快捷菜单中选择 Edit 命令，启动 Maxwell 3D 软件。在 Workbench 中，Maxwell 模块被集成于 Electronics Desktop 中，Maxwell 3D 启动界面如图 19-4 所示。

图 19-3　启动 Maxwell 3D 软件

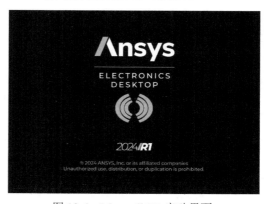

图 19-4　Maxwell 3D 启动界面

Note

在项目分析流程图表中直接双击 A2 栏的"几何结构"选项，也可以启动
Maxwell 3D 软件。

Step3：导入模型数据文件。选择 Modeler→Import 命令，如图 19-5 所示，会弹出如
图 19-6 所示的 Import File 对话框，从中选择 wire.x_t 文件，单击"打开"按钮，即可打
开模型文件。

读取的模型数据的单位已经被设置成"毫米"，这里就不需要对软件进行单
位设定了。

如果模型简单，则可以直接在 Maxwell 3D 软件中创建图形。本例的模
型使用 Pro/E 创建并保存为通用格式.x_t。

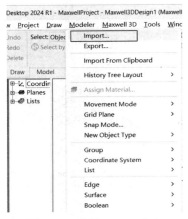

图 19-5　选择 Import 命令

图 19-6　Import File 对话框

19.2.4　设置求解器与求解域

Step1：设置求解器类型。选择 Maxwell 3D→Solution Type 命令，如图 19-7 所示。
在弹出的如图 19-8 所示的 Solution Type 对话框中选中 Magnetostatic 单选按钮，并单击
OK 按钮，关闭 Solution Type 对话框。

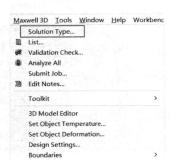

图 19-7　选择 Solution Type 命令

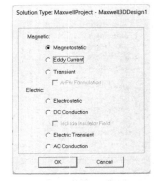

图 19-8　Solution Type 对话框

Note

单击绘图工具栏中的 ⬡ 按钮，也可以创建模型求解域。

Step2：如图 19-9 所示，在弹出的 Region 对话框中选中 Pad individual directions 单选按钮，然后在表格中输入如表 19-1 所示的数据。

表 19-1　参数设置值

Direction	Padding goal	Value
+X	Percentage Offset	500
−X	Percentage Offset	500
+Y	Percentage Offset	0
−Y	Percentage Offset	0
+Z	Percentage Offset	500
−Z	Percentage Offset	500

Step3：图 19-10 所示为设置完成的求解域模型。

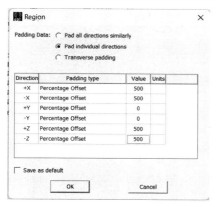

图 19-9　输入求解域大小

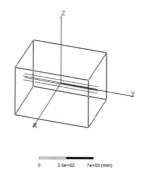

图 19-10　设置完成的求解域模型

19.2.5　赋予材料属性

Step1：在模型树中选择相应的模型名并右击，在弹出的快捷菜单中选择 Assign Materal 命令，如图 19-11 所示。此时会弹出如图 19-12 所示的 Select Denfinition 对话框。

当需要选择多个连续模型名时，可以先选中第一个，然后按住 Shift 键，并选择最后一个。当需要选择多个不连续的模型名时，按住 Ctrl 键并选择需要选中的模型名即可。

Step2：在 Select Definition 对话框中选择 aluminum 材料并单击 OK 按钮，此时模型树中 4 根导线的上级菜单由 Not Assigned 变成 aluminum，求解域默认为真空 vacuum。

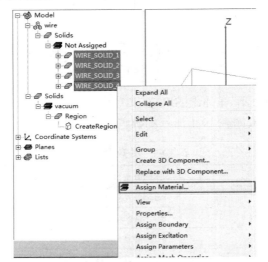

图 19-11　选择 Assign Materal 命令

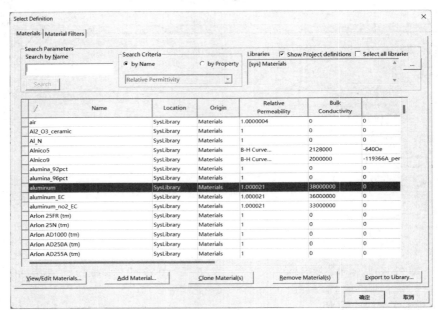

图 19-12　Select Definition 对话框

19.2.6　添加激励

Step1：按住 Ctrl 键，然后选择 4 根导线的 4 个端面并右击，在弹出的快捷菜单中选择 Assign Excitation→Current 命令，如图 19-13 所示。此时会弹出如图 19-14 所示的 Current Excitation 对话框。在该对话框的 Value 文本框中输入 50，并将单位设置为 kA，单击 OK 按钮，完成相关参数的设置。

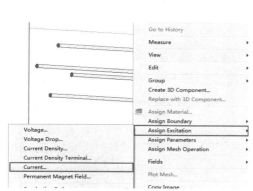

图 19-13　选择 Current 命令

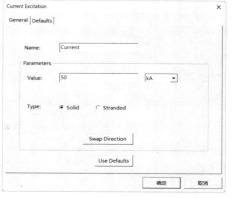

图 19-14　Current Excitation 对话框

Step2：同样，在 4 根导线的另一个端面也设置 50kA 的电流，与上面操作步骤的不同之处在于此处的电流方向应设置为自里向外，如图 19-15 所示，此时只需单击 Swap Direction 按钮，即可完成相应的设置。

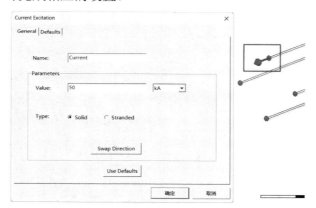

图 19-15　设置激励

19.2.7　划分网格与创建分析步

Step1：划分网格并调整网格大小。这里采用自行设置网格大小的方式划分网格，选中 4 根导线并右击，在弹出的快捷菜单中选择 Assign Mesh Operation→Inside Selection→Length Based 命令，如图 19-16 所示。此时会弹出 Element Length Based Refinement 对话框。

Step2：在弹出的对话框中勾选 Set maximum element length 前面的复选框并在其后面的文本框中输入 500，设置单位为 mm，如图 19-17 所示。单击 OK 按钮，完成相关参数的设置。

Step3：采用同样的方法设置求解域网格尺寸，如图 19-18 所示。

Step4：添加一个分析步。右击 Project Manager 中的 Analysis 命令，在弹出的快捷菜单中选择 Add Solve Setup 命令，如图 19-19 所示。此时会弹出如图 19-20 所示的 Solve Setup 对话框，其中的参数全部采用默认设置，单击"确定"按钮，此时在 Analysis 命令

Note

下会出现一个 Setup1 命令。

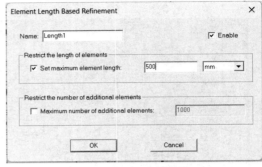

图 19-16　选择 Length Based 命令　　　图 19-17　设置网格尺寸参数

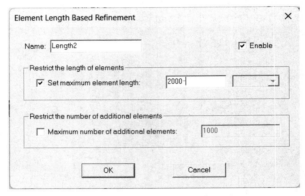

图 19-18　设置求解域网格尺寸

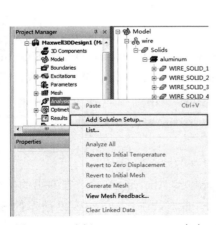

图 19-19　选择 Add Solve Setup 命令

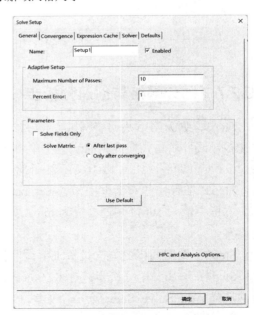

图 19-20　Solve Setup 对话框

Step5：划分网格。右击 Project Manager 中的 Analysis→Setup1 命令，在弹出的快捷菜单中选择"Generate Mesh"命令，执行网格划分操作，如图 19-21 所示。划分完成的网格效果如图 19-22 和图 19-23 所示。

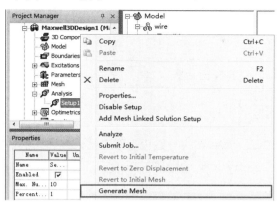

图 19-21   执行网格划分操作

图 19-22   四分裂导线网格效果

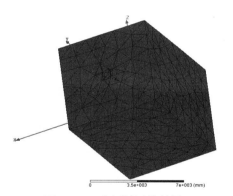

图 19-23   求解域网格效果

19.2.8   检查模型与求解

通过上面的操作步骤，有限元分析的前处理工作已经全部结束。为了保证求解能够顺利完成，需要先检查一下前处理的所有操作是否正确。

Step1：检查模型。单击工具栏中的 ✍ 按钮，出现如图 19-24 所示的 Validation Check 对话框。对号图标说明前面的操作步骤没有问题。

如果出现了 ❌ 图标，则说明前处理过程中的某些步骤有问题，可根据右侧的提示信息进行检查。

Step2：求解。右击 Project Manager 中的 Analysis→Setup1 命令，在弹出的快捷菜单中选择 Analyze 命令，进行求解，如图 19-25 所示。注意，求解需要一定的时间。

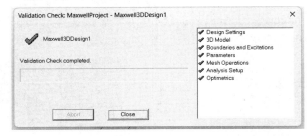

图 19-24　Validation Check 对话框　　　　　　　　　图 19-25　求解

19.2.9　结果后处理（1）

Step1：在求解完成后，选中 4 根导线模型并右击，在弹出的快捷菜单中选择 Fields→Other→Volume_Force_Density 命令，如图 19-26 所示。此时会弹出如图 19-27 所示的 Create Field Plot 对话框。

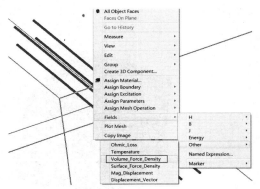

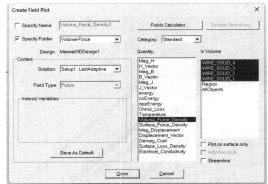

图 19-26　选择 Volume_Force_Density 命令　　　　图 19-27　Create Field Plot 对话框

Step2：在 Create Field Plot 对话框的 Quantity 列表框中选择 Volume_Force_Density 选项，在 In Volume 列表框中选择 WIPE_Sloid_1、WIPE_Sloid_2、WIPE_Sloid_3 和 WIPE_Sloid_4（4 根导线实体）选项。体积力密度云图如图 19-28 所示。

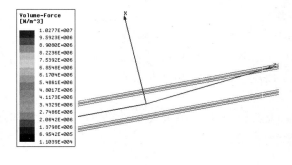

图 19-28　体积力密度云图

Step3：单击工具栏中的 <kbd>保存</kbd> 按钮，保存文档，然后单击界面右上角的 <kbd>关闭</kbd> 按钮，关闭 Electronics Desktop 软件，返回 Workbench 主界面。

19.2.10　创建静力学分析项目和数据共享

Step1：返回 Workbench 主界面，右击项目 A 中 A4 栏的 Solution 选项，在弹出的快捷菜单中选择"将数据传输到'新建'"→"静态结构"命令，如图 19-29 所示，此时会在项目 A 的右侧出现一个项目 B，同时 A4 栏的 Solution 选项与 B5 栏的"设置"选项之间出现连接曲线，这说明 A4 栏选项的结果数据可以作为 B5 栏选项的外载荷使用。

图 19-29　创建耦合的静力学分析项目

Step2：共享几何数据。选择项目 A 中 A2 栏的几何结构（Geometry）选项，并将其拖曳到 B3 栏的"几何结构"选项中，如图 19-30 所示。

Step3：右击项目 B 中 B3 栏的"几何结构"选项，在弹出的快捷菜单中选择 ⟳ 更新命令（见图 19-30），当数据被成功读入后，会在 B3 栏的"几何结构"选项后面出现 ✔ 图标。

图 19-30　共享几何数据

Step4：启动 Design Modeler。右击 B3 栏的"几何结构"选项，在弹出的快捷菜单中选择"在 Design Modeler 中编辑几何结构"命令，如图 19-31 所示。

图 19-31　选择"在 DesignModeler 中编辑几何结构"命令

Step5：在如图 19-32 所示的 DesignModeler 界面中，可以对模型进行修改等操作，并设置单位为毫米。

图 19-32　DesignModeler 界面

Step6：导入共享数据模型。右击左侧"树轮廓"中的"导入 1"命令，在弹出的快捷菜单中选择"生成（F5）"命令，如图 19-33 所示。四分裂导线模型会被显示到 DesignModeler 绘图窗格中，如图 19-34 所示，单击"保存"按钮并关闭 DesignModeler 界面，返回 Workbench 主界面。

Step7：体积力密度数据传递。在 Workbench 主界面中，右击项目 A 中 A4 栏的求解（Solution）选项，在弹出的快捷菜单中选择"更新"命令。经过数分钟的计算，A4 栏的求解（Solution）选项后的图标由 ✒ 变成 ✔，如图 19-35 所示，说明 A4 栏选项的数据已经被成功传递给 B5 栏选项。

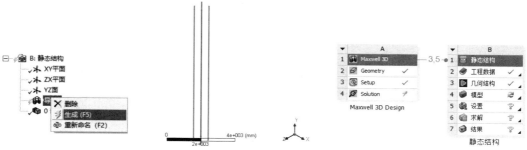

图 19-33　选择"生成"
　　　　　（F5）命令

图 19-34　四分裂导线模型

图 19-35　体积力密度数据传递

19.2.11　设定材料

Step1：设定材料属性。右击项目 B 中 B2 栏的"工程数据"选项，在弹出的快捷菜单中选择"编辑"命令，如图 19-36 所示，并单击工具栏上的 按钮。

Step2：进入如图 19-37 所示的材料库界面，选择"一般材料"→"铝合金"选项，选择完成后，单击 项目 按钮，切换到工程界面下。

图 19-36　选择"编辑"命令 1

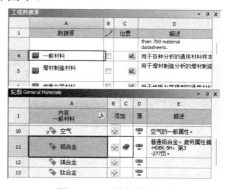

图 19-37　材料库界面

Step3：右击项目 B 中 B4 栏的"模型"选项，在弹出的快捷菜单中选择"编辑"命令，如图 19-38 所示。此时会进入 Mechanical 界面，并显示模型，如图 19-39 所示。

图 19-38　选择"编辑"命令 2

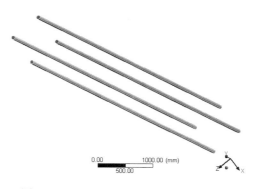

图 19-39　Mechanical 界面中显示的模型

Step4：赋予材料属性。如图 19-40 所示，选择"模型（B4）"→"几何结构"命令下面的 4 个模型，在下面出现的"'多个选择'的详细信息"面板的"材料"→"任务"栏中选择"铝合金"选项。

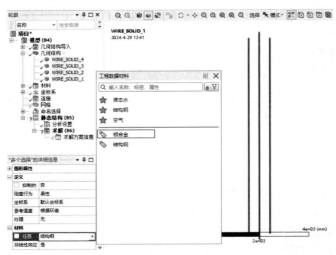

图 19-40　赋予材料属性

19.2.12　划分网格

Step1：右击"项目"→"模型（B4）"→"网格"命令，在弹出的快捷菜单中选择"插入"→"方法"命令，如图 19-41 所示。

图 19-41　选择"方法"命令

Step2：如图 19-42 所示，选中里面的 4 个模型，在"'扫掠方法'-方法的详细信息"面板的"方法"栏中选择"扫掠"选项，在"自由面网格类型"栏中选择"四边形/三角形"选项，在"类型"栏中选择"单元尺寸"选项，在"扫掠单元尺寸"栏中输入 20.0"毫米"。

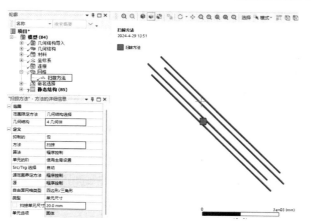

图 19-42　设置网格扫描划分参数

Step3：如图 19-43 所示，使用同样的方式添加一个"面尺寸调整"命令，在"'面尺寸调整'-尺寸调整的详细信息"面板的"几何结构"栏中确定选中了四分裂导线的 4 个端面，在"类型"栏中选择"单元尺寸"选项，在"单元尺寸"栏中输入 20.0mm。然后右击"网格"命令，在弹出的快捷菜单中选择"生成网格"命令，进行网格划分，如图 19-44 所示。网格结果如图 19-45 所示。

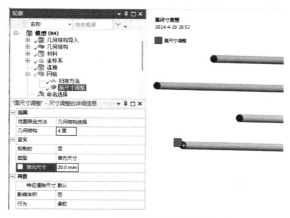

图 19-43　设置模型端面网格参数

图 19-44　选择"生成网格"命令

图 19-45　网格结果

19.2.13　添加边界条件与映射激励

Step1：添加边界条件。如图 19-46 所示，选中 4 根导线的 4 个端面并右击，在弹出的快捷菜单中选择"插入"→"固定支撑"命令。使用同样的操作在 4 根导线的另一端也添加同样的边界条件，请读者自己完成。

图 19-46　添加边界条件

Step2：映射力密度。如图 19-47 所示，右击"静态结构（B5）"→"导入的载荷（A4）"命令，在弹出的快捷菜单中选择"插入"→"体力密度"命令，映射力密度到结构网格上。

Step3：如图 19-48 所示，选择绘图窗格中的导线模型，单击"几何结构"栏的"应用"按钮。

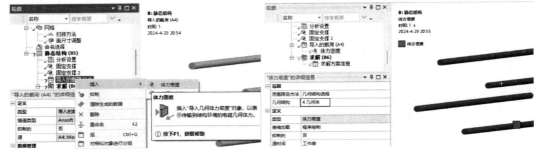

图 19-47　映射力密度　　　　　　　图 19-48　选择导线模型

Step4：如图 19-49 所示，选择"体力密度"命令并右击，在弹出的快捷菜单中选择"导入载荷"命令，导入载荷。经过一段时间计算，映射完成的力密度分析云图如图 19-50 所示。

图 19-49　导入载荷

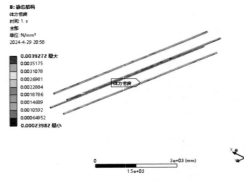

图 19-50　力密度分析云图

19.2.14　求解

右击"静态结构（B5）"→"求解（B6）"命令，在弹出的如图 19-51 所示的快捷菜单中选择"求解"命令，进行求解。

图 19-51　求解

19.2.15　结果后处理（2）

Step1：位移响应云图。右击"求解（B6）"命令，在弹出的快捷菜单中选择"插入"→"变形"→"总计"命令，添加"总变形"命令，如图 19-52 所示。

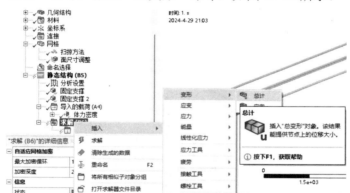

图 19-52　添加"总变形"命令

右击"总变形"命令，在弹出的快捷菜单中选择"评估所有结果"命令，显示位移分析云图，然后将工具栏变形比例因子中的数值设置为 1.0。位移响应云图如图 19-53 所示。

Step2：应力分析云图。右击"求解（B6）"命令，在弹出的快捷菜单中选择"插入"→"应力"→"等效（Von-Mises）"命令，添加"等效应力"命令，如图 19-54 所示。右击"等效应力"命令，在弹出的快捷菜单中选择"评估所有结果"命令，显示应力分析云图，然后将工具栏变形比例因子中的数值设置为 1.0。应力分析云图如图 19-55 所示。

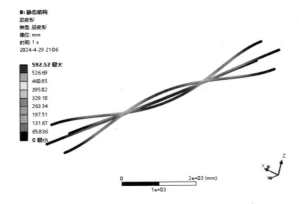

图 19-53　位移响应云图

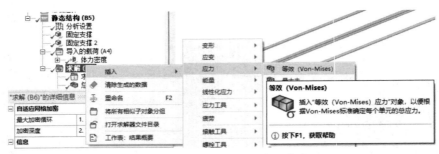

图 19-54　添加"等效应力"命令

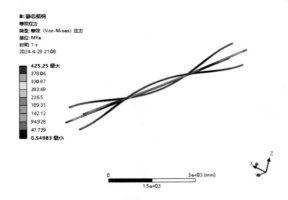

图 19-55　应力分析云图

Step3：选择"文件"→"保存项目"命令，保存工程文件，单击界面右上角的 ❌ 按钮，退出 DesignModeler 界面，并返回 Workbench 主界面。

19.2.16　保存与退出

返回 Workbench 主界面，单击工具栏中的 💾 按钮，保存文件，然后单击界面右上角的 ❌ 按钮，退出 Workbench 主界面。

19.3 项目分析2——螺线管电磁结构耦合分析

本节主要介绍 ANSYS Workbench 的电磁场分析模块 Maxwell 的建模方法及求解过程，分析螺线管在通有电流情况下的变形情况。

学习目标：

熟练掌握 Maxwell 的建模方法及求解过程，同时掌握电磁结构耦合分析的方法。

模型文件	配套资源\Chapter19\char19-2\coil.x_t
结果文件	配套资源\Chapter19\char19-2\coil_froce.wbpj

19.3.1 问题描述

图 19-56 所示为一个螺线管模型，螺线管通有 5kA 的大电流（电流方向如图 19-56 中箭头方向所示）。当螺线管的进出电流位置固定后，试分析其变形情况及应力分布情况。为了简化分析，此处直接将两端设置为固定约束。

19.3.2 启动软件与保存文档

Step1： 启动 Workbench。如图 19-57 所示，在 Windows 系统下即可进入 Workbench 主界面。

图 19-56　螺线管模型　　　　　图 19-57　启动 Workbench

Step2： 保存工程文档。在进入 Workbench 主界面后，单击工具栏中的  按钮，将文件保存为 coil_froce.wbpj，如图 19-58 所示。

本节案例需要用到 ANSYS Electromagnetics Suite 软件，请读者自行安装。由于 ANSYS Electromagnetics Suite 软件不支持保存路径中存在中文字符，因此在进行文档保存时，保存路径中不能含有中文字符，否则会发生错误。

图 19-58　保存工程文档

19.3.3　导入几何体

Step1：创建几何分析项目。如图 19-59 所示，选择 Workbench 主界面左侧"工具箱"中的"组件系统"→"几何结构"命令，并将其拖曳到右侧的"项目原理图"中，此时即可创建一个如同 Excel 表格的项目分析流程图表，即项目 A。

Step2：导入外部几何数据。如图 19-60 所示，右击项目 A 中 A2 栏的"几何结构"选项，在弹出的快捷菜单中选择"导入几何模型"→"浏览"命令，此时会弹出"打开"对话框。

图 19-59　创建几何分析项目

图 19-60　导入外部几何数据

Step3：选择几何体文件。如图 19-61 所示，在"打开"对话框中进行如下设置。

① 在文件类型栏中选择 ParaSliod（*.x_t）文件类型。

② 在模型存储文件夹（char19-2）中选择 coil.x_t 几何体文件，单击"打开"按钮。

图 19-61 "打开"对话框

Step4：如图 19-62 所示，选择 Workbench 主界面左侧"工具箱"中的"组件系统"→"几何结构"命令，并将其拖曳到右侧的"项目原理图"中，创建几何分析项目 B。

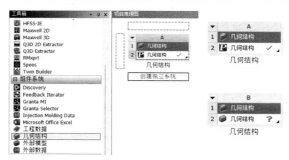

图 19-62 创建几何分析项目 B

Step5：导入外部几何数据。如图 19-63 所示，右击项目 B 中 B2 栏的"几何结构"选项，在弹出的快捷菜单中选择"导入几何模型"→"浏览"命令，此时会弹出"打开"对话框。

Step6：选择几何体文件。如图 19-64 所示，在"打开"对话框中进行如下设置。

图 19-63 导入外部几何数据

图 19-64 "打开"对话框

在模型存储文件夹（char19-2）中选择 air.SAT 几何体文件，单击"打开"按钮。

Step7：图 19-65 所示为完成几何数据导入后的两个项目，两种文件格式的图标略有不同。

图 19-65　完成几何数据读取的两个项目

19.3.4　建立电磁分析项目与读取数据

Step1：创建电磁分析项目。选择 Workbench 主界面左侧"工具箱"中的"分析系统"→Maxwell 3D 命令，并将其拖曳到右侧的"项目原理图"中，此时即可创建一个如同 Excel 表格的项目分析流程图表，即项目 B，之前的项目 B 变为项目 C，如图 19-66 所示。

Step2：共享数据。将项目 A 中 A2 栏的"几何结构"选项直接拖曳到项目 B 中 B2 栏的"几何结构"选项中，如图 19-67 所示，此时项目 B 中 B2 栏的几何结构（Geometry）选项后面的图标由 ？ 变成 ⮂，同时 Maxwell 3D 软件会自动启动。

Step3：如图 19-68 所示，右击项目 B 中 B2 栏的几何结构（Geometry）选项，在弹出的快捷菜单中选择"更新"命令，读入模型数据。

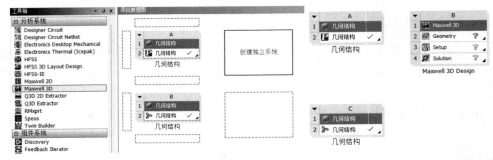

图 19-66　创建电磁分析项目

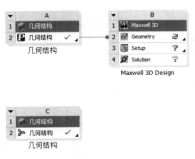

图 19-67　几何数据共享 1

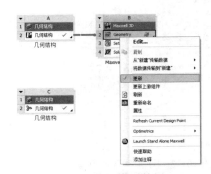

图 19-68　读入模型数据 1

Step4：此时模型已经被成功显示在 Maxwell 3D 软件中，如图 19-69 所示。

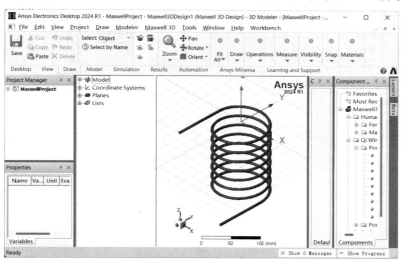

图 19-69　模型 1

Step5：使用同样的操作，将项目 C 中 C2 栏的"几何结构"选项直接拖曳到项目 B 中 B2 栏选项中，如图 19-70 所示。

Step6：如图 19-71 所示，右击项目 B 中 B2 栏的选项，在弹出的快捷菜单中选择"更新"命令，读入模型数据。

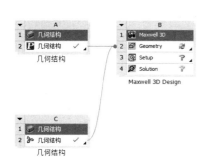

图 19-70　几何数据共享 2

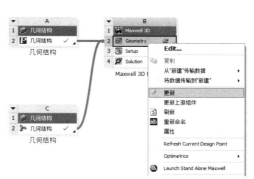

图 19-71　读入模型数据 2

Step7：此时模型已经被成功显示在 Maxwell 3D 软件中，如图 19-72 所示。

Step8：检查模型。经检查发现，在 Workbench 主界面的下方会弹出一个警告信息窗格，如图 19-73 所示，表明导入 Maxwell 3D 软件的几何尺寸超出了预期范围。

Step9：调整模型。如图 19-74 所示，在 Maxwell 3D 软件中选择外面的长方体（air.SAT）并右击，在弹出的快捷菜单中选择 Edit→Scale 命令。

Step10：调整模型比例。如图 19-75 所示，在弹出的 Scale 对话框中输入 3 个方向的比例均为 0.001，单击 OK 按钮。

Step11：单击工具栏中的 ◎ 按钮，此时两个几何模型同时显示出来，如图 19-76 所示。

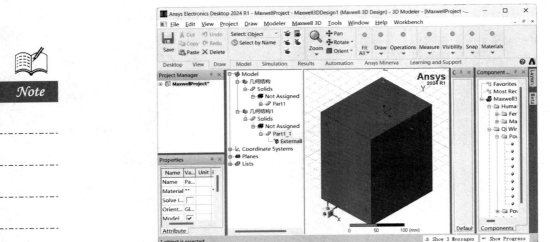

图 19-72　模型 2

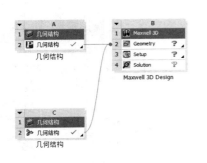

图 19-73　检查模型

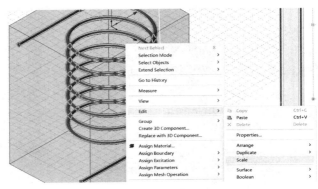

图 19-74　调整模型

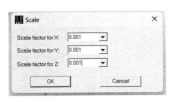

图 19-75　调整模型比例

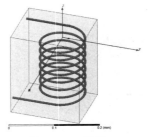

图 19-76　模型 3

19.3.5　设置求解器与求解域

Step1：如图 19-77 所示，选择 Maxwell 3D→Solution Type 命令。

Step2：在弹出的如图 19-78 所示的 Solution Type 对话框中选中 Magnetostatic（静态磁场分析）单选按钮，单击 OK 按钮，关闭 Solution Type 对话框。

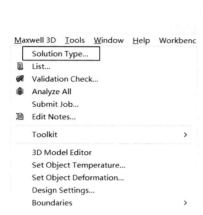

图 19-77 选择 Solution Type 命令

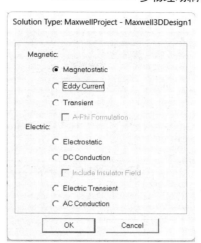

图 19-78 Solution Type 对话框

19.3.6 赋予材料属性

Step1：在模型树中选择 COIL 模型名并右击，在弹出的快捷菜单中选择 Assign Material 命令，如图 19-79 所示。此时会弹出 Select Definition 对话框。

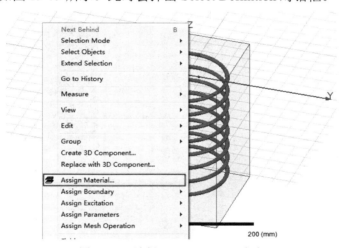

图 19-79 选择 Assign Material 命令

Step2：在如图 19-80 所示的 Select Definition 对话框中选择 aluminum 材料并单击"确定"按钮，此时模型树中螺线管的上级菜单由 Not Assigned 变成 aluminum，求解域默认为真空 vacuum。

Step3：同理，将 Part1 模型的材料设置为 vacuum，如图 19-81 所示。

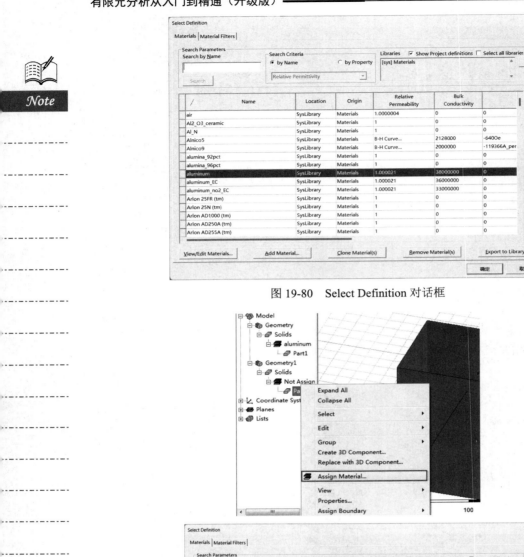

图 19-80　Select Definition 对话框

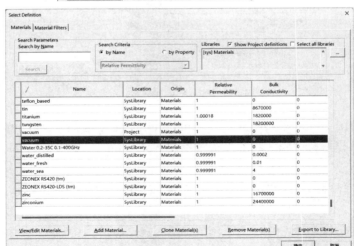

图 19-81　赋予材料属性

19.3.7　添加激励

Step1： 按住 F 键，然后单击如图 19-82 所示的一个端面并右击，在弹出的快捷菜单中选择 Assign Excitation→Current 命令，创建一个激励。

Step2： 此时会弹出如图 19-83 所示的 Current Excitation 对话框，在该对话框的 Value 文本框中输入数值 5，并将单位设置为 kA，单击"确定"按钮，完成相关参数的设置。

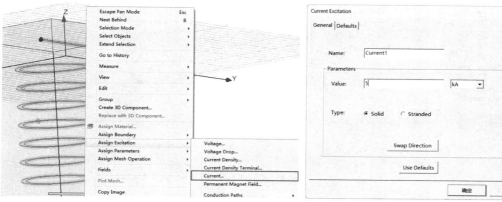

图 19-82　创建一个激励　　　　　　　图 19-83　Current Excitation 对话框

Step3： 同理，在螺线管的另外一个端面也设置 5kA 电流，与上述操作步骤的不同之处，在于此处的电流方向设置为自里向外，如图 19-84 所示，此时只需单击 Swap Direction 按钮，即可完成相应的设置。

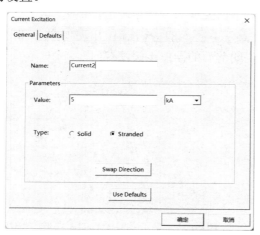

图 19-84　设置激励

Step4： 如图 19-85 所示，右击 Project Manager→Analysis 命令，在弹出的快捷菜单中选择 Add Solution Setup 命令，添加求解器。

Step5： 在弹出的求解器设置对话框中，保持所有选项的默认设置，单击"确定"按钮，如图 19-86 所示。

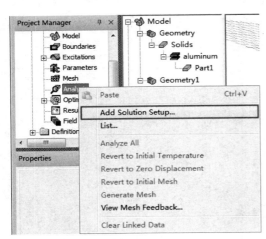

图 19-85　添加求解器

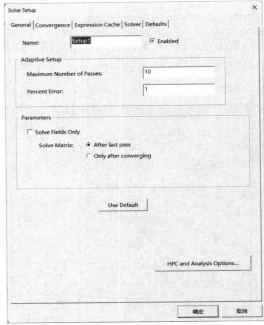

图 19-86　设置求解器

19.3.8　检查模型与求解

通过上面的操作步骤，有限元分析的前处理工作已经全部结束。为了保证求解能够顺利完成，需要先检查一下前处理的所有操作是否正确。

Step1：检查模型。单击工具栏上的 按钮，出现如图 19-87 所示的 Validation Check 对话框。出现对号图标说明前面的操作步骤没有问题。

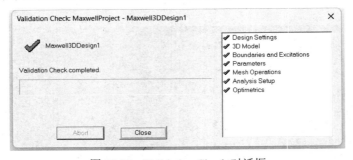

图 19-87　Validation Check 对话框

如果出现了❌图标，则说明前处理过程中的某些步骤有问题，可根据右侧的提示信息进行检查。

Step2：求解。右击 Project Manager 中的 Analysis→Setup1 命令，在弹出的快捷菜单中选择 Analyze 命令，进行求解，如图 19-88 所示。注意，求解需要一定时间。

图 19-88   求解

19.3.9   结果后处理（1）

Step1：在求解完成后，选中螺线管模型并右击，在弹出的快捷菜单中选择 Fields→Other→Volume_Force_Density 命令，如图 19-89 所示。此时将弹出 Create Field Plot 对话框。

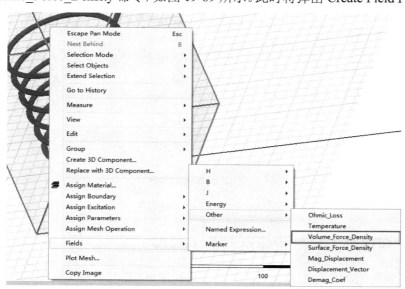

图 19-89   选择 Volume_Force_Density 命令

Step2：在弹出的如图 19-90 所示的 Create Field Plot 对话框的 Quantity 列表框中选择 Volume_Force_Density 选项，在 In Volume 列表框中选择 Part1（螺线管）选项。体积力密度云图如图 19-91 所示。

Step3：单击 按钮，保存文档，然后单击 按钮，关闭 Maxwell 3D 软件，返回 Workbench 主界面。

Note

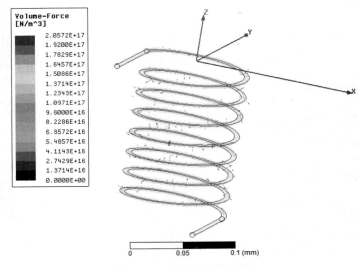

图 19-90　Create Field Plot 对话框

图 19-91　体积力密度云图

19.3.10　创建静力学分析项目和数据共享

　　Step1：返回 Workbench 主界面，右击项目 B 中 B4 栏的求解（Solution）选项，在弹出的快捷菜单中选择"将数据传输到'新建'"→"静态结构"命令，如图 19-92 所示，此时会在项目 B 的右侧出现一个项目 C，同时 B4 栏的求解（Solution）选项与 C5 栏的"设置"选项之间出现连接曲线，这说明 B4 栏选项的结果数据可以作为 C5 栏选项的外载荷使用。

　　Step2：共享几何数据。选择项目 A 中 A2 栏的"几何结构"选项，并将其直接拖曳到 C3 栏的"几何结构"选项中，如图 19-93 所示。

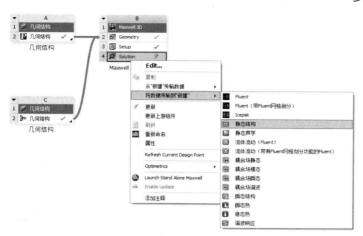

图 19-92 创建耦合的静力学分析项目

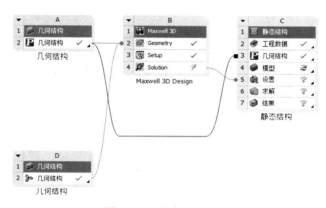

图 19-93 共享几何数据

Step3：体积力密度数据传递。在 Workbench 主界面中，右击项目 B 中 B4 栏的求解（Solution）选项，在弹出的快捷菜单中选择"更新"命令。经过数分钟的计算，B4 栏的求解（Solution）选项后面的图标由 ⚡ 变成 ✓，如图 19-94 所示，说明 B4 栏选项的数据已经被成功传递给 C5 栏选项。

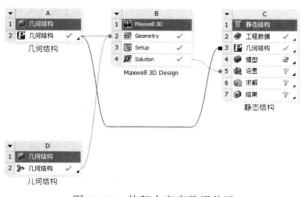

图 19-94 体积力密度数据传递

19.3.11　设定材料

Step1：设定材料属性。右击项目 C 中 C2 栏的工程数据选项，在弹出的快捷菜单中选择"编辑"命令，如图 19-95 所示，并单击工具栏上的 ▓ 按钮。

Step2：进入如图 19-96 所示的材料库，选择"一般材料"→"铝合金"选项，在设置完成后，单击 ⊞项目 按钮，切换到工程界面下。

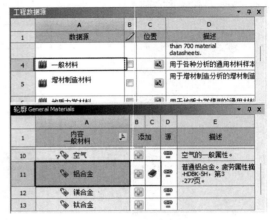

图 19-95　选择"编辑"命令 1　　　　　　　　　　图 19-96　材料库

Step3：右击项目 C 中 C4 栏的"模型"选项，在弹出的快捷菜单中选择"编辑"命令，如图 19-97 所示。此时会进入 Mechanical 界面并显示模型，如图 19-98 所示。

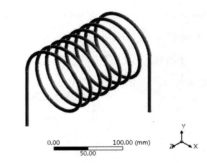

图 19-97　选择"编辑"命令 2　　　　　　　　图 19-98　Mechanical 界面中显示的模型

Step4：赋予材料属性。如图 19-99 所示，选择"轮廓"中的"模型（C4）"→"几何结构"→"Part 1"命令，在下面出现"'Part 1'的详细信息"面板的"材料"→"任务"栏中选择"铝合金"选项。

图 19-99　赋予材料属性图

19.3.12　划分网格

Step1：右击"轮廓"中的"项目"→"模型（B4）"→"网格"命令，在弹出的快捷菜单中选择"插入"→"方法"命令，如图 19-100 所示。

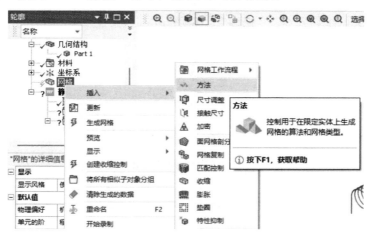

图 19-100　选择"方法"命令

Step2：如图 19-101 所示，选中里面的螺线管，在"'扫掠方法'-方法的详细信息"面板"方法"栏中选择"扫掠"选项，在"自由面网格类型"栏中选择"全部四边形"选项，在"类型"栏中选择"单元尺寸"选项，在"扫掠单元尺寸"栏中输入 20.0mm。

本案例将网格划分得比较粗糙，而实际工程中需要对网格进行细化。本案例只演示网格的划分过程。

Step3：如图 19-102 所示，右击"网格"命令，在弹出的快捷菜单中选择"生成网格"命令，执行网格计算。

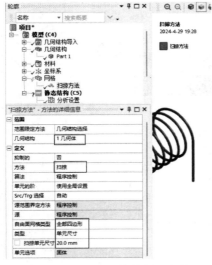

图 19-101 设置网格的划分参数

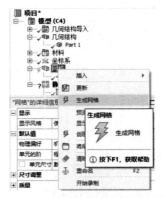

图 19-102 选择"生成网格"命令

Step4：划分完成的网格效果如图 19-103 所示。

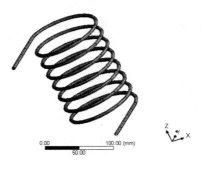

图 19-103 网格效果

19.3.13 添加边界条件与映射激励

Step1：添加边界条件。添加一个"固定支撑"命令并选中该命令，在"'固定支撑'的详细信息"面板的"几何结构"栏中确保线圈的两个端面被选中，如图 19-104 所示。

Step2：映射力密度。如图 19-105 所示，右击"静态结构（C5）"→"导入的载荷（B4）"命令，在弹出的快捷菜单中选择"插入"→"体力密度"命令，映射力密度到结构网格上。

Step3：如图 19-106 所示，选择绘图窗格中的螺线管模型，单击"几何结构"栏的"应用"按钮。

Step4：如图 19-107 所示，选择"静态结构（C5）"→"导入的载荷（B4）"→"体力密度"命令并右击,在弹出的快捷菜单中选择"导入载荷"命令,导入载荷。经过一段时间的计算,映射完成的力密度分析云图如图 19-108 所示。

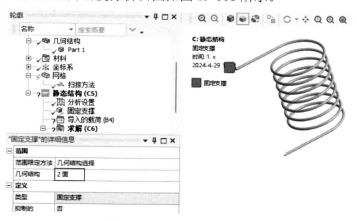

图 19-104　添加边界条件

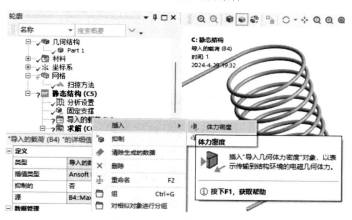

图 19-105　映射力密度

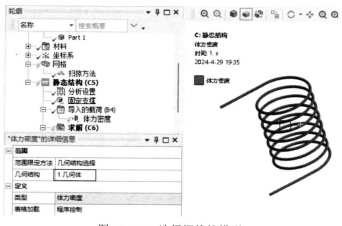

图 19-106　选择螺线管模型

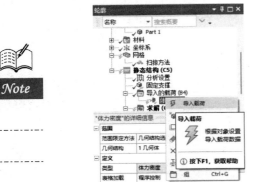

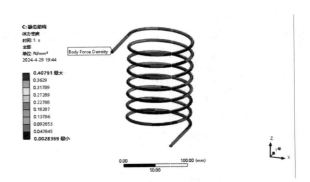

图 19-107　导入载荷　　　　　　　　　图 19-108　力密度分析云图

19.3.14　求解

右击"静态结构（C5）"→"求解（C6）"命令，在弹出的如图 19-109 所示的快捷菜单中选择"求解"命令，进行求解。

图 19-109　求解

19.3.15　结果后处理（2）

Step1：位移响应云图。右击"求解（C6）"命令，在弹出的快捷菜单中选择"插入"→"变形"→"总计"命令，添加"总变形"命令，然后执行计算，即可得到如图 19-110 所示的位移响应云图。

图 19-110　位移响应云图

Step2：应力分析云图。使用同样方式可以得到应力分析云图，如图 19-111 所示。

Step3：选择"文件"→"保存项目"命令，保存工程文件，单击界面右上角的 ✕ 按钮，退出 Design Modeler 界面，并返回 Workbench 主界面。

图 19-111　应力分析云图

19.3.16　保存与退出

返回 Workbench 主界面，单击工具栏中的 🔡 按钮，保存文件，然后单击界面右上角的 ✕ 按钮，退出 Workbench 主界面。

19.4　本章小结

本章通过两个典型案例对电磁场力问题进行了详细的讲解，包括 ANSYS Workbench 中的 Maxwell 电磁计算模块的模型导入、电流的施加、求解域的设置等，以及如何将体积力密度值导入 Mechanical 平台中进行电磁场力分析，同时得到云图。

ANSYS Workbench 平台除了可以进行电磁场力计算，还可以进行电磁热耦合计算，其操作方法与电磁结构耦合类似，请读者自己练习。通过本章的学习，读者应该对电磁结构耦合分析的过程有较详细的了解。